餐旅會計與財務分析

Accounting and Financial Analysis in the Hospitality Industry

Jonathan A. Hales◎著

許怡萍・賴宏昇◎譯

原出版序

　　由Jonathan A. Hales教授所編著的《餐旅會計與財務分析》
（*Accounting and Financial Analysis in the Hospitality Industry*）一書是
Pearson「餐旅管理完全教戰叢書」系列當中的第一本書。Hales教授
在1995年繼續深造前的二十五年，曾經任職萬豪國際集團（Marriott
International）旗下九間不同旅館的會計主任、駐店經理及總經理。不
僅清楚瞭解在校學生以及初階經理人在管理會計這部分所應該瞭解的知
識，同時也利用他的學術專長，將這些理論知識，以非常實用及容易理解
的方式呈現於本書當中，Hales教授每天使用本書作為上課教材，並將許
多來自學術界同仁的意見納入本書的內容當中。

　　Pearson的「餐旅管理完全教戰叢書」以透視實用的角度，囊括了在
餐旅事業當中，與管理有關的各個層面。系列當中的每一本書，皆提供了
諸如人力資源或會計等各別管理功能，或是類似俱樂部管理、休閒度假村
管理或賭場管理等的關於餐旅產業的不同管理區塊的介紹；同時也關注
於其他與餐旅管理密切相關的主題，例如資訊科技、倫理道德或服務管
理。

　　這一系列叢書是為了就讀餐旅管理系的高年級大學生，以及任職於
餐旅產業的初階及中階經理人所編撰。這些書包括了讀者在購買教科書時
所優先考慮的三項特點：經濟實惠、優秀的品質並兼具實用性，它們探討
餐旅管理相關議題的方式也吸引了學生及大學講師。這一系列叢書的作者
皆為萬中選一，不單只是因為他們深具學術界及產業界的專業技能及經
驗，同時也因為他們具備能將複雜的教材深入淺出，進而使其容易被理解
的闡述能力。與Hales教授相同，這些作者都非常樂於與滿懷雄心壯志的

21世紀餐旅業經理人分享經驗。

　　同學們及各位教育界先進將從本書及所有同一系列的其他叢書中，獲得經濟實惠又中肯的高品質保證，一如我們在餐旅產業經常掛在嘴邊的：歡迎光臨，請盡情享受！

Hubert B. Van Hoof, Ph. D.

叢書總編輯

原作者序

　　本書是為了大學部高年級的學生而編撰。撰寫的目的是為這些餐旅系學生提供將來在餐旅產業的職涯中，必須具備的會計概念及財務分析方法，藉此奠定穩固的基礎以獲得成功。本書同時也適用於任何在旅館、餐廳或其他餐旅相關行業身負經營責任的餐旅經理人，閱讀本書不需要主修會計學，本書內容也並未包含為了遵循既定的會計作帳標準及財務報告守則，而必須具備的有關財金資訊的深入細節、步驟、流程及規定。

　　大部分的餐旅業會計用書提供的會計知識對大學生而言，都過於複雜且過於艱深，以致於很難理解。更重要的是，負責運作客房部或餐飲部的餐旅經理人，在他們每天的例行公務當中，並不會用到那類艱澀的會計知識，但是會計人員及財務經理為了遵循既定的標準及規定，的確需要瞭解並使用這些較為深入的知識，以便於準備管理報告及財務報表。而餐旅從業經理人則只需要瞭解基本的會計常識，並懂得如何去運用這些基本概念來執行及評估他們的工作任務。

　　餐旅系學生為了部門運作及管理報告和財務報表的分析，對於數字的運用必須具備基本的常識。在教導餐旅會計的部分，本書著眼於下列幾項重要目標：

1.以基本的會計觀念及財務分析方法為學生鞏固根基。
2.教導學生認識數字，並使其有能力運用數字，更有效率地執行管理任務。
3.協助學生瞭解，在使用財務分析評估企業營運時，會使用到基本的算術計算及公式，但這些算術及公式卻不見得是複雜且困難的。
4.教導學生知道，源自於公司營運的這些數字是如何被用來作為管理

的工具，以及作為衡量公司財務績效的方法。

5.使學生有能力將會計觀念及財務分析方法應用於部門的管理以及財務報表的理解與評估。

　　本人撰寫本書是根據過去十年來，任教於北亞利桑那大學（The Northern Arizona University）並教授餐旅管理會計課程的經驗，為使餐旅系學生能夠順利學會，書中所編列的皆是學生們必須知曉的關於會計及財務分析的例子、練習題及教材。數間主要大型旅館同業的財務主管已經複審了本書的大部分內容，而他們所提供的實際會計流程及步驟更是效益良多，使得本書能夠與當前產業的實務運作相互配合，我感謝他們樂意分享他們在管理報告、財務報表以及營運流程方面的詳細資訊，同時也感謝他們對於學院內高年級生，將來若想成為優秀經理人，應該要知曉並理解會計概念及財務分析的期許。

　　大部分學子害怕與恐懼數字的事實是影響本書內容編排方式的主要考量。通常學生們進入會計學教室，對成績過關鬆了口氣，然後很開心課程結束，卻很少把這堂課視為一個重要的、學會對未來職涯有幫助的會計及財務分析知識的機會。為了降低學生的恐懼及焦慮，本書將焦點著重於利用數字運作於企業的基礎概念上，此目的並非為了要指導學生如何準備財務報告，也不是為了要使他們理解會計理論的複雜性，而是為了讓他們能夠瞭解並運用管理報告及財務報表，來協助他們所處部門的運作。

本書內容概述

　　第一章及第二章主要在介紹會計學，以及奠定會計概念和財務分析方法的基礎。重點著眼於利用數字作為管理工具，以及評估餐旅業營運財務績效的基本概念。

　　第三章說明旅館及會計部門的組織圖，並說明這些組織圖如何促使營運結果及財務績效更具穩定性及可靠性。本章目的是為了協助餐旅系學

生瞭解會計部門的運作如何來配合旅館運作，以及如何幫助餐旅經理人經營他們所處的部門。

第四章及第五章說明財務分析時，會使用到的三種主要財務報表。第四章討論在順利瞭解及管理餐旅營運及其財務狀況的過程中，綜合財務報表及部門損益報表所帶來的貢獻。第五章則討論損益表及現金流量表對於餐旅營運的重要性。這些章節同時也探討企業財務表現的安排，呈現如何使這三種財務報表之間產生關聯性。

第六章至第八章討論旅館管理報告，這些報告被視為管理工具及衡量財務績效的方法。第六章提供餐旅業經理每日及每週都會檢閱的單日營收及人力報告的例子。第七章則著眼於營收管理，及探討其對於提升旅館總收益的重要性。第八章上場的則是變動分析及比較性質的報告，同時也探討如何應用這些分析及報告於財務績效的評估及瞭解。這三章的目的是為了引導學生，在一間旅館或餐廳的各部門營運當中如何實際運用及分析財務報表與管理報告，內容著眼於學生必須認識並有能力應用這些會計及財務資訊於每日及每週的部門管理上面。

第九章及第十章強調預算及預報作為管理工具及財務績效衡量工具的重要性。第九章討論各種不同項目的預算，以及如何編列年度營業預算。預估收益以及編列薪資這兩項是餐旅經理人的重要責任，而第十章提供詳細的練習來實際演練營收的預報及薪資的編列。這些章節著重於經理人檢視當前營運狀況以及編列每週預報能力的重要性，這些預報更新了預算並反映出當前的市場狀況。

第十一章及第十二章則是為了提供學生額外的知識，以擴展他們的理財能力與知識。第十一章介紹公司年報，使學生熟悉年報的內容及功能。第十二章則著眼於個人理財知識，並藉此鼓勵學生將基本的理財技巧應用於個人的財務管理之上。這個章節包含了基本的財務概念，例如編列預算、為今天與明天以及退休做規劃。

辭彙表包含了超過160個重要的專業術語，這個部分總結在每個章節

裡，學生必須瞭解並且能夠運用在他們餐旅職涯當中的重要術語。

我希望當學生透過一堂餐旅管理會計課程來閱讀並運用這本教科書的時候，他們不僅僅學到了基本的會計概念，同時也能充滿自信地將這些概念應用於管理之上，並將其作為部門財務績效的評量工具。透過會計基礎及概念的建立，我們期待學生對於會計的恐懼及焦慮，能夠為扎實與實用所取代，並即將被運用在他們的餐旅職涯當中的會計學識裡。

本書的架構主要是為了清楚呈現會計觀念及財務分析基礎的養成。書中的內容以淺顯易懂的方式呈現，避免複雜的專業術語、深入的法規及流程，以及冗長的報表。書中的定義皆源自於企業營運或是韋氏辭典，而非來自於會計指南及錯綜複雜的做帳代碼及一條條的規定。

每一章節的結尾皆附有以下部分：

1. 餐旅經理重點整理，強調學生在成為一位餐旅經理人之後，應該如何運用這些教材。
2. 關鍵術語基本上是為了使學生瞭解如何利用數字，而這些術語也與章節裡的會計觀念有關。
3. 章末習題可加深學生對章節內容的印象。
4. 活用練習提供學生運用公式及分析數字的機會，並將章節內容實際應用於範例及問題的解決上面。

本書特色

本書包含了《住宿業的帳目一致系統》（*Uniform System of Accounts for the Lodging Industry*）第十版修訂本當中的最新內容，該書於2006年由「美國旅館與住宿業教育機構」（American Hotel and Lodging Educational Institute）所發行，另外還包含了修訂本中所提及的旅館產業形式與專門術語的最新變化，同學們可以從本書中發現當前通用的住宿業結帳資訊。

每一章節末附加的活用練習讓學生有機會確定問題並回答問題，這

個過程可以幫助他們實際運用並通盤理解章節中所提到的內容。這些基本訓練是為了幫助學生建立更扎實的基礎會計概念及財務分析根基。

在每一章節裡都有某間旅館、餐廳或其他餐旅產業的圖片，以及關於該項營運特性的說明。而針對每一章節內容，皆會提問某些特定問題，並將其應用於已說明的營運特性之上。這是為了讓學生有機會見識實際的產業運作屬性，並思考該屬性如何運用章節內所陳述的會計觀念及相關資料。針對每一項餐旅產業屬性皆提供相關網站，學生可透過這些網站更瞭解這些屬性，並思索支援這些屬性順利運作的作帳流程。

一如本書所陳述的，2009年全球面臨產業的衰退時期。自1930年經濟大恐慌之後，美國及全世界再度跌入了另一次的全球大蕭條，在本書的若干章節裡也討論並分析這個重大的經濟挫敗所帶來的衝擊，這些衝擊影響了現實生活裡所有產業的企業日常運作及財務績效。未來趨勢及財金歷史的劇烈變化、每間客房營收（RevPAR）大大的持續衰減、收益及現金流量的壓力，以及消費者行為和市場區隔的重大改變，皆迫使餐旅業經理人在提供消費者期望產品及期望服務時，不得不調整至新的走向、模式及符合新的顧客期望。這些現象同時也強調了在運作餐旅業或任何其他產業的事業時，瞭解並有足夠能力處理數字的重要性。

教學輔助

本書另附有教師手冊，提供章末習題及活用練習的參考解答，以及針對每一章節特別介紹的餐旅產業屬性提出討論觀點。這本手冊同時也包含了期中期末考試的出題及專題製作的範例。我堅信學生經由活用練習的實際運算，能夠為會計學扎下更穩固的基礎，因此在手冊中我並未附上任何教學投影片或試算表，待學生建立穩固的基礎概念之後，他們將自然而然地在日常運作中，有足夠能力去理解並操作公司內部的系統。

謹將本書獻給我的家人——Judy、Laura、David，我的父母親Lynn及Eleanor Hales，以及Ben Bearden。

Jonathan A. Hales

北亞利桑那大學

關於作者

Jonathan A. Hales教授曾於萬豪國際集團工作長達二十五年，前半段時間任職於會計部門擔任副主任及主任，後半段時間則任職於營運部門擔任駐店經理及總經理。在這段時間，Hales教授曾待過九間不同的全服務型旅館，其中包括了休閒度假村、會議型旅館、機場過境旅館以及公司簽約旅館，旅館房間數從三百至八百間不等，這些工作經驗使得他有機會針對不同的市場客群，與不同的管理團隊在華盛頓特區、紐奧良、費城、聖路易斯、棕櫚泉市、休士頓、邁阿密及坦帕一起工作。多年來與會計概念、管理報告以及財務報表打交道的結果，為Hales教授塑造了一個善用數字便能成功經營一間企業的強有力背景。

Hales教授於1995年開始在北亞利桑那大學任教，所教授的一系列課程包含客務部營運、休閒度假管理、餐旅業管理會計、餐旅財務、收益管理以及資深經理研討會。他曾完成四季飯店（Four Seasons Hotel）、凱悅飯店（Hyatt Hotel）、萬豪旅館（Marriott Hotel）、奧姆尼旅館（Omni Hotels）及達登餐飲公司（Darden Restaurants）的員工實習訓練，也參與了希爾頓旅館、White Lodging及Pappas餐廳（美國著名連鎖餐廳）資深管理會議或實習訓練。洞悉餐旅產業的最新動向永遠是Hales教授最優先考慮的事。

Hales教授的學術背景包括猶他大學的經濟學學士學位及國際關係結業證書、維吉尼亞大學的畢業生企業研究、亞利桑那州立大學的財金企管碩士，以及北亞利桑那大學的教育領導碩士及博士學位。

致謝

對於幾位餐旅業領導人，本人謹致上我最大的謝意，他們仁慈地花時間為我複審幾篇特殊的章節，並提出了幾項建議，而這些建議大大地改善了本書的教材內容。因為他們的貢獻，本書得以因為符合當今時勢而更具實用性，同時也使本書得以傳授餐旅業者旗下的員工，期待他們在運作各部門業務時，取得瞭解、認識並運用的作帳觀念。

亞利桑那州Scottsdale市的四季飯店及休閒度假中心的財務部區經理，Mark Koehler複審了全部的章節並提供了許多實例，這些例子清楚說明了重要的會計觀念，以及這些觀念對於成功運作一個餐旅業部門的重要性。Mark自2001年起即受邀擔任我們許多人力資源管理課程的客座教授，他使得學生對於休閒度假中心及星級旅館的實際經營方式，有更寶貴且深入的瞭解。他的看法更增加了本書對於大學生的適用性。

位於亞利桑那州鳳凰城的J. W.萬豪沙漠度假及溫泉中心的財務部資深經理，Tom Forburger也檢閱了原稿，並針對財務報表的使用，以及針對營業部經理在處理管理報告及財務報表時，被期待應具備哪些能力提出了他個人珍貴的見解。他的評論與建議使得本書內容與餐旅產業的每日會計彙報及財務分析相互符合也更具一致性。另外，多位餐旅產業的經理人也針對本書內容提供了相當具有建設性的評論，這些在旅館產業界的人士包括有Hyatt（凱悅飯店）、Radisson、White Lodging，以及Host Hotels and Resorts的財務及營運經理們；及餐飲業界的人士，如Pappas餐廳及Red Lobster餐廳的財務及營運經理們。同時我也要對北亞利桑那大學幫助我完成這本書的同仁致上十二萬分的謝意，Kathleen Krahn費時編排書裡的照片，並建議將書面教材轉換為必要的電子媒體。W. A. Franke大學商學院的院長Marc Chopin，以及該校餐旅管理學院的代理執行董事Rich

Howey兩位的支持與指導，也是本書能夠順利出版的原因之一。

　　Pearson Prentice Hall出版社裡的Andrea Edwards，在審閱手稿、編排所有必要組成部分，以及指引初稿提交步驟的過程當中，扮演了極重要的角色，她確保每個步驟都能按部就班的進行，對於她的協助與支持，在此我也致上無盡的感謝。Bill Lawrensen也提供了許多解決辦法及說明，使本書得以順利發行。

　　最後，我要感謝賓州州立大學餐旅管理學院的院長Bert Van Hoof，邀請我成為他所設計的餐旅系列叢書裡的其中一名作者。在接受賓州州立大學的職位之前，Bert曾是我在北亞利桑那大學的同事，他很早以前就鼓勵我著作並出版會計學的教科書。

本書審稿者

Daniel Bernstein，西藤山大學（Seton Hill University）

Evelyn Green，南密西西比大學（The University of Southern Mississippi）

Sheila Scott-Halsell，奧克拉荷馬州立大學（Oklahoma State University）

Amy Hart，哥倫布州立社區學院（Columbus State Community College）

Robert A. McMullin，東斯特勞斯堡大學（East Stroudsburg University）餐旅及觀光管理教授

Paul Wiener，北亞利桑那大學（Northern Arizona University）

譯者序

　　近幾年來，觀光產業一直為臺灣發展的重點計畫，在「觀光拔尖領航方案」及「重要觀光景點建設中程計畫」的持續推動之下，民國100年度的來臺旅客已達608萬人次，而提供旅客住宿之旅館業，在觀光發展的過程當中，更是扮演著極重要的角色。

　　餐旅業是集合勞力、資本與技術的產業，而在大環境人力、物力成本年年調漲的情況之下，如何在投入龐大的資本與勞力之後，配合營運所需之軟、硬體設施，以完善的經營管理能力提供優於其他競爭者的服務品質，便成為是否能在觀光市場這塊大餅當中，占有一席之地的關鍵因素。

　　根據觀光旅館業依「觀光旅館業管理規則」第二十六條之規定所填送觀光局之國際觀光旅館營運分析報告可看出，餐旅產業的主要收入項目為客房收入與餐飲收入，而主要支出項目則為薪資及相關費用及餐飲成本；由此可知，餐旅業之會計作帳及財務分析能力，是控制營運成本不可或缺的基本知識。

　　當論及會計學以及財務分析等科目之際，首先浮現的問題便是：雖然多數大專院校管理學院（商學院）各系皆將這些科目列為必修之基礎課程，但是許多莘莘學子在課程結束之後，仍視其為艱深、難懂的學問，一知半解的學習成果自難將課堂所學應用於生活或職場之上。就讀餐旅及觀光等科系的學子自然也不免如此。然而，在此需特別一提的是，負責運作旅館客房部或餐飲部的經理人，在他們每天的例行公務當中，並不會運用到過於艱澀的會計知識。

　　有鑑於此，譯者有幸得到揚智出版社之促成，完成《餐旅會計與財務分析》（*Accounting and Financial Analysis in the Hospitality Industry*）一

書，本書集結了Hales教授任職於萬豪國際集團旗下九間不同飯店的會計主管及總經理等將近二十五年的產業經驗，以及過去十年來，任教於北亞利桑那大學的教學經驗，以易讀易懂、深入淺出的方式，將複雜的會計理論靈活應用於餐旅產業的實際案例當中，在本書的最末章，甚至指導讀者如何將基本之理財觀念運用於個人財務管理之上，Hales教授撰寫本書之時，處心積慮務求其具備實用價值之用心，由此可見一斑。

　　本書不但可作為旅館、餐飲及觀光遊憩等相關科系學生瞭解餐旅產業財務運作的參考書籍，更是一本餐旅專業經理人不可或缺的工具書，譯者在翻譯本書的期間，雖已竭盡所能，力求完善，但仍深恐有疏漏之處，尚祈四方先進及讀者們能不吝指教。本書出版承，揚智文化事業股份有限公司編輯部范湘渝小姐及張明玲小姐協助，以及另一位譯者賴宏昇教授的協助，在此謹表謝忱。

許怡萍　謹誌

2012年5月

目　錄

Part1　基礎篇

Chapter 1　認識數字、會計與財務分析　1

Chapter 2　財務分析基礎　39

Chapter 3　會計部門組織與經營　67

Part2 財務報表及管理報告

Chapter 4　損益表（P&L）　95

Chapter 5　資產負債表與現金流量表　127

Part3　預算與預報

Chapter 10　預報：一項非常重要的管理工具　271

Part4　其他財務資訊

Chapter 11　企業年報　333

認識數字、 會計與財務分析

■認識三項最常見的判斷公司營運是否成功的衡量標準
■瞭解有效運用會計及財務管理對任何一位旅館業經理人
　職涯的重要性
■學習並描述三種基本的財務報表
■熟悉基本的營收作帳觀念
■認識基本的利潤作帳觀念
■學習營收與利潤公式

前言

　　會計概念的作帳觀念及方法普遍被認為是困難且複雜的。一提到會計和財金，常會令人聯想到美國合格會計師、財金顧問、稅法、律師、厚厚一疊的教科書、電子表單、惡夢般的紙上作業，以及偏頭痛等等的畫面，而這是經常發生的事。然而，初階旅館業經理人必須能夠理解並運用財務分析的作帳觀念及方法，以便於安排該部門每日的庶務工作。

　　數字同時也被用來評估一間公司的績效是否有達到經營目的與目標。一般而言，三種最常見的用來評估事業體是否成功的估量方式如下：

　　1.顧客滿意度
　　2.員工滿意度
　　3.獲利與現金流量

公司績效的衡量標準及定義是根據這些目標的量化呈現。

　　本章介紹基本的會計觀念，並說明如何利用數字，來將這些會計觀念應用於每日的庶務工作之上。同時本章也介紹基本的財務分析方法，並說明數字如何運作財務分析。這些介紹及說明的目的首先是為了理解這三種基本觀念，其次是為了能在從事與這些概念相關的工作時，能夠具備足夠的信心，最後則是為了能夠將它們應用於旅館及餐廳的營運作業之上。接下來的章節將會更詳細討論這些觀念。

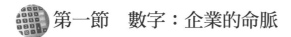 第一節　數字：企業的命脈

　　數字——瞭解數字並從事與數字相關的工作——皆從會計觀念及財務分析方法的基礎開始。數字提供了與公司營運相關的敘述與測量方法，我們先來定義幾項術語。

一、定義與公式

(一)會計概念

會計是一種記帳方式,它牽涉到公司交易的財務記錄,以及資產、負債與企業運作結果的各種表單的準備。概念是指一種籠統的瞭解,特別是當這個概念源自於某個特殊情況或事件的時候。以上這些定義來自於韋氏辭典,而非來自於會計學教科書,我們將這兩個來源的定義相結合得到以下的結果,所謂的**會計概念**(accounting concepts)是指:「對於一間公司的記帳方式及財務交易記錄的概括認識」。

(二)財務分析

財務是指對於財政事務的管理,分析則是指將一個理智的或巨大的完整個體,細分為小部分以做個別研究,這些定義同樣來自於韋氏辭典,我們亦將這兩個定義相結合得到以下的結果,**財務分析**(financial analysis)是指:「將一個事業體關於財政事務的管理分割為小部分以做單獨研究」。

使用及運用數字來理解企業營運只需基本的算術運算,財務分析的四個最重要的公式只會用到乘法、除法與減法:

> 收入＝平均價格×數量
>
> 利潤＝收入－支出
>
> 自留額或流動率＝利潤美元差額÷收入美元差額
>
> 客房平均收入＝客房總營收÷客房總間數
>
> 或是
>
> ＝平均房價×住房率

雖然這些公式能夠被應用於許多市場區隔、部門及量化標準上,也

可以變得較為深入，但是事實顯示它們還是簡單的運算公式，而非微積分、三角函數，或是大學的代數學。

二、顧客、合夥人及利潤

在現今的商業領域中，對於如何評估一家公司或一個企業是否成功，存在著一個共同的論點。這個論點包括了使顧客滿意、使員工滿意，以及良好的獲利與現金流量。我們以其中一家全球最大最成功的企業為例，來檢視這些概念。

透過市值與市場公認這兩項重要的評估指標，奇異集團（General Electric, GE）可以提供我們一個學習的實例。多年以來，奇異電器公司在股票市值部分，一直是全球價值最高的企業。**股票市值**（market capitalization）的算法是，股價乘上已發行的股票數（亦即股本），而全球市值最高的公司也就是指相較於其他家企業，在市場上有更多的個人與機構投資者投資奇異公司，這是一項多麼大的成就啊！奇異經常排名於全球十大最受讚賞的公司之一，同時也被美國《財富》（*Fortune*）雜誌評選為1997至2001年「最受讚賞的公司」，前任執行長傑克‧威爾許（Jack Welch）在Robert Slater於1999年所撰寫的《企業強權》（*Jack Welch and the GE Way*）一書中提到關於奇異的管理哲學，他敘述：

> 我們總說如果你具備三種賴以維生的評量工具，那麼它們應該是員工滿意度、顧客滿意度以及現金流量。只要在最後關頭你的手邊仍有現金，那麼要生存下去絕對不是問題，因為高的顧客滿意度使你能夠占有市場，而高的員工滿意度使你擁有強大的生產力，所以只要你手邊有現金，你會發現一切都行得通。（第90頁）

這段敘述強調一個成功企業的三大基本要素：顧客、員工及獲利，三者之間的關聯或平衡的重要性。這三種評量工具是相互影響的，其中一

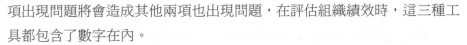

項出現問題將會造成其他兩項也出現問題，在評估組織績效時，這三種工具都包含了數字在內。

　　顧客滿意度（customer satisfaction）能夠透過市場占有率、營收成長率，或是新產品及新服務的成功引進來衡量，這些衡量過程都會使用到數字。舉例來說，市場占有率從7%增加至8%，這個數字告訴我們，顧客購買了愈來愈多我們的產品，而我們的銷售量對整體市場而言，已從7%增加至8%。倘若一家公司的市場占有率得以提升，代表顧客因為品質、價格或兩者的原因，偏好購買它家的產品更甚於其他競爭者的產品，這很明顯是好現象，相反地倘若市場占有率下降，則代表了顧客購買我們產品及服務的數量比過去來得少，這不是一件好事，而數字便可以告訴我們公司對於市場占有率下降的改進程度。

　　另外一個評估顧客滿意度的方式是透過顧客滿意度的問卷調查。這個程序以問卷上的題目為基準，直接獲得來自顧客的回饋。其中一個具代表性的問題是：「未來您會再度消費嗎？」旅館將會保留前一年度的歷史分數，然後為來年設定新的經營目標。當最新的分數出爐時，通常是以月為單位，它將會被拿來與前一年度同期的實際分數作比較，藉以判斷營運績效是否有所改善，它也會被拿來與當年度的目標相比，藉以審視這個新的目標進度即將落後、達成或超越。

　　員工滿意度（employee satisfaction）也是以同樣的方式評估。每一間旅館皆保有前一年度的歷史成績，一樣來自於問卷調查，也同樣會為來年設定新的達成目標。問卷的最新分數會與這些基準分數相比較，經過評估之後，再加以判斷對於達到新目標是否有任何進展。舉例來說，最新的員工滿意度有85%表示贊同，而前一年的分數為83%，今年的預計達成目標則是84%，兩相比較之後，當前85%的分數超越前一年的分數兩個百分點，而與今年的預計目標相比則是超越一個百分點，在這個例子當中，當前85%的成績勝過去年的歷史紀錄，也勝過今年的預計目標。數字可以解釋這些分數之間的關係，也可以判定公司的績效是呈現退步、停滯或進步

的狀態。

收益或獲利（profit or profitability）是第三種評量工具。一間公司是賺錢還是虧錢呢？獲利的公式是將收入扣除支出。舉例來說，100萬元的收入在扣除75萬元的支出之後，結餘的25萬元便是獲利。收益除了能夠用美元金額來表示之外，亦可以用百分比來呈現，收益百分比的公式為，利潤的美元金額除以收入的美元金額，若以上述的例子來說明，則收益百分比等於25%（25萬元的利潤除以100萬元的收入）。

每一個數字或每一項評量指標都告訴了我們一些與公司營運有關的訊息。25萬美元的利潤告訴我們，在記錄所有的收入並支付所有的花費之後，銀行裡剩餘多少現金，那是一個明確的數目；也就是說，這家公司的現金帳戶裡還有25萬元的結餘，而25%的收益百分比則告訴我們，每1美金的收入當中，有多少金額會剩餘成為收益，這是一種關聯性的估量。換句話說，1美金的銷售金額中，有2.5角是利潤，7.5角是支出，將這兩個金額相加會等於1美金或是100%的百分比。

正向的現金流量，例如獲利，對於任何一間欲取得成功的公司而言都是不可或缺的條件。正現金流量能夠確保現行的公司營運制度，創造充足的銷售量，並有效地將這些銷售量轉換為現金帳戶裡，足以支付所有帳單及債務款項的現金。光是指出利潤並無法確保該公司是否足以獲致成功，一個企業必須要有能力持續並穩定地支付它所有的營運開銷。

James. E Collins與Jerry I. Porras於1994年所撰述的《基業長青：願景企業的成功習慣》（*Built to Last, Successful Habits of Visionary Companies*）一書中，談到收益在全球最受尊敬的幾家企業當中所扮演的角色，讓我們細想一下以下的觀點：

> 獲利是生存的一項必要條件，也是達成更多重大目標的手段，但是對許多願景企業而言，獲利對他們而言並不代表結束，它就像是身體裡的氧氣、食物、水及血液；它們雖然不是生命的主要目的，但是沒有它們就沒有生命。（第55頁）

作者指出了願景公司將焦點集中於能夠反映出公司核心價值的其他要素之上，而非獲利之上。它們可能會聚焦於新產品的開發、顧客、員工，或是目標的延續上面。由於這些企業如此善於佈局，使得它們的產品及服務在市場上的反應良好，同時也贏得了充裕的利潤。

顧客滿意度、員工滿意度、獲利以及現金流量的探討，闡明了數字在評估或解釋營運成果及績效的過程中所扮演的角色。數字為績效及成果指定了明確的價值；舉例來說，數字能讓我們知道：「收入增加了10萬元，或是上升了8.5個百分比」，而非只是「收入有增多」這類籠統的訊息。數字提供了具體的資訊，並協助企業判斷與比較每月或每年的績效表現。這些概念在接下來的章節將會有更詳細的討論。

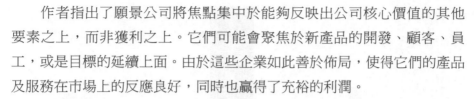 ## 第二節　職涯成功模型

對任何一位擁有成功事業的經理人而言，某些技術及能力是不可或缺的。Stephen R. Covey在1989年發行的《與成功有約：高效能人士的七個習慣》（*The 7 Habits of Highly Effective People*）一書中提及三項技術及能力。Covey將技術定義為「如何去做」，將知識定義為「該做什麼」，而將態度定義為「想做什麼」（p.47）。這三項能力的使用決定了一個經理人能夠達到的成功境界。

職涯成功模型（**圖1.1**）認定了四項個人技術與一項組織技術，在針對促使經理人能夠與公司一同成長與進步這方面，是非常有幫助的；而能夠持續成長與學習，並透過新的領域拓展他們的知識與技術，對經理人而言，是非常重要的。

一、專業技術

專業技術是指為了要完成工作所必須具備的每日操作上的知識與技

高績效表現組織

組織

行銷知識
與技術

財金知識
與技術

個人

領導／管理知識
與技術

專業知識與技術

職涯成功模型

圖1.1　職涯成功模型

術。舉例來說，旅館產業的初階經理人，一般都從前臺副理、房務部副
理，以及餐廳部副理等職位開始做起，這些職稱規範了部門在運作時，為
了執行所有的工作及任務，這些經理人理應瞭解並具備能力去操作的技
術，所以在第一年的時候，他們把時間花在學習以及練習上面，這個階段
的重點在於學習所有與工作相關的專業及操作概念，學習的過程包括熟悉
並鍛鍊足夠的能力，去執行隸屬於他們所管轄的旗下員工所負責的工作任
務。前臺副理為房客辦理登記入住及退房、管理客房庫存、處理團客業
務、為客房服務配置適當人員，以及在前臺管理大廳侍者等等。餐廳部副
理則需要為顧客帶位、清理桌面、遞送點菜單等等。熟悉一個部門運作的
種種專業概念，對於該部門的成功運作，以及對於奠定經理人個人職涯發
展的穩固根基而言，都是不可或缺的重要條件。

二、管理／領導技術

　　一位經理人的第一次升遷為他帶來了在完成工作時，管理更多員工的機會，因此他必須具備與其他經理人以及時薪員工共事的知識與技能。這個階段從管理（管理事情）發展到領導（領導員工）階段（Covey）。經理人被支付薪資來促使其他人完成工作任務。在這過程中，包括了從規劃、組織及控制等典型的管理職責，進展為激勵、挑戰、聘用、支持及認同員工等領導職責。一位真正的領導者應該具備指導與激勵和他或她一起共事的員工的能力，將工作盡其所能地做到最完善的地步。

　　領導者同時也具有分配公司資源的責任。這當中包含了分配時間、財力、人力以及構想給生產力最高或獲利最佳的單位，他們透過傾聽員工及顧客的反應，將計畫案或工作職責按優先順序排列，接著再分配充裕的資源來支援計畫案或職責的進行。

　　有效率的領導者會花時間安排他們的工作，並且會確保盡可能的將時間花在Covey的時間安排矩陣的第二象限——重要但不緊急的事情上。提到Covey的時間安排矩陣，他認為我們一天之內的所有活動都能夠被歸類為以下四種的其中一種：

1.緊急且重要
2.不緊急但重要
3.緊急但不重要
4.不緊急也不重要

　　大部分的經理人會針對第一象限——緊急且重要的事情先處理，這個部分被定義為急就章，並且會從某一種情況換到另一種情況。當挪到處理第二象限——不緊急但重要的事情上面時，經理人便有較多的時間規劃、理出先後順序，以及安排工作並完成它們。第二象限是主動的，而第一象限則是反應性的（Covey, 1989, p.151）。

以上這些與會計和財務有什麼關聯性？大大有關！明確地說，當經理人在完成會計及財務分析這部分的工作時，對數字的知識愈豐富、處理數字愈有自信的時候，他們就會有愈多的時間與顧客和員工相處——這是他們的第一優先考量！有效率地與數字打交道，促使一位經理人能夠處理第二象限的事情，並且也能夠有較多的時間與員工和顧客相處。

　　很遺憾地，這個產業裡的許多經理人在這個時刻將腳步減速或停了下來，他們沒有興趣、知識或能力去學習下一項技術，即便該項技術能夠幫助他們完成更好、更完整的工作任務，也能夠讓他們更進一步地承擔更多及更廣的責任。在一間公司內部，若想被升遷至較高的職位，光靠專業技術及管理／領導技術是不夠的。這些較高的職位，要求經理人必須具備瞭解並使用會計概念的知識與能力，並且必須能夠將財務分析及行銷觀念應用於公司的日常運作上。

三、財務技術

　　財金知識及技術的學習從認識數字開始，接著具備溝通或講授數字含意的能力，最後則需具有能將學習到的數字概念應用於改善公司經營運作的能力。具體而言，財務技術是指能夠詮釋及說明各類管理報告與各管理層級的財務報表內所蘊含的資訊的能力。一位經理人在與旅館的財務部主任及總經理討論他或她本身所任職部門的財務狀況時，必須表現得泰然自若，說明收入及支出狀況、比較實際結果與預算及預估之間的差距，以及為改善公司營運做調整，這些都是每一位經理人所必須擁有的重要財務技術。

　　本書接下來將會專門針對會計概念及財務分析方法的理解做詳細的闡述。在這個階段，為了要能夠與公司一同成長及進步，任何一位經理人對於會計與財務都必須要有基本的認識，這樣的認知是很重要的。他們不需要是會計師，也不需要是財務部主任，但是他們必須要能夠瞭解並睿智

地與資深管理層級討論部門的運作與財務的表現。

四、行銷技術

職涯成功模型的下一個步驟就是培養銷售及行銷知識與技術，這個階段從瞭解顧客及他們的期望開始。一間旅館或餐廳為了超越競爭者，做了些什麼事情來發展並維持競爭優勢？為什麼某位顧客會選擇某間特定旅館入住？或選擇某間特定餐廳消費？行銷部門的責任就是要確認顧客喜好、顧客期望、購買模式及行為模式。接下來這些顧客的詳細資料會被歸類到各個不同的市場區塊，然後旅館或餐廳再選擇他們有興趣而且具競爭優勢的市場進入。

旅館業主要的市場區隔例子有短期住宿的旅客、團體客，以及簽約的商務客。短期住宿旅客的市場區塊包含了房價較高的貴賓級旅客；日益增加的房價較低的一般性、商務的，以及特別公司的旅客；最後當然還有折價區塊的旅客。而折價的市場區塊的旅客又可以再進一步細分成軍公教人員、美國退休協會、旅遊業，以及類似週末或超低價的特別促銷活動。餐廳主要的市場區隔例子則有精緻美食餐廳、休閒餐廳及速食餐廳。

這些市場區隔由特定的顧客期望與行為模式所界定。身為一個經理人若想持續不斷地進步，他或她就必須要瞭解旅館或餐廳的行銷管理。現有**資產**（property）的市場及競爭優勢為何？顧客期望及偏好為何？經理人必須能與銷售或行銷部門經理討論顧客，並且要能夠理解旅館或餐廳的行銷計畫及市場定位。

五、高績效組織

當一位經理人對於專業、管理／領導、財務以及行銷這四項技術

深具豐富的知識與信心時，他或她已有潛力成為「高績效組織」裡的一員。經理人具備優秀的個人技術與知識，再加上積極正面的態度，就能夠創造或成為不單單能夠符合同時也能超越既定期望與目標的組織成員。這理當是一個非常重要的職涯目標。

旅館或餐廳內部任何一個部門的終極目標便是要達成傑出的績效表現及成果，這需要所有經營團隊的共同努力。上述四項知識與技術的具備愈充實完善，該位經理人能為他的團隊或部門績效所貢獻的就愈多。惟有經理人將個人表現的優點轉化為團隊表現的優點，他或她才得以真正超越與達成卓越的目標。

職涯成功模型概述了在公司裡欲取得成功，以及能夠進一步獲得升遷所必須具備的知識、技術與能力。

本書的目的是為了提供學生在他們所選擇的職場領域欲獲得成功，取得所不可或缺的會計與財務知識、技術及能力。

第三節　財務報表

對任何一位公司經理而言，評估公司績效時，認識與瞭解所會使用到的財務報表，是很重要的一件事情。在描述與評估公司營運以及財金優勢的時候，這些財務報表以各式各樣不同的方式被呈現。每一份報表或報告負責估算公司營運的某一特定部分。接下來的內容會介紹這些報表，而稍後的章節也會有更詳細的解說。

一、損益表

損益表（Profit and Loss Statement, P&L）評估企業的經營成效與獲利，它同時也被稱為所得報表（Income Statement）。這份報表是描述與

衡量公司每日營運獲利率的主要財務報告。損益表的主要特徵如下：

1. 它包含了特定的時間週期，例如每月、每季，或是每年。
2. 它以收入、支出及獲利的方式，描述公司每一特定時間週期的實際財務結果。
3. 它評估與其他評量工具，諸如預算、預估以及先前的（例如去年或上個月的）績效有關的實際績效表現。
4. 它包含了一份一覽表或是綜合損益表，附加各部門的損益表。
   (1) 綜合損益表總結各部門的收入、支出及收益。
   (2) 部門損益表描述各部門的收入、支出及收益的詳細資料。
5. 每個月或是每個會計年度會產生一份新的損益表，它記載了當月以及自年初至當日為止（Year-to-Date, YTD）的資料。
6. 經理人理應能夠分析或評論他們的月損益表，藉以說明損益表與預算、預報或是前一年績效表現相較之下，所產生的正向變動或負向變動。

損益表對一位經理人而言，是瞭解並操作每日庶務工作最重要的財務報表。因為經理人會經手並影響收入，也能夠控制大部分的開銷與支出，他們每天操作公司營運的活動，是損益表上所報導的數字來源。因此，一位懂得並瞭解損益表的經理，將提供精確且及時的情報，這些情報被用來編寫損益表，同時也大大地提升了報表的可信度，這份損益表能夠精準評估公司的獲利狀況。一位不瞭解損益表的經理人或許會遺漏掉重要的情報、提供錯誤的資訊、或是錯過了最後期限，結果造成資料未能在適當的時機被報導出來。

本書花費了許多篇幅在解釋損益表，並說明如何利用它成為管理工具及評估財務績效。理解損益表裡的資料與其他主要財務報表或報告之間的關聯性，也是同等重要的一件事。**表1.1**是某間全服務型旅館的綜合損益表範例。

表1.1 綜合損益報表

```
                        ABC公司
                    西元2008年12月31日

      當前                                    自年初至當日止
  實際  預算  去年度                         實際  預算  去年度

                      客房銷售額
                      餐廳銷售額
                      酒席銷售額
                      總銷售額
                      客房收益
                      餐廳收益
                      酒席收益
                      總部門收益
                      一般行政費用
                      營運維護費用
                      公共費用
                      銷售與市場行銷
                      總費用中心
                  建築物盈餘或營業毛利
                      固定費用
              建築物淨利或調整後營業毛利
```

二、資產負債表

　　資產負債表（balance sheet）用來估算一個企業的價格或價值。這是一份用來衡量一間公司在某一個特定時間點的價值的重要財務報表。資產負債表的主要特徵如下：

1. 它衡量一家公司在某一個特定時間點的價格或價值。舉例來說，年終的資產負債表簡要描述了帳戶在2008年12月31日這個時間點的結餘，它確認這間公司在這個日期所擁有的（資產）、所積欠的（債務），以及公司負責人的權益。

2. 描述資產與負債關係的基礎會計公式如下：

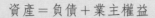

資產＝負債＋業主權益

3. 它是由資產、負債以及業主權益的帳目所組成。

4. 這些帳目被劃分為活期存款（償付債務的款項皆少於一年），同時也參考營運資金與長期帳戶（償付債務的款項超過一年），這些被歸類為資本額。

5. 每一筆帳目都有期初結餘、月收支活動及期末結餘。

6. 與損益表不同的是，營業部經理無需針對每月的資產負債表提出評論，這項工作由會計部門完成。

7. 由會計部經理結算每個月資產負債表裡的帳目。

因為下列兩個原因，對經理人而言熟悉資產負債表是很重要的。首先，在他們的每日工作營運中，都會使用到當時的資產與負債帳目（營運資金）。**營運資金**（working capital）是指公司每日營運會使用到的金額。其次，資產負債表也顯示了公司如何核定資本額，是根據長期借款或是業主權益，或是兩者都有。**資本額**（capitalization）是指為了投資並開始成立一家公司而籌募款項的來源及方法。經理人必須要能夠有效地運用企業的資產並使其得以獲利。**表**1.2是資產負債表的範例。

三、現金流量表

現金流量表（statement of cash flows）是評估一個企業的現金流動性；具體而言，它是企業現金帳戶的收支紀錄。銷售額是指根據銷售時點系統（收銀機）所記錄的現金流入，而支出則是指根據應付帳款或電子轉帳所記載的現金流出。對一位經理人而言，瞭解公司的現金帳戶裡有多少結餘得以用來支付開銷，並藉以規劃未來的營運所需款項，是非常重要的一件事。假使一家公司在它的銀行存款帳戶裡未有足夠的現金結餘，它將

表1.2　資產負債表

ABC公司	
西元2008年12月31日	
資產	**負債**
現金	應付帳款
應收帳款	應付稅款
存貨	應付工資
流動資產總額	流動負債總額
房產	銀行貸款
廠房	設備貸款
設備	信用貸款最高限額
長期資產總額	長期負債總額
資產總額	負債總額
	股東權益
	實收資本額
	普通股股本
	留存利潤
	股東權益總額

無力去支付開銷，對任何一位經理人而言，瞭解公司的營運資金帳目，並能夠有效率且有效能地運用它，是一項重要的責任。

　　資產負債表帳目裡帳戶結餘的增加及減少也會影響現金流量，與「資金報表的來源與使用」有關，現金流量表描述了資產負債表裡，不同帳戶之間現金的流入與流出，它同時也反應了一間公司的現金額度及流動性。**流動性**（liquidity）是指一間企業支付短期債款的能力，以及它的流動資產的金額，更明確地說，就是現金與約當現金。

　　對任何一位經理人而言，瞭解一間公司雖然每個月都有獲利，但卻還是不得不停業的原因是非常重要的。那是因為這些公司未能有效地管理它們的現金，它們的現金帳戶裡，完全沒有足夠的餘額來支付每日或每週的開銷；儘管它們的損益表顯示出獲利的成果，而資產負債表也表現良好，這些公司還是宣告停業。如果無法支付開銷，就無法保住公司。因

此，對經理人及公司雙方而言，瞭解現金流動與流量的基本原則皆是刻不容緩的。

現金流量表的主要特徵如下：

1.它包含了資產負債表的現金帳戶。

2.它包含期初與期末結餘。

3.它呈現公司每日營運的財務運作方式。

4.它評估現金的流動性。

5.它是營運資金的基本構成要素。

6.它反應了資產負債表帳款的增加與減少。

現金流量活動可分類為三種：

1.營運活動：包含企業製造銷售額的每日營運活動。

2.融資活動：包含增資與支付現金，又稱為資本額。

3.投資活動：包含投資現金在其他的金融選擇標的物上面。（參照**表
　1.3**）

四、股東權益表

另有一種財務報表由公司的組織架構來決定是否需要，那就是股東權益表。典型的所有人形式為法人、S公司（亦即避開重複課稅的公司）、有限公司（LLCs）以及合夥人關係。這份報表提供了股東權益架構的詳細資料，包括公司類型、已授權及發行的股票數、整年度的股東／會員帳戶更動，以及年終數量或價格。

在《住宿業的帳目一致系統》（*Uniform System of Accounts for the Lodging Industry*）第十版修訂本當中，提出了四種不同形式的股東權益報表，他們分別是：

表1.3　現金流量表

ABC公司 2008年12月31日		
營業所得	2007	2008
加上資金來源		
資產減少		
負債增加		
股東權益增加		
扣除資金使用		
資產增加		
負債減少		
股東權益減少		
營業資金來源與使用總額		
投資資金來源與使用總額		
籌措資金來源與使用總額		
資金來源與使用總額		

1. 股東權益表：是由普通股、優先股或庫藏股所組成；包含了年初的帳戶餘額，整年度的活動例如淨**所得**（income）、收益或損失與申報股利，以及年終的帳戶餘額。

2. 合夥人權益表：是由一般合夥人與有限合夥人所組成；它包含了年初的帳戶餘額，收入、捐款與提款，以及年終的帳戶餘額。

3. 會員權益表：它列出了公司的所有會員，包含了年初的帳戶餘額，收入、捐款與提款，以及年終的帳戶餘額。

4. 業主權益表：它列出了公司的所有股東，包含了年初的帳戶餘額，收入、捐款與提款，以及年終的帳戶餘額。

根據公司架構及組織的不同，在每一年度備妥上述四種報表當中的其中一種，藉以呈現該公司在年初及年終，股東權益帳戶與帳戶結餘的改變。

J. W.萬豪沙漠度假及溫泉中心，鳳凰城，亞利桑那州

　　這是一張度假村水上公園與高爾夫球場的照片。這間擁有950間客房的會議／度假中心，包含了24萬平方英尺的會議空間、10間餐廳與暢貨中心、28,000平方英尺的溫泉浴池與4一間治療室，還有兩座18洞高爾夫球場。這座度假中心共有22個部門、超過1,000名的員工以及104位經理人，執行委員會委員共有9位，年收入超過10億美元。試想在這間度假中心裡管理如此多部門，外加四星級旅館所需附加的額外設施及服務的複雜性，也考慮部門經理的財務職責，他們必須增加收入與控制支出，以確保預期的獲利與現金流量能夠相互符合。由於度假中心具有季節性的特性，還必須額外考慮到如何在淡旺季管理這些部門。

J.W.萬豪沙漠度假中心鳥瞰圖——水平線

資料來源：感謝J. W.萬豪沙漠度假及溫泉中心，鳳凰城，亞利桑那
　　　　　州提供。

　　請至網站：www.jwdesertridge.com ，並觀賞度假中心的許多區域與特色。試著回答下列問題：

　　1.您認為該度假中心最大的市場區隔為何？是團體客或是散客？請說

明您選擇該客群為主要市場區隔的原因。

2.您認為哪一個部門所帶來的收入最高？是客房部或是餐飲部？請說明原因。

3.請根據獲利的高低排序下列部門：餐廳部、婚宴部、高爾夫球部、溫泉部、客房部及飲料部。請說明您覺得該部門獲利最高與獲利最低的原因。

 第四節　收入：財務績效的開始

　　一間公司能夠繼續營業的基本經營理念之一就是要能夠賺錢，公司製造產品或服務，然後以雙方都同意的價錢跟顧客做交換。這是假設公司將營運多年，並且會持續不斷地提供不單是現有還包含了創新的產品與服務給顧客，這樣的過程帶來了公司**收入（revenue）**與銷售額，這些是顧客用來支付購買一項產品或服務的貨幣金額，過程當中還包含了下列行為：

1.為了交換產品或服務，公司從顧客手中取得金錢。

2.付費的方式可能包含了現金、信用卡、現金卡、電子轉帳、個人支票、旅行支票或是公司支票。

3.銷售交易被記錄於**銷售時點系統（Point-Of-Sale, POS）**當中，銷售時點系統是用來記錄顧客交易的設備與系統。早期POS系統被認為是收銀機，但是當今已被認為是記載顧客資料的終端機與系統，它使得銷售交易紀錄更加完整。

4.付費的方式視購買的產品數量或體驗的服務類型而定。

　　收入是財務分析的第一步，因為它啟動了一家公司的現金流量過程。收入導致現金的增加，或是流動至公司的現金帳戶裡。下一個步驟便

是支付與製造該項產品的花費，或是支付公司所提供的服務上的所有相關花費；而應付帳款、工資支出或其他支出款項的支付導致現金減少，或是現金流出銀行帳戶；最後剩下來的金額便是**利潤**（profit）　　在付清所有相對應的開銷之後，收入所剩餘的金額。

收入同時也被報導於損益表的月報表、季報表或年報表當中。損益表是以符合邏輯且條理分明的編排方式，列示收入、支出與收益的財務報告表。第四章將針對損益表做更詳細的討論。

在本章的簡介當中，曾經詳述兩個重要的公式，現在我們將討論第三個重要公式。每一項公式都包含收入：第一項公式計算收入（**收入＝平均價格×數量**）；第二項公式計算利潤（**利潤＝收入－支出**）；第三項公式則評量收入績效，稱為每間客房營收（RevPAR）。RevPAR的計算方式有兩種，公式為：(1)**客房總營收÷客房總間數**；(2)**平均房價×住房率**。以下讓我們更深入討論這些公式。

一、公式

收入＝平均價格×數量

所有的收入對公司而言，都是顧客購買某些數量的產品或服務的結果，在計算收入或銷售額的時候，這些數量會與顧客購買該項產品或服務所支付的金額結合在一起。舉例來說：

客房收入＝已售出客房數×房價
餐廳收入＝顧客供餐×菜單價格
高爾夫球場收入＝購買場數×果嶺費用
溫泉收入＝治療室×治療室價格
禮品店＝已售出商品×商品價格

數量（volume）的定義是，針對顧客在某一特定時段所售出、所供應、所獲得或所購買的單位數目。售出客房數通常都以每日為單位，餐廳顧客則通常以餐點供應時段為單位——早餐、午餐及晚餐。**價格**（rate）的定義是，一名顧客為取得某項產品或服務，支付給公司的美元金額，這些交易每一筆都附帶著費用或價格，通常稱為房價表、價目表或菜單。舉例來說，旅館客房可能會被區隔為短期住宿旅客與團體旅客兩個不同的市場區塊，每一個區塊各自有其不同的房價，短期住宿旅客的房價是99美元，而團體旅客的房價則是85美元。高爾夫球場針對不同球友的需求也會有不同的日價目表，包含果嶺車的果嶺費用為50美元，沒有包含果嶺車的費用則為36美元，而黃昏時段的優待價為25美元。餐廳的菜單列出所有的菜色並標上每道餐點的價格，顧客選擇他們想品嚐的菜色，並決定願意花多少費用在哪道餐點。

　　我們只需知道兩項變數，並且套用於適當的公式，便能計算出這三項收入變數當中的任何一項變數。以下舉例說明客房收入：

客房單價×數量＝客房營收，或是$99×150間已售出客房
　　　　　　　　＝$14,850客房營收
客房營收÷客房間數＝客房營收，或$14,850客房營收÷150間客房數
　　　　　　　　＝$99平均客房單價
客房營收÷客房單價＝數量，或$14,850客房營收÷$99
　　　　　　　　＝150位顧客

　　接下來舉例說明餐廳收入：

價格×數量＝餐廳營收，或是$8.00平均帳單×75位顧客
　　　　　　＝$600餐廳營收
餐廳營收÷數量＝餐廳營收，或$600÷75

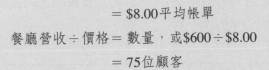

$$= \$8.00 平均帳單$$
$$餐廳營收 \div 價格 = 數量，或 \$600 \div \$8.00$$
$$= 75 位顧客$$

　　POS系統記錄了以上所有的資訊，並且產生兩種財務報告：第一種報告在每日營收的報告中，報導了財務績效的表現；第二種則提供了管理方面的報告，它們被用來作為經營公司的管理工具。一位旅館經理人被期許能瞭解這些報告，並且對照來光顧的顧客數量，運用這些報表來分析房價、價目表或菜單價格。這些經理人理應能夠熟悉他們的每日交易，辨別這些交易是否成功或賺錢，並決定如何解決問題及改善交易。

　　在分析營收的時候，鑑定收入的增加或減少源自何處，以及什麼原因造成這樣的改變是很重要的。顧客的數目有任何增加嗎？或是他們的消費金額有增加嗎？在辨識原因的過程中，下列的任一項問題也許會有幫助：

1.較低的單價或價格是否吸引了較多人潮？
2.廣告宣傳活動是否吸引較多人潮？
3.新的競爭者是否使來客數減少？
4.價格上升是否導致人潮減少？

$$利潤 = 收入 - 支出$$

　　對一個部門、餐廳或旅館而言，所有的利潤都能套用這個公式計算，雖然這個公式看起來非常簡單，它卻能夠被拆解開來運用於許多不同的範疇，而這些範疇分別反映了不同的市場區隔，這些市場區隔是根據銷售額與某些特定種類的成本或開銷來劃分。舉例來說，客房部門的利潤計算方式，是將來自於短期住宿旅客、團客以及商務旅客的收入相加，如此

便等於客房總營收，然後，再將總營收扣除所有的直接費用，如此便得出客房總收益。公式如下：

客房總營收	$500,000
扣除	
薪資費用	$ 60,000
福利費用	$ 21,000
直接營業費用	$ 44,000
等於客房總收益	$375,000

$$RevPAR（每間客房營收）＝客房總營收÷旅館客房總間數$$
$$或者客房單價×住房率$$

評估客房營收最重要的衡量尺度便是RevPAR或每間客房營收。RevPAR如此重要的原因是因為在鑑定旅館所賺取的收入金額時，它同時考量了價格與數量。RevPAR只被用來為客房營收估價，並且以美金來表示；舉例來說，RevPAR是88.43美元。有兩項公式可以計算RevPAR，第一項公式是最準確的，不過第二項公式的計算結果也相差不多，兩項公式都能被接受。

$$RevPAR＝客房總營收÷客房總間數，或者$$
$$平均客房單價×住房率$$

我們利用先前的營收範例來算算RevPAR。客房總營收是14,850美元，平均客房單價是99美元，共有150間房間已被入住，為了計算住房率，我們必須知道旅館的客房總間數，假設旅館客房數是200間，我們可以將已售出客房數除以客房總間數，也就是150÷200＝75%的住房率，接下來我們就可以算出RevPAR的值：

$14,850客房總營收÷200客房總間數＝$74.25 RevPAR，或者
$99平均客房單價×75%住房率＝$74.25 RevPAR

　　每間客房營收（Revenue Per Available Room, RevPAR）是第一個也是最重要的用來鑑定旅館財務績效的衡量尺度，因為它是一個指標，指示了管理該如何完善才足以提高平均客房單價，並且還能同時增加入住旅客數量，提升住房率以達到客房營收最大化。假使只有單獨使用上述公式裡的其中一項度量尺度，將無法辨別旅館的客房營收是否已達最大值。

　　舉例來說，假使我們利用住房率來作為客房營收最大化的主要評量尺度，一間旅館的營運雖有高達99%的住房率，但是平均房價只有25美元，這間旅館也許並未達到客房營收的最大值，因為它的客房單價可能太便宜了。同樣地，假使一間旅館的平均房價為175美元，可是住房率只有15%，這樣也可能未達客房營收最大值，它或許把客房單價訂得太高了。而倘若我們利用住房率來當做主要的評量標準，上述第一個例子的旅館簡直是經營得太完美了，而第二個例子的旅館則是糟透了。但是我們如果利用平均客房單價來作為主要的評量標準，第一間旅館得到很差勁的結果，第二間旅館則表現優異。同時結合了客房單價與住房率的RevPAR，能夠更有效地評估客房營收最大化的管理績效，它顯示了管理該如何完善，才足以達到高住房率、高平均客房單價，以及有效地運用兩者來達成客房總營收的最大值。

流動率或自留額比率＝利潤美元差額÷收入美元差額

　　自留額比率（retention）是一項非常有用的財務評量尺度與管理工具，因為它確定了隨著營收的變化而相對改變的利潤差額，它也呈現出經理人如何有效地控制這些變化多端的費用，而這些費用改變了公司的來客數。自留額比率是一個百分比，每一個營業部門都會設定一個自留額比率目標。

旅館業者為使客房總營收達到最佳化，需注意市場區隔，提升顧客回流率（感謝日暉國際渡假村——臺東池上提供照片）

二、市場區隔

　　RevPAR展現出旅館為努力達到客房總營收的最佳化，是如何完善地管理平均客房單價以及已售出的客房。為了替客房營收最大化的目標提供更精準的資料，旅館將它的顧客區分成不同的市場區塊。**市場區隔**（market segments）就期望、偏好、購買模式、行為模式以及旅行的原因來定義顧客的特性。每一塊市場區隔都有其特殊的特徵。以下介紹旅館經營會使用到的三種主要的市場區隔：

1.平日／假日：絕大部分的平日旅遊是商務旅遊，而大部分的假日旅遊則是休閒旅遊。

2.公事／娛樂：因公出差的旅客通常都由雇主負擔其費用，而休閒旅遊的旅客通常都與家人或朋友同行，並且自行負擔費用。

3.短期住宿旅客、團客與簽約旅客：這三種基本的市場區隔可辨識出旅客的身分以及旅行的原因。

(一)簽約旅客

簽約旅客的市場區隔是針對每一家簽約的特定廠商，每晚會以固定的客房單價，保留固定數量的客房。無論是否有旅客入住，這些廠商都要支付每晚這些已保留客房的費用。簽約客房最好的例子就是航空公司機組人員的房間。舉例來說，美國航空或達美航空會以每晚40美元的房價與旅館簽訂25間客房，不分平日或假日，以一整年為單位。旅館同意以相當低的房價售出這些客房，是因為如此可以保障整年度每一天的基本營業額，除非旅館能夠達到百分之百的住房率，否則每間40美元簽約客房的售出將會多少帶來一些其他額外的收入，這會比一間無法增加任何營收的空房要好得多。

(二)團體旅客

團客是與某間特定公司或組織有關的旅客，這間公司或組織會預定兩間或更多的房間，團客入住往往超過一晚，並且通常會有會議與餐點的需求。由於一次就會提出大量的入住天數需求，一般說來他們都能取得折扣價格。舉例來說，一個晚上需要三間以上的客房，或是兩間以上的客房要入住兩天以上。團客所要求的客房數愈多，通常房間的價格也會愈低。團客可能是出差性質或是休閒性質，一般會帶來要求供應膳食及租賃會議室的額外營收。

團客市場區隔的部分例子如下：

| 公司團體 | 體育活動與政府機關團體 |
| 協會團體 | 其他團體 |

(三)短期住宿旅客

　　短期住宿旅客的市場區隔是指單獨的出差或休閒旅遊的旅客，他們能夠根據所願意付費的金額來做更進一步的市場區隔。以下是短期住宿客房的房價表範例，它界定出各個不同的市場區塊，並且由最高到最低列出不同的客房單價。

貴賓級房價	$249客房單價
一般或未折扣前的價格	$225
公司價格	$199
特殊公司價格	$190至$125，視客房數而定

優惠價格	
美國退休協會會員	$175
政府機關	$150（每日房價應相同）
旅行業者	$125
週末大促銷	$99

三、顧客

　　顧客為營收的最後一項考慮要素。為顧客辦理旅館入住登記或退房服務、在餐廳供應餐點、在溫泉中心提供治療室，或是在高爾夫球場分配發球時間，以上這些真實事件都需要員工與顧客交談，然後根據他們的需

求提供產品或服務。這些事情的處理過程對一家公司的成敗具有非常關鍵性的影響力。「下一位！登記住房嗎？姓名？」這些問候一點也不親切或友善。一個親切的問候、眼神的交流、個別旅客的辨認，甚或一個微笑，都大大地有助於讓顧客覺得他們所支付的費用與所獲得的服務物超所值。為了作帳紀錄準確地記載顧客交易過程固然很重要，在過程中表現友善並且有效率也同樣很重要。銷售時點系統通常會妥善處理好所有的財務資料，然後將更多的時間留給員工去經營顧客關係，最後的結果便是——顧客還想再度光臨！

再回頭看看我們評估成功企業的三項標準：滿意的顧客、滿意的員工，以及充裕的現金流量或收益。在本書專注於會計以及財務交易與報表的討論之際，務必切記員工與顧客是使所有過程能夠順利運作的關鍵角色。

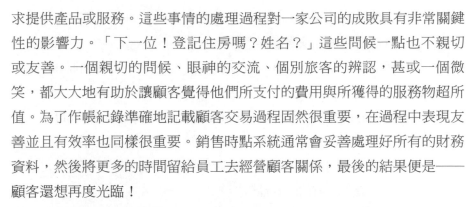 第五節　利潤：財務績效的最終估量

如同營收是衡量財務績效的起點一樣，利潤是經營一間公司所有努力與活動的最終結果。這個段落將討論各種不同形式的利潤。我們將再複習一遍利潤的公式：**收入扣除支出等於收益**。

計算利潤的程序很簡單，但是當你要計算類似旅館這種大型企業在營運過程當中，各個不同參與部門的利潤時，它就會變得有點複雜。利潤是在記錄所有營收與所有跟該項營收有關的費用之後，所剩餘的金額。一如收入有很多不同的形式，費用也有很多不同的種類，而利潤也有不同的層級。接下來我們將來討論利潤的種類。

一間旅館包含四個重要的利潤層級，每一個層級都處於旅館經營過程當中的不同階段，它們分別是：

1. 部門盈餘（department profit）：確定並衡量某一特定部門的利潤。例如客房部門盈餘或餐廳部門盈餘。

2. 部門總盈餘（total department profits）：是指所有獲利部門的盈餘總和。

3. 建築物盈餘或營業毛利（house profit or gross operating profit）：通常是指計算管理獎金的獲利部門的盈餘。因為管理能夠控制或影響建築物獲利部門裡的所有帳目，所以這個層級估量了在將收入最大化、支出最小化方面的管理效能。

4. 建築物淨利或調整後營業毛利（net house profit or adjusted gross operating profit）：一般用來衡量旅館的財務績效。所有的直接與間接成本、固定與變動成本，以及經常門的成本都已經償付，之後所產生的建築物淨利，不論是在扣除稅前或稅後，皆能夠分配給股東、管理公司以及其他享有股份的事業體。

《住宿業的帳目一致系統》第十版修訂本使用利潤與收入說明各個不同種類的盈餘。在第四章我們將會有更詳細的討論。

一、部門盈餘

部門運作是經營公司各項業務的根本。每一個部門將業務拆開為不同且獨立的運作單位，而運作這些部門所包含的收入與支出都呈現在部門的損益表上面。這些部門被稱為營收中心或利潤中心。在一間旅館裡最大的利潤中心便是客房、餐廳、飲料與宴席部門。基本的利潤公式，收入扣除費用仍然適用，但必須做更細部的考量：

客房盈餘
短期住宿、團體，以及簽約旅客收入
扣除費用
薪資
福利
直接營業費用
等於客房部門盈餘

餐廳盈餘
早餐、午餐及晚餐收入
扣除費用
銷售成本
薪資
福利
直接營業費用
等於餐廳部門盈餘

　　所有的部門盈餘相加便得到旅館部門總盈餘。

二、建築物盈餘或營業毛利

　　建築物盈餘及營業毛利這兩項是可以互相替代的，而且基本上它們是兩個相同的利潤評量標準。萬豪集團將這些盈餘定義為「建築物盈餘」，四季與凱悅飯店則偏好稱它們為「營業毛利」。它們是部門總盈餘的下一個利潤層級。

　　在計算出部門總盈餘之後，仍有其他必然也被支付用來經營旅館以維持每日營運的間接費用，這些部門被稱為費用中心或支持費用，因為它們雖未產生任何收入，卻在支援這些確實有產生收入的部門時，製造了費用。費用中心的例子有一般行政（G&A）、維修（R&M）、水電

（HLP）以及銷售與行銷（S&M）部門。這些部門包含了所有的部門費用，而非部門總營收與部門總盈餘。

以下是費用中心部門報表的例子說明：

費用
　薪資
　福利
　直接營業費用
部門總支出

所有費用中心的費用相加之後得到費用中心總支出，再將費用中心總支出由部門總盈餘裡扣除，便得到建築物盈餘或營業毛利。我們的建築物盈餘或營業毛利等式為：

建築物盈餘或營業毛利＝部門總盈餘－費用中心總支出，或是
　　　　　　　　　　＝部門總盈餘－支持費用

建築物盈餘／營業毛利主要被用來評估公司將收入最大化、費用控制以及利潤最大化的管理能力。旅館管理團隊的組成目的，是為了能夠影響並控制公司利潤層級所辨識到的所有收入與支出，因此它是一般被用來計算管理獎金的利潤層級。

三、建築物淨利或調整後營業毛利

仍然有些與旅館經營相關的費用未被確認，也未被記錄於旅館的利潤層級之上。這些費用通常是指固定費用或是經常費。分辨這類費用的方式就是他們是固定的，並且與這間旅館的營業層級無關，這間旅館可能停

業，也可能有很低或很高的住房率，不過無論如何，這類費用都維持不變，同時也都一定必須被支付。由於管理部門對這些費用不具控制力也不具影響力，因此它們並未被納入獎金計算的範疇。這些固定費用的例子有銀行貸款、抵押付款、保險費用、執照費、許可證費用與酬金。

建築物淨利或調整後營業毛利的等式為：

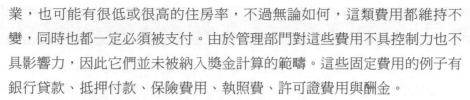

建築物淨利＝建築物盈餘或營業毛利－固定費用

建築物淨利或調整後營業毛利是旅館全部盈餘的真正或精確結算，它是由旅館或是流至銀行的現金所產生的總盈餘。所有的直接與間接成本，以及固定或變動成本都已經被確認並且支付。這些盈餘被視為能夠分配給股東、管理公司、加盟主或是任何其他在旅館內享有經營股份的事業體的利潤。

四、稅前及稅後盈餘

最後一項必須被確認與支付的費用便是任何與旅館經營有關的稅金。決定誰來支付這些稅金是很重要的，它可能是業主或是管理公司，而稅金支付如何被規範將會影響建築物淨利／調整後營業毛利。一般而言，稅前盈餘相同於建築物淨利／調整後營業毛利，當所有適用的稅金都支付完畢後，才能夠確認真正的盈餘結算或是稅後盈餘。由於旅館經理人在這個利潤層級的參與程度極低，我們將不會花費太多的篇幅來討論這個層級。

結語

　　會計概念與財務分析方法的運用始於利用數字來衡量財務表現。數字是在說明與評估公司經營時，提供特定與詳細資料的表達方式，數字評估了營運績效、確定了價值、衡量了流動性，也提供管理團隊更精確的工具以管理他們的事業。

　　旅館經理人必須充實企業的財務知識，也就是能夠瞭解數字，以及有信心處理數字並利用它們來分析企業營運的能力。數字最終是一種工具；換句話說，它們有助於衡量並且評估公司經營。為了能夠促進職涯進步，一位旅館經理人在操作業務時，能夠理解並且運用數字，以及應用財金術語來與資深管理者，包括旅館總經理與財務部主任，討論與解釋他或她的業務，這同樣也是一件很重要的事情。

　　有三種財務報表被用來評估一間公司或企業：第一種也是最重要的一種是損益表（又稱為所得報表），它評量一段時間之後的財務績效表現；第二種是資產負債表，它評估一間公司或企業在某一特定時間點的淨值；第三種是現金流量表，它評估一間公司或企業在經過一段時間之後的現金流量與結餘。

　　旅館經理人必須熟悉並且運用的四項重要的公式是收入、利潤、每間客房營收（RevPAR），以及自留額比率。經理人也必須瞭解一間旅館的主要利潤層級，即部門總盈餘、建築物盈餘或營業毛利以及建築物淨利或調整後營業毛利。

一、餐旅經理重點整理

1.旅館會計使用數字以及基本的算術運算來評估與改善營運績效。它全都是最基礎的！

2.損益表是旅館經理人所必須全盤瞭解，並且須有能力應用在他或她的部門營運之上的最重要的財務報表。

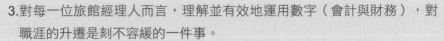

3.對每一位旅館經理人而言,理解並有效地運用數字(會計與財務),對
　職涯的升遷是刻不容緩的一件事。

4.財務報表內含的數字被用來衡量財務績效,並且為經理人提供了一個珍
　貴的管理工具。

5.會計與財務管理都是為了要達到收入最大化、支出最小化,以及利潤最
　大化,在管理的過程當中,利用數字來評估並改善財務表現。

二、關鍵字

會計概念(accounting concepts)　在每日公司營運都會使用到的記帳方
　式及財務交易。

資產負債表(balance sheet)　評估一間企業的價格或淨值。

資本額(capitalization)　投資或成立一間公司的籌募經費來源與方法。

財務分析(financial analysis)　將一個事業體關於財政事務的管理分割
　為小部分以做單獨研究。

所得(income)　一個可以與利潤及收入相替換的名詞。

流動性(liquidity)　足以支付一間企業每日營運開銷的現金或與現金同
　等價物的金額。

股票市值(market capitalization)　用來計算一間公司的價值,算法是
　將市場人士與機構投資者所持有的已發行股票數,乘以公司的現行股
　價。

市場區隔(market segments)　以顧客期望、偏好、消費模式與行為模
　式來做區隔的顧客群體。

銷售時點系統(Point-Of-Sale, POS)　一種記錄顧客交易的設備,包括
　辨識付費方式以及列出交易種類。

利潤(proflt)　在支付所有應支付費用之後所剩餘的收入金額。

損益表(Proflt and Loss Statement, P&L)　用來評估一個企業的營運成
　果及獲利率。

資產(property)　指旅館或餐廳。

價格（rate） 顧客為了取得公司所製造的某項產品或服務所支付的美元金額。

自留額或流動性（retention or ‡ow-through） 增值的收入美元轉變為增值利潤美元的金額。以百分比的方式呈現。

收入（revenue） 顧客支付用來購買一項產品或服務的貨幣金額。它可能是以現金、支票、信用卡、應收帳款或電子轉帳的方式呈現。

每間客房營收（Revenue Per Available Room, RevPAR） 透過同時計算客房平均單價與住房率的方式，用來衡量一間旅館製造客房營收能力的重要指標。

現金流量表（statement of cash flows） 評估一個企業的現金流量與流動率。

數量（volume） 針對顧客在某一特定時段已售出、已供應、已獲得或已購買的單位數目。

營運資金（working capital） 公司每日營運會使用到的金額。它包括了在製造一項產品或服務所使用到的現有資產與現有負債及現金。

三、公式

1.平均客房單價：

客房總營收÷已售出客房數

2.住房率：

已售出客房數÷客房總間數

(1)收入：

價格×數量

(2)利潤美元：

營收－支出

(3)獲利百分比：

$$利潤美元 \div 收入美元$$

3.股票市值：

$$已發行股票數 \times 股價$$

4.自留額比率或流動率

$$利潤美元差額 \div 收入美元差額$$

(1)每間客房營收（RevPAR）

$$客房總營收 \div 客房總間數，或平均客房單價 \times 住房率$$

(2)營運資金：

$$流動資產 - 流動負債$$

四、章末習題

1.列舉並說明一間公司三種主要的財務報表。包含每一份報表的特性。

2.請定義每間客房營收（RevPAR），並說明它對於客房營收與旅館財務績效的總體收入評估為何如此重要。

3.列舉並說明旅館的四種利潤層級。

4.資本額與營運資金之間的差異為何？對於公司經營又具備哪些不同的使用功能？

5.對一位旅館經理人而言，瞭解會計概念與財務分析方法為何如此重要？

6.用來評估一間公司的整體運作成效的三種重要衡量工具為何？

7.為什麼損益表對一位旅館經理人而言，是必須理解的最重要的報表？

8.客房營收、住房率、每間客房營收（RevPAR）、利潤以及自留額比率或流動率的公式為何？

五、活用練習

1. 請為下列的帳目名稱歸類至正確的資產負債表項目：

＿＿＿ 應付帳款	A. 流動資產
＿＿＿ 現金	B. 流動負債
＿＿＿ 設備	C. 長期資產
＿＿＿ 存貨清單	D. 長期負債
＿＿＿ 銀行貸款	E. 股東權益
＿＿＿ 應收帳款	
＿＿＿ 保留盈餘	
＿＿＿ 應付稅金	
＿＿＿ 期初資本帳戶	
＿＿＿ 普通股	

2. 等式配對：

＿＿＿ 營收－支出	A. 營運資金
＿＿＿ 流動資產－流動負債	B. 利潤公式
＿＿＿ 營收－銷售成本＋薪資＋福利＋營業費用	C. 每間客房營收
＿＿＿ 薪資成本÷營收	D. 成本百分比
＿＿＿ 利潤美元÷收入美元	E. 自留額／流動性
＿＿＿ 客房總營收÷客房總間數	F. 部門盈餘
＿＿＿ 利潤美元差額÷收入美元差額	G. 獲利百分比

3. 請為每項敘述填上相對應的財務報表：

＿＿＿ 具有期初與期末結餘	A. 損益表
＿＿＿ 又稱為A&L報表	B. 資產負債表
＿＿＿ 在會計週期結束後關閉帳戶	C. 現金流量表
＿＿＿ 與資金來源及使用報表相同	
＿＿＿ 與收入報表相同	
＿＿＿ 顯示一間公司的價格或淨值	
＿＿＿ 評估一間公司的營運成就	
＿＿＿ 呈現一間公司的現金流量	

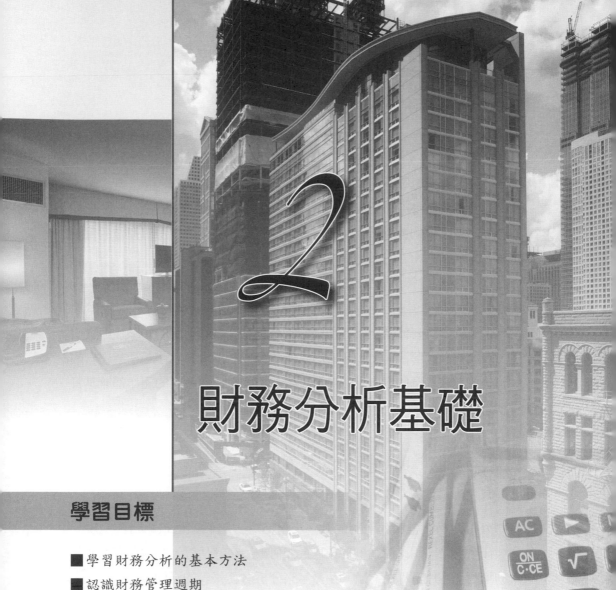

2

財務分析基礎

學習目標

■ 學習財務分析的基本方法
■ 認識財務管理週期
■ 瞭解數字的比較並賦予其含意的重要性（如將公司的實際財務績效與先前設定的基準或目標加以比較）
■ 瞭解評估差異的重要性，以及這個差異所透露的關於公司財務績效的訊息
■ 學習在財務分析時，如何利用百分比來評估財務績效
■ 具備辨別走勢的能力，並瞭解走勢對財務分析的重要性

前言

　　本章介紹一部分的基本會計概念以及財務分析方法，這些概念與方法將會應用於全書，也會被應用於任何一位旅館業經理人的職涯中。它們不僅僅只是基本的會計概念，同時也是協助經營一間公司每日運作的重要管理工具。

　　本章以直接與基本的方式解釋這些概念與術語。傳統複雜且深入的會計解釋將被省略，因為如果不能被理解，再艱深的理論也無助於學習。本章的資料將使學生建立穩固的財務基礎，具備充足的知識性與實用性，讓他們能夠解決問題以及處理工作狀況，雖然專注於旅館產業經營的討論，但是在本章內容出現的財務分析方法，對任何產業的運作都兼具實用性與適用性。

第一節　財務分析的基本方法

　　分析財務報告與報表對於數字來自何處、它們如何被組合與呈現、代表什麼含意、用來評估的對象以及如何被用來評估等，必須要有一個基本的瞭解。本段落即將討論利用數字來分析財務報表的兩個觀念。

一、兩項重要工具

　　首先，我們將討論數字被用於企業的兩種重要方式。它們被用來衡量財務績效，並且提供了一種可用來經營企業的管理工具。

(一)衡量財務績效

　　數字提供了一種方法來決定一家公司是如何被運作，評估財務績效

在本質上是具有歷史價值的，評估過程會使用到公司營運的真實數據或成果。它告訴我們這家公司製造了哪些產品，並且運用特殊的度量工具來比較與評估這個表現。它就像透過後視鏡回頭看公司過去的營運表現，而接下來這三種主要的財務報表便是被用來評估財務績效。

損益表呈現某一特定時段的營收、費用與利潤，每一個月、每一季或每一年，某項營運所產生的數字會被記錄在損益表之上，這些數字說明了這間公司的營收或利潤是否有所增加、減少或維持不變。

資產負債表顯示在某一特定時間點，基於考量資產、負債與股東權益之後的某公司的價格或淨值，這些數字告訴我們，這間公司是否在財務上因為資產或股東權益增加而愈來愈占優勢，或者因為負債增加而正在努力掙扎。這個數字同時也告訴我們這間公司是如何籌募資金，或是如何開始設立的——是債款多於業主權益，亦或是業主權益多於債款。

現金流量與流動性對於一間公司的成功與否具有關鍵性的影響。現金流量表顯示有多少現金由公司產生，以及經過某一段時間之後，這些現金是如何有效地被運用於公司經營。

(二)提供管理工具

數字為經理人提供了一種規劃各個不同層級營業數目的方法，它可以預估營收、排序薪資、執行成本控制、擴展公司營運或是編列年度預算。數字回饋了經理人的經營成果，並且協助他們做出適當的調整。

運用數字的觀點對一間公司來講是非常有價值的，因為它是指接收數字所提供的訊息，並且將這些訊息回頭應用在公司營運上的過程。

二、財務管理週期

其次是**財務管理週期**（financial management cycle）。瞭解這個管理流程，以及數字如何在經營公司的過程中被產生與被利用是很重要的。這個程序論及數字在公司營運當中的流動與使用。

1. 交易產生數字：所有包含於每日交易當中的活動都會產生用來評估表現的數字。在一家旅館裡，每日的交易都提供了顧客產品與服務，包括客房部、餐飲部、禮品部，以及其他與顧客產生售貨交易的任何一個部門。用於財務分析的數字必然來自於公司每日交易當中的其中一筆。

2. 會計編列這些數字並且提供管理報告與財務報表：在每一天、每一週或每個月結束之後，來自於所有交易與活動的數字被會計部門收集、總結與報告。這些報告描述了當週、當月或當年的交易與活動，並且被分派至適當的經理人手中檢閱及使用。

3. 會計與營業部門分析這些數字：營業部經理以及會計部經理共同回顧並分析管理報告與財務報表。他們找出差異、導致差異的原因以及差異的結果，藉此瞭解營運狀況，並決定未來調整與改善的方向。他們同樣都擁有經營運作與財務分析的經驗，並且為了確保交易能繼續獲利，他們應該也都具備了能夠決定哪些部分必須做調整或做改善的能力。

4. 營業部門將這些數字回頭應用於公司運作之上：在回顧與討論之後，做出任何必要的調整，以糾正或改善營運，是營業部經理的責任。迅速且精準地分析，然後做出任何必要的改變，這項能力對任何一間公司的經營來說都是相當重要的部分。它使得這間公司能夠因為產能提高，或是因為所生產產品與服務價值的提升，而不斷地獲得改善。

第二節　比較數字並賦予其含意

數字必須互相比較以獲得其中的含意。**比較**（comparison）是檢查或指出兩個數字之間的相似或相異之處。一間旅館的月營業額是100萬美

元，這個數字只能告訴我們銷售程度，我們該如何得知這個程度是好或不好？上升或下降？可接受或不可接受？財務分析的一個基本概念便是將一個交易所產生的數字與一個已經設定好的數字做比較，這個設定好的數字，將使我們知道交易數字是增加或減少。最常見的比較是與：(1)預算；(2)預報；(3)去年表現；(4)前一個月或前一個會計期間；(5)形式上的預估；(6)任何其他已設定的目標相比。

一、預算

一個月、一季或一年的實際財務結果會被與已設定的預算作比較。預算（budget）是一間公司的正式年度財務運作計畫，預算包含營收與利潤的預計增加額度，以及生產力在成本與支出上的改進計畫。實際結果與預算做比較能夠告訴我們公司是否有照著原定計畫與預算來進行，以及結果與預算有多接近？超出或低於預算多少？

二、預報

預報（forecast）更新了預算的編列。鑑於預算通常是以一整年為單位編列的，預報也會以一年為單位隨之被完成，藉以調整或符合當前的營運狀況。預報可能是每週、每月、每季、半年一次或是數個月一次，一直到年底，這些預報非常重要，因為跟預算比起來，它們不但較具即時性，同時也有助於推斷營運表現，這些表現反映了當時的市場情況。

三、去年表現

比較當前實際的財務結果與去年的實際結果是非常有用的，財務經營的首要評估便是瞭解營運是否有比去年更好，最佳的結果便是今年的實際營運比去年以及預算要來得好；同樣地，較差的結果便是今年的表現比

去年以及預算要來得差。

四、前一個月或前一個會計期間

前一個月或前一個會計期間的比較非常重要，因為它們確認了營運的走向。任何一間企業的目標都是不斷地進步，逐月地檢視績效告訴我們未來經營的走勢與方向，它們能夠呈現出改善的成果，而這些成果是管理階層為了使公司運作於正確的方向，所做出的調整動作的結果。

五、形式上的預估

一間新公司並不具備任何歷史營運資料；因此，管理者、市場開發者以及銀行業者根據市場情況擬定估計並期待財務的回報，這份**形式上的預估**（pro forma）是他們對於該公司第一年的營運績效的判斷或推測，它被用在公司經營的第一年，然後才會被預算所取代，接下來的第一份預算是根據第一年的實際表現所編列的，形式上的預估設立且訂定了公司的初始營收與獲利，這些營收與獲利引發了為償付貸款與投資所必要的現金流量。

六、其他目標

有時候一間公司會設立其他的目標或基準來與實際的表現做比較，例如進步的利潤差額符合了某一個設定目標，可能是達到了某一個特定的營收標準，或是進入了新的市場。

我們用例子來說明100萬美元的月銷售額所代表的含意。如果去年我們的月銷售額是95萬美元，今年我們增加了5萬美元，也就是等於100萬美元，那是好現象——代表銷售額增加了；可是如果預算是110萬美元，我們比預算短缺了10萬美元，那就不是好現象——我們的銷售額並未增加至

預算所規劃的標準。

現在讓我們來分析100萬月美元銷售額的績效表現，我們知道跟去年比較起來，銷售額是增加了5萬美元，可是與預算比較卻少了10萬美元，那我們的表現到底是好還是不好呢？答案是兩者皆是，績效是好的，因為跟去年比多了5萬美元，績效也是不好的，因為跟預算比少了10萬美元。接下來我們要問的問題應該是：「預算是不是定的太高了？」110萬美元的預算與去年實際銷售額95萬美元相比，我們知道所期待（或所預測）的銷售額應可增加至15萬美元，我們還可以把增加的幅度用百分比呈現，也就是把15萬美元除以去年的銷售額95萬美元，得到預期的增加百分比為15.8%，這是一個非常具挑戰性的預期目標。倘若我是這家公司的經理，我會很高興比去年多增加了5萬美元（也就是5.3%的增加幅度），我也會重新檢視為什麼我們會認為我們可以達成15.8%的目標的原因，並且分析為什麼沒有達成的原因。

與具體的目標比較數字，是賦予數字任何意義不可或缺的步驟，這對損益表而言尤其特別重要，資產負債表以及現金流量表的分析與先前報表的改變，或與設定的目標、基準較有關，而與預算較無關。一般說來，這兩種財務報表並無預算，這也就是為什麼它們都被拿來跟前一個月或前一段時期，或是某一個目標做比較。必須謹記將任何財務報表當中的數字與去年、上個月、預算、預估、估計或目標來做比較，並賦予其含意，惟有如此我們才能分辨營運是否有所改善。

第三節　評估差異以說明績效

財務分析最重要的要素之一就是要能夠分辨差異產生於何處，以及是什麼原因造成了差異。所謂的差異（change）是指兩個數字之間的不同。在一間擁有許多產品及部門的大公司裡，財務報告的有效分析必須找

出有差異的部門並且發現差異的原因。是在營收部分？數量或是價格？還是在費用部分？銷售、薪資、福利或是直接營業費用的成本？是直接或間接、固定或變動支出？單一或許多部門也許都會影響營運並帶來正數或負數的差異。

差異是藉著實際業績與先前業績，或是與某一特定目標或基準的比較來確定。這些差異可能是一個月、一季或是一年，關於差異可獲得的資訊愈多，為了反應差異而做出正確決定的機會就愈高。

無論是正數或負數的差異，都是以單位、美元或百分比作為計量標準，這三種測量法能夠透露我們相當多有關公司績效表現的訊息，以100萬美元月銷售額的例子來看，我們已經看到了美元增加（比去年多增加了5萬美元，＋$50,000），以及百分比增加（比去年多增加了5.3%，＋5.3%），由此知道我們多了5萬美元的銷售金額，這是一個正數的差異，也知道我們增加了5.3%的銷售額，同樣也是一個正數的差異。

執行相同的財務分析步驟，我們的100萬美元比預算的110萬美元短少了10萬美元，也就是低於預算9.1%，我們知道我們的銷售金額比起預算少了10萬美元，則是一個負數的差異，而9.1%與預算相比同樣也是負數。

最後一種測量法是單位，假使100萬美元的月銷售額全部來自於客房營收，我們的單位將是已售出客房的數目，我們的會計報告將會告訴我們有多少間客房已被售出，以及平均客房單價為何。我們假設平均客房單價為80美元，我們現在可以計算出有多少間客房被售出，那便是將客房總銷售額100萬美元除以客房平均單價的80美元，然後得到12,500間客房已售出，這個數字應該與我們會計報告裡的已售出客房數相吻合。

現在我們有了單位或數量——12,500間已售出房間，但是我們並不知道與去年的95萬美元月銷售額比較起來，這代表進步還是退步，答案將來自於去年的會計報表。倘若這份報表告訴我們去年的平均房價是78美元，12,180間客房已售出，然後我們將這兩個數字相乘，得出月銷售額

95萬美元，現在我們便能比較今年的12,500間已售出客房與去年的12,180間，同時也可以比較今年80美元的平均房價與去年78美元的平均房價。

花點時間為今年100萬美元的銷售額，計算來自於去年在美元、單位以及百分比上面的增加（如**表2.1**）。

表2.1　對照：實際與去年

	銷售額	已售出房間	平均單價
今年	$1,000,000	12,500	$80
去年	$ 950,000	12,180	$78
美元差異			
百分比差異			

表2.1的解答

對照：實際與去年

	銷售額	已售出房間	平均單價
今年	$1,000,000	12,500	$80
去年	$ 950,000	12,180	$78
美元差異	$ 50,000	320	$ 2
百分比差異	+5.3%	+2.6%	+2.6%

第四節　財務分析過程中百分比的使用

百分比是被用來測量財務績效的三種數字表現方式的其中一種。百分比（percentages）是與整體相關的一個部分或比率。它們為財務分析提供了一個額外的考量或觀點——百分比評估的關聯性與差異，並且總是包含了兩個數字在內。

一、計算百分比

　　百分比是為了確定兩者的關聯性而把兩個數字相結合所產生的結果，其中一個數字有所改變則百分比的結果也會隨之改變，兩個數字也可以同時改變。當百分比改變時，知道是兩者當中的哪一個數字改變，以及是什麼原因造成這個改變是很重要的。舉例來說：

薪資成本百分比＝薪資費用美元÷相關收入美元

　　倘若我們部門的薪資費用為350美元，而收入是1,000美元，則我們的薪資成本百分比是35%（350美元÷1,000美元）。

　　薪資成本百分比會以兩種方式增加或減少。一個增加的薪資成本百分比可能是因為實際薪資費用的增加，或是因為我們的收入減少。我們繼續來看這個例子：

【例一】400美元薪資費用÷1,000美元部門收入
　　　　＝40%薪資成本百分比
【例二】350美元薪資費用÷875美元部門收入
　　　　＝40%薪資成本百分比

　　當薪資費用增加時，我們會分析員工數目來瞭解是哪個一部門增加，以及是什麼原因導致增加。在我們的第一個例子當中，我們的薪資費用增加了50美元，也就是400美元，但是我們的部門收入一樣維持在1,000美元，這並不是一個好現象，因為我們多花費了50美元支付薪資費用，但是我們的產出或收入並無增加，這樣的公司經營方式使得生產力下降。

　　在第二個例子當中，我們的薪資費用維持不變，還是350美元，但是我們的部門收入減少了125美元成為875美元，這樣的結果也不理想，因為

我們支付相同400美元的薪資卻獲得較少的銷售額875美元。再一次地，如此的公司經營模式還是使得生產力下降。

在確定了差異從何產生之後，你可以找出導致差異的原因，並且做出適當的調整來改善營運。在每個例子當中我們將會採取不同的調整行動，在第一個例子當中，我們將會檢視我們的工作清單，然後將清單做些改變，使薪資成本百分比降回35%，在第二個例子當中，我們會檢視銷售部門，藉此瞭解銷售額跌至875美元的原因，並知道要如何修正這個原因。不論是第一或第二個例子，在我們的工作清單中，做些任何必要的改變，以使營運成果調整至預估的生產數量以及符合該數量的銷售額，這是財務分析裡很重要的一部分。

二、百分比的測量對象

這一段說明百分比測量關聯性及其差異性。關聯性的例子如同上個段落所提到的薪資成本百分比，35%的薪資成本代表每一塊錢收入美元當中的35分，被用來支付與產生那一塊錢收入美元相關的薪資成本。另一個例子是食品成本百分比。40%的實際食品成本百分比代表每一塊錢美元的食品收入當中，有40分是被使用來支付與製造那一塊錢美元的食品收入相關的食品成本。

食品成本百分比會隨著食品成本或食品收入的改變而上升或下降，在生產力及獲利都上升的情況下，產生銷售額的實際食品費用必須下降或維持不變，但食品收入卻會增加。相對的在生產力下降的情況下，食品成本維持不變，但是食品收入卻下降，或者是食品成本上升，而食品收入卻維持不變。透過觀察每一個數字以及確認每一項改變，我們分析數字並且分辨出改變的項目，以及這些改變如何影響我們的營運績效。

我們再來看看百分比與差異的另一個例子。假設我們的收入從1,000美元增加至1,200美元，那麼美元差異的結果便是增加了200美金，相關的

差異百分比的計算便是將200美元的增加金額除以原先的1,000美元的收入,結果便是收入增加了20%。改變的金額切記除以基準額、初始值或是原來的金額,而不是除以實際金額。差異百分比可以用來計算收入、支出、獲利、資產、負債、股東權益、單位或任何其他特定的帳目。

在財務分析的過程中,百分比的運用包含三個階段:首先,確認並評估改變;其次,辨識改變的原因;最後,發展並執行每日營運的修正計畫。

第五節　財務分析所使用的四種百分比

一、成本或支出百分比

成本(cost)或支出百分比告訴我們支出與相對應的收入或銷售額相關的美金數目。先前提到的薪資成本與食品成本示範了成本百分比的計算方式。成本百分比能夠用來計算具有任何相關聯的特定美金成本的支出帳戶或類型,成本百分比的公式為支出美元除以相對應的收入美元。舉例來說:

1月份的客房收入為40,000美元,薪資成本為5,000美元;福利成本為2,000美元;預約成本為4,000美元;寢飾成本為1,500美元,我們的支出公式為成本美元÷部門收入,我們的1月成本百分比如下:

薪資成本＝12.5%($5,000÷$40,000)

福利成本＝5.0%($2,000÷$40,000)

保留成本＝10.0%($4,000÷$40,000)

寢飾成本＝3.8%($1,500÷$40,000)

總成本＝31.3%($12,500÷$40,000)

二、利潤百分比

利潤百分比（profit percentages）顯示在所有的費用已被支付之後，還剩餘多少收入美元。**利潤（profit）**以美元或百分比來計量，利潤美元計算剩餘利潤的絕對美元數量；而利潤百分比則計算有多少銷售額美元餘留下來成為利潤。利潤百分比能夠被應用在各種不同層級的利潤——部門利潤、建築物利潤或是建築物淨利。接著繼續之前的例子，我們的1月利潤百分比為：

總利潤＝68.7%（$27,500 ÷ $40,000）

部門利潤百分比是重要的，因為作為利潤中心的每一個部門都擁有一個不同的成本架構與利潤百分比，並產生不同的部門獲利率。舉例來說，客房部門的部門獲利百分比一般為65%至75%；宴席或膳食部門一般為30%至40%；會議廳與商店為25%至35%；而餐廳則是0至10%。對某些餐廳而言，經營虧本也是有可能的事，因此利潤若為負數百分比則稱為部門虧損百分比，而非部門利潤百分比，在這種情況下，美元支出成本大於收入美元。

三、綜合百分比

綜合（mix）百分比使我們得知總金額裡有多少百分比來自於不同的部門，亦或是每一個部門占總金額的比例為何。綜合百分比能夠以單位或美元來計算，它們是有幫助的，因為它們針對每一個部分相對於總體提供了一個量化的評估。

銷售額綜合百分比確定每一個部門銷售額之於總銷售額的比例或數量。以下是一間旅館銷售綜合百分比的例子：

部門	銷售額美元	銷售額百分比
客房銷售額	$1,000	50%
餐廳銷售額	300	15%
飲料銷售額	200	10%
宴席銷售額	500	25%
總銷售額	$2,000	100%

假使每一個部門的利潤百分比都相同，那麼銷售額綜合百分比並沒有多大幫助，在這樣的情況之下，不論部門為何，相同金額的利潤將來自於每一筆收入美元；然而，真實的部門利潤百分比一如前一段落所顯示的，是非常不同的。讓我們在例子裡加入部門利潤百分比。

部門	利潤百分比	銷售額美元	銷售額綜合百分比	利潤美元	利潤綜合百分比
客房銷售額	70%	$1,000	50%	$700	70.7%
餐廳銷售額	10%	300	15%	30	3.0%
飲料銷售額	30%	200	10%	60	6.1%
宴席銷售額	40%	500	25%	200	20.2%
總計 銷售額／利潤		$2,000	100%	$990	100.0%

現在我們可以推斷出關於月銷售額與利潤的其他結論：

1.客房部門製造了50%的銷售額，但卻占了總利潤美元的70.7%。

2.餐廳部門製造了15%的銷售額，但卻只占了總利潤美元的3.0%。

3.飲料部門製造了10%的銷售額，但卻只占了總利潤美元的6.1%。

4.宴席部門製造了25%的銷售額，以及總利潤美元的20.2%。

這份資料告訴我們客房部門對於銷售額及利潤而言都是主要的收入來源，這個部門應該是我們的發展重點，而宴席部門在現金及百分比的貢

獻度上則占第二高位，重視餐廳與飲料部門的營運雖然也很重要，但是它們對利潤部分的貢獻度不多，兩個部門相加只占9.1%，即使它們占了25%的銷售額。

這些資料已經給了我們銷售額美元與利潤美元綜合百分比的實例，我們同樣也可以計算出已售出單位、市場區隔、用餐時段或是任何其他我們測量與紀錄的單位綜合百分比。以下是已售出客房與市場區隔的綜合百分比，以及餐廳用餐時段的綜合百分比。這些都是以單位、已售出客房或是顧客數來計算。

已售出客房市場區隔			餐廳用餐時段		
	已售出客房	綜合百分比	用餐時段	顧客數	綜合百分比
短期住宿旅客	1,500	60.0%	早餐	325	41.7%
團體客	700	28.0%	午餐	190	24.3%
簽約客	300	12.0%	晚餐	265	34.0%
總計	2,500	100.0%	總計	780	100.0%

四、百分比差異

百分比差異（change）是非常重要的，因為它顯示了營運的進展或停滯。與去年相比我們的餐廳銷售額增加或減少？哪一個用餐時段呈現出最大的進步——早餐、午餐或晚餐？銷售額上升的原因是因為我們來店顧客人數增加，或是因為我們的平均帳單收入增加？百分比差異能夠給我們這些問題的答案。

百分比差異的計算是將美元差異（增加或減少）除以基數或初始金額。在我們的例子當中，美元差異的計算是將本月的結算金額減去前一個月的結算金額，然後再將扣除之後的結果除以基數，在這個例子中，是指

上個月的結算金額。舉例來說，這個月的銷售額4,800美元與上個月的銷售額4,500美元相比較，我們的差異百分比計算方式是將這個月的銷售額4,800美元減去上個月的銷售額4,500美元，產生300美元的差異，從這邊開始便是跟實際營運狀況相關的重要部分，這個算術得出300美元的差異，我們因此得知它是一個正數差異，因為我們當月的銷售額4,800美元大於前一個月的銷售額4,500美元，我們現在可以來計算銷售額百分比差異：$300 ÷ $4,500 ＝ +6.7%。

【紅龍蝦（Red Lobster）】

　　1968年，第一間紅龍蝦餐廳創始於佛羅里達州。目前在全美及加拿大境內有超過六百五十間的紅龍蝦餐廳，它們在休閒海鮮餐廳市場的市場占有率接近50%，年度營收超過20億美元，是全球最大的休閒餐廳之一。

　　在2007年每一間紅龍蝦餐廳的平均年度銷售額大約是380萬美元，而在2008年大約是390萬美元左右，而每一間餐廳每年約服務十五萬到二十二萬五千名顧客。在工作人員的部分，一間典型的紅龍蝦餐廳包含了四到五位的經理以及六十至一百名的時薪制員工，經營部門包括服務、廚房與飲料招待部門。每一位紅龍蝦的經理人在任職期間，將會在每一個部門之間輪調，身為紅龍蝦的經理人，必須負責管理每一個輪班時段的十至二十位服務人員，並達成已設定好的銷售額及獲利目標。請參考以下網址以取得更多相關資訊：www.redlobster.com

　　請根據上述的資料計算出下列問題的答案，且假設一年有365天：

1.每日的平均銷售額？

2.每日的平均顧客人數？

3.每一間餐廳從2007至2008年的平均銷售額增加百分比為何？

資料來源：感謝達登餐飲公司（Darden Restaurants, Inc.）提供。

第六節　財務分析走勢

　　走勢（trends）是指一個普遍的趨勢或傾向，同時也非常重要，因為它們展現了公司經營、產業以及國內外的經濟動向，瞭解不同類型的走勢以及它們如何影響一家公司的經營，是財務分析過程當中一個很重要的部分，我們接下來將討論影響公司經營的四種走勢。

一、短期與長期走勢

　　同時觀察短期與長期走勢是很重要的。短期走勢（少於90天）經常包含一間公司或產業的季節性與預期週期，一間公司的生意趨緩是因為季節性或產業週期，還是因為競爭者增加、產品或服務品質，或者是因為價

格因素,應該採取不同的評估方式。長期走勢是一個產品或服務是否成功的較佳評估指標,尤其是與競爭者及產業績效做比較的時候。

　　在逐月檢視一間公司的績效表現時,單月財務績效不佳與好幾個月財務績效不佳的區別是很重要的。對一間公司而言,生意趨緩、遭遇問題或是因為單一的事件而導致單月的表現低於預期,是很普通的一件事,單單一個月並不能構成走勢,或者是顯示任何主要或長期的問題。但是,對於修正任何不佳的績效表現以預防它變成永遠的問題,單月表現所發出的訊號是很重要的。

　　倘若一間公司連續數個月財務績效不佳,那麼它便是一個走勢,提醒該公司一直存在著主要的長期問題,管理者也許必須做出重要的評估與分析,以決定什麼是導致績效持續表現不佳的原因,並找出改善的方法。比起糾正只影響一個月的績效不佳問題,要改正幾個月或幾年的問題,是一件困難度倍增的工作。

二、收入、支出與獲利走勢

　　這些走勢全都呈現在損益表當中。它們可能是最重要的趨勢,因為他們反映了公司當前的財務績效以及它的管理制度。每一項單獨的走勢都與其他兩項走勢做比較,並藉此決定財務績效呈現上升或下降的走勢。舉例來說,假使營收的走勢上揚,而支出的走勢持平,那麼利潤的走勢應該也會上揚,這些都代表收入、支出與獲利之間的走勢與關係良好,然而,倘若營收的走勢上揚,但支出卻以更快的幅度上揚,結果會造成利潤下降,這便不是一個良好的走勢。最需注意的是,收入與支出的走勢是否增加或減少了利潤,另外一項同樣重要的是,必須知道三項走勢的其中哪一項,比另外兩項增加或減少的速度要更快或更慢。舉例來說,假使銷售額增加5%,但是支出增加10%,那麼獲利的幅度將會下降,增加利潤最好的情況便是銷售額增加且支出減少。

影響生產力及利潤的有利與不利走勢說明如下：

增加利潤的走勢	減少利潤的走勢
收入增加，支出減少	收入減少，支出增加
收入增加，支出持平	收入持平，支出增加
收入比支出增加得更快	支出比收入增加得更快

三、公司與產業趨勢

比較公司的走勢與產業和整體經濟的趨勢是很重要的，公司的走勢是經營成功或失敗所造成的？是影響整個產業的形勢所造成的？還是整體經濟環境的結果？走勢可能起因於以上任一或所有的狀況，而為公司及產業界定影響趨勢的原因是很重要的，如此接下來才能採取適當的行動。

這裡提供一些例子。假使你的公司營收與去年相比下跌10%，而產業的營收平均下跌8%至12%，那麼你可以很有把握地說：「你的公司營收下降是由於產業環境所引起，公司本身並未發生任何特殊的狀況。」但是，如果你的公司營收與去年相比下跌10%，而產業的營收平均上升2%，那麼你便可以肯定的說：「你的公司營收下降是由於你所面對的問題或是公司較差的績效表現所引起，並無任何產業因素介入，營收降低10%的原因與產業正在發生的問題無關，應該採取不同的方式來更正問題，並改善公司效率以回歸至預期的營收標準。」

四、經濟整體趨勢──國內與國際

這個世界實際正在縮小，而發生在其他國家或美國其他部分的問題可能會影響個別企業經營的表現。通貨膨脹率、利率、失業率、消費者信心指數、預算赤字、匯率以及社會／政治環境都是所有可能對一間企業造

這個世界正在不斷縮小,歐洲、美金市場一個噴嚏都有可能使全球經濟市
場振盪(感謝日暉國際渡假村——臺東池上提供照片)

成重大影響的原因。最戲劇化也最悲慘的例子便是2001年的911事件,改
變了全球每一個國家的經濟、政治、國防與社會環境。為了能夠在這樣動
盪不安與負面的環境裡生存,每一個產業及每一家企業都必須發展新的政
策、流程與策略。

　　另外一個例子是中國大陸在舉辦2008年奧運前數個月的預備階段當
中,所執行的開發計畫為世界帶來的衝擊,許多世界各地的原料與資源湧
入中國大陸以支援必要的公共建設開發,大量的水泥、鋼鐵、銅與其他原
物料流向中國,導致這些原物料在其他國家的短缺,接著依序產生成本價
格上漲或是工程進度落後的問題,這些同樣也是負面的經濟走勢,成本上
升經常帶來通貨膨脹的壓力,以及建設落後、職缺減少與消費能力下降的
問題。

　　2008至2009年的全球經濟大蕭條是全球走勢影響大部分國家與產業
的另一個例子,在這段期間,企業必須重新評估它們的經營模組、價目清

單，以及成本架構、市場區隔與顧客來源，以確定如何在衰退的經濟環境裡生存，由於無法預測衰退會持續多久，企業必須擬定不同的計畫，並假設衰退可能會持續至不同的時間長度。

另外一項影響國內經濟的要素是對於商業週期的瞭解，經濟成長、牛市以及穩定的社會與政治環境不會永遠存在；同樣地，經濟衰退、熊市以及不穩定的社會與政治環境也不會永遠持續下去，發生在一般公司與經濟活動的商業週期短則六個月長則達五年之久，財務分析能夠協助一間公司分辨商業週期並找出週期的原因，繼而決定在任何經濟環境裡，最適合採取的最佳可能營運方針。

今日的主要影響力來自於中國大陸，它是一個如此龐大又尚未開發的市場，許多來自於全球各地的重要企業皆想盡辦法要打入這個新興市場。另外一項主要影響力來自於科技，科技的進展被公認是過去十餘年來生產力的主要獲利來源，接下來的幾年，科技將會如何影響企業，也是一間公司或一項產業在考量它們未來計畫與策略時的重要影響因素。

全球企業在未來也必須考慮到BRIC（四個國家的字首縮寫），分別是：巴西、俄羅斯、印度與中國，這幾個國家都是發展中的經濟體，它們逐漸成為影響全球市場的主要勢力。這些國家如何影響現存企業將是一個重要的考量因素，它們是否為一間公司或一項產業的產品與服務開啟了新的市場，並因此帶來更多的銷售額？亦或是它們製造了另一個具有挑戰性的競爭者，而這個競爭者有可能會搶走某間公司或某項產業的收入，這些都是必須加以考量的。

結語

　　本章已介紹了重要且具實用性的會計概念，並透過認識與處理數字過程當中的關鍵要素的呈現，提供了一個財務分析的架構。分析管理報告與財務報表能夠評估一間公司的財務績效，並且能夠提供資訊，這些資訊可被用來作為改變或改善公司營運的管理工具。

　　財務管理週期的四個步驟顯示了財務分析過程中數字的動向，交易產生了數字、會計編列了數字，而經營管理與會計部門分析數字，最後管理部門再將財務資訊應用在它們的每日營運工作當中，藉以改變或改善營運績效。

　　其他財務分析的關鍵要素包括：(1)比較實際財務結果與其他財務資料的差異，例如與去年的結果、今年的預算或預估，或是一項估計做比較；(2)衡量並評估與其他數字之間的差異；(3)瞭解財務分析的過程當中百分比的重要性；(4)利用走勢來說明財務績效。

一、餐旅經理重點整理

1.數字用來評估財務績效並作為管理工具的方法有四種：

　(1)數字必須與其他的數字或標準做比較才具有意義。

　(2)利用數字可確定差異形成的原因並評估差異所帶來的影響。

　(3)百分比被用來衡量數字之間的差異及描述其關聯性。

　(4)走勢提供了一個評估財務績效的重要架構。

2.財務管理週期描繪了一間公司或企業的數字動向及使用。首先，交易產生了數字；其次，會計編列了數字；接下來，會計與經營管理部門共同分析並評估數字；最後，經營管理部門應用這些數字來改善營運或解決問題。

3.數字被作為財務分析的一種管理工具，以及用來評估財務績效的一種方式。

二、關鍵字

預算（budget） 一間公司一整年度的正式營運與財務計畫。

差異（change） 兩個數字之間的不同。

比較（comparison） 檢查並注意到相似處或相異處。

財務管理週期（flnancial management cycle） 製造、編列、分析以及應用數字於公司經營的過程。

預報（forecast） 更新每週、每月或每季的預算。

去年（last year） 前一年的正式財務績效表現。

百分比（percentages） 整體或一部分的某一區塊或比例。

    差異（change） 計算兩個數字百分比的差異。

    成本（cost） 計算美元成本或支出占總體相關收入的百分比。

    綜合（mix） 計算美元或單位占總體的部分百分比。

    利潤（proflt） 計算美元利潤占總體相關收入的百分比。

估計（pro forma） 在實際運作開始之前所編列的第一年營運績效預估。

走勢（trend） 一個整體的傾向或趨勢。

三、公式

美元差異	實際結果－去年結果
百分比差異	美元差異÷去年結果
成本百分比	支出美元÷對應營收美元
綜合百分比	個別或部門金額÷總金額
利潤百分比	利潤美元÷對應營收美元

四、章末習題

1.數字用於財務分析的方式有哪兩種？請舉例說明。

2.請列舉財務管理週期的四個步驟。

3.請列舉與實際財務績效相比較的五種報告或時間區段。

4.請說明年度預算與形式上的預估有何不同？

5.請詳述評估財務分析差異的幾種重要組成要素。

6.請列舉財務分析所使用的四種百分比，並舉例說明之。

7.請列舉財務分析所使用的四種走勢，並舉例說明之。

8.請分兩個段落詳述下列問題，走勢為什麼很重要？你會如何使用走勢來分析一間公司的財務經營？

五、活用練習

1.下表是Lumberjack旅館1月份的財務結果：

	實際	預算	去年
客房營收	$ 695,000	$ 680,000	$ 650,000
客房利潤	$ 500,000	$ 486,000	$ 460,000
平均客房單價	$ 67.50	$ 68.00	$ 65.66
已售出客房數	10,300	10,000	9,900
住房率	83.1%	80.1%	79.8%
餐廳營收	$ 126,000	$ 125,000	$ 124,000
飲料部營收	$ 48,000	$ 50,000	$ 47,000
膳食部營收	$ 240,000	$ 250,000	$ 245,000
餐飲部總營收	$ 414,000	$ 425,000	$ 416,000
禮品部營收	$ 23,000	$ 22,000	$ 21,000
總營收	$1,132,000	$1,127,000	$1,087,000

試計算下列題目：

(1)客房營收的美元差異──實際與預算以及實際與去年

(2)客房營收的百分比差異──實際與預算以及實際與去年

(3)已售出客房數、住房率與平均房價的美元及百分比差異──實際與預算以及實際與去年：

	售出客房數	住房率	實際平均房價
預算			
去年			

(4)客房、餐飲部以及禮品部總營收的實際與預算銷售額綜合百分比：

	實際綜合百分比	預算綜合百分比
客房營收		
餐飲部營收		
禮品部營收		

(5)餐飲部門裡，餐廳、飲料部以及膳食部營收的實際與預算銷售額綜合百分比：

	實際綜合百分比	預算綜合百分比
餐廳營收		
飲料部營收		
膳食部營收		

2.下列的財報資訊來自於達登餐廳的年度報告：

	美元銷售額	綜合百分比	餐廳間數	綜合百分比
Red Lobster	$2,430,000,000		673	
Olive Garden	$1,990,000,000		524	
Bahama Breeze	$ 138,000,000		34	
Smokey Bones	$ 93,000,000		39	
總營收				

(1)達登所有餐廳的年度總銷售額以及餐廳總間數為何？

(2)計算達登各個餐廳的銷售額綜合百分比。

(3)計算達登各個餐廳的餐廳單位綜合百分比。

3.下表是來自於萬豪國際酒店2003年度報告裡的持續營運收入資料（以百萬元計）：

	2003	綜合%	2002	綜合%	2001	綜合%
全服務型	$5,876		$5,508		$5,260	
選擇服務型	$1,000		$ 967		$ 864	
長住型	$ 557		$ 600		$ 635	
度假分時	$1,279		$1,147		$1,009	
總營收	$8,712		$8,222		$7,768	

(1)計算2003、2002年以及2001年銷售額綜合百分比。

(2)計算2002至2003年每一個市場區隔的營收百分比差異。

(3)計算2001至2002年每一個市場區隔的營收百分比差異。

(4)計算2001至2002年，以及2002至2003年的總營收或成長率（百分比差異）。

4.請計算奇異公司2002年及2003年的成本百分比以及利潤百分比：

	2003（$）	2003（%）	2002（$）	2002（%）
總營收	$134,187		$132,210	
產品售出成本	37,189		38,833	
服務售出成本	14,017		14,023	
利息、財務費用	10,432		10,216	
其他成本與支出	52,645		50,247	
總成本	$114,283		$113,319	
稅前純益	$ 19,904		$ 18,891	

5. 問題1至問題4代表財務管理週期的第二階段，接下來的問題代表第三階段——請分析數字：

(1) 關於Lumberjack旅館，請闡述1月份的實際表現，包括美元與百分比差異。比較實際與預算及去年的營收，並指出營運部門是否有所進步。

(2) 關於達登餐廳，請解釋綜合百分比之於每間餐廳的銷售金額以及餐廳間數所代表的含意。

(3) 關於萬豪國際酒店，哪一個市場區隔對於銷售額綜合百分比貢獻最多？又哪一個市場區隔減少其綜合百分比？請在答案中將2003年的實際數字與2002及2001年相比較。

(4) 關於奇異公司，請列出造成2003年生產力成本上升與下降的所有項目；評論所有四種成本項目及總成本。為什麼收益百分比會上升？這現象是好還是不好？

3

會計部門組織
與經營

學習目標

■認識組織圖及其定義營運與會計職責的方式

■瞭解成立與運作旅館會計部門的方式

■瞭解成立與運作餐廳會計部門的方式

■瞭解公司會計與區域性或共同會計組織的不同

■學習旅館業經理人如何與會計部門以及公司職員共同擬
　定財務報表

前言

　　本章將會探討大型旅館、小型旅館以及連鎖餐廳的會計結構，焦點會專注於全服務型旅館的組織與會計部門的運作。**全服務型旅館**（full-service hotels）的定義是指擁有二百五十間至二千間以上客房的旅館，並且額外提供睡房、餐飲服務、膳食提供與會議室出租、禮品店、代客洗衣、健身房設備、門房、櫃檯服務人員以及其他大型旅館基本上會提供的服務與設施。全服務型旅館的種類非常廣泛，包含簽約旅館、機場旅館、郊區旅館、會議型旅館與休閒度假村。因為活動類型眾多，再加上收入與利潤豐厚，全服務型旅館內部都設有會計部門，負責處理所有的會計任務。

　　由於小型旅館及選擇服務型旅館（select-service hotels）並未提供旅客如此琳瑯滿目的設施與服務，因此旅館內部並不需要設立專屬的會計部門，它們的會計作業是由包含了中央會計部門以處理個別旅館會計事務的區域型或公司型會計組織來協調運作。這些個別的旅館在一天結束後提供資料給共同會計室，然後公司會在隔天早上準備好報告以及其他資料個別傳送回旅館，以供其利用並審視。

　　連鎖餐廳的會計運作與小型旅館的運作方式非常類似，一間區域型或共同會計室為每一家個別的餐廳提供會計服務，在一天結束之後提供會計營運資料給共同會計室是每一間餐廳的責任，隔天早上這間公司再將已編列好的必要會計報表傳回餐廳。

　　小型旅館與個人經營餐廳的獨立經營者，不是自行處理它們的會計業務就是雇用外部的會計公司來處理所有的作帳需求，以及準備財務報告。

 第一節　組織圖

　　組織圖（organization chart）是一間特定企業體內部各單位架構與關聯性的圖表。它包含了工作頭銜、**直接彙告**（direct reporting）**關係**、職責範圍以及不同工作層級之間的溝通管道，當我們在說明會計部門的角色與關聯性時，將會討論到幾張組織圖。

一、全服務型旅館

　　圖3.1是兩張分別屬於全服務型旅館與休閒度假中心組織圖的範例，它包括了四個層級的工作職責，區分成兩個經營運作的主要類別：營業部門與行政部門。

(一)總經理

　　總經理（general manager）是權責的最高層級。總經理必須對所有不同的業務活動與旅館營運負責。總經理仰仗特定的高階經理來經營旅館內部的各別不同運作部門，這些部門被區分為兩個部分，**營業部門**（operating departments）與付費或外部顧客有直接的互動關係，並且為旅館製造了收入與利潤。一般而言，在一間全服務型旅館裡會有兩個主要部門：客房部門與餐飲部門；一間休閒度假中心會有額外的營業部門，例如高爾夫球場與溫泉療養中心。**行政部門**（staff departments）支援營業部門，而這個部門與內部顧客，也就是營業部門的員工，有直接的互動關係，基本上來說，公司內部存在著四個主要部門：銷售與行銷部門、人力資源部門、工程部門與會計部門。

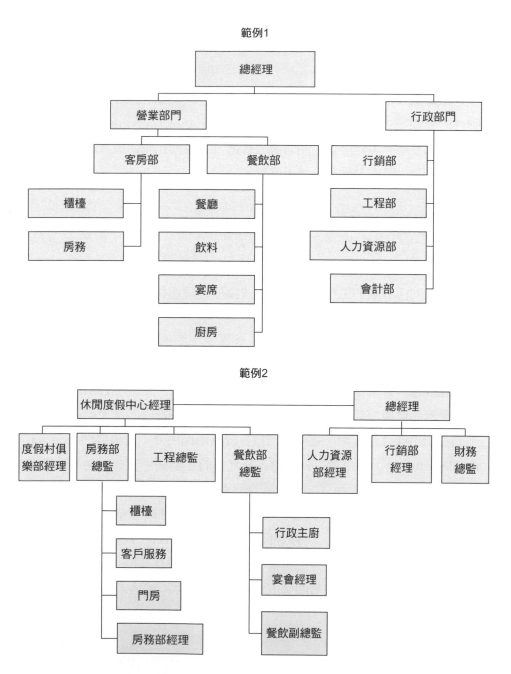

圖3.1　全服務型旅館組織圖

(二)執行委員會或領導團隊

資深經理人的團隊稱為**執行委員會**（executive committee）或領導團隊，這個團隊對於他們所領導的各部門之整體營運表現負有直接的責任。他們向總經理報告，專精於營業運作，並且通常在幾間不同旅館與不同職位擁有十年以上的工作經驗，總經理仰賴這個團隊來處理所有的營運細節，包括產品與服務的傳遞、顧客關係、服務層級、營收與獲利及員工發展。這些職位的普遍職稱如**表3.1**所列。

(三)部門總管

這個經理團隊對某一個特定部門的運作負有直接責任，**部門總管**（department heads）需向執行委員會的委員報告，他們通常在幾間不同的旅館任職於不同職位五年以上，執行委員會的委員仰賴部門總管來處理部門每日營運的細節。舉例來說，旅館內一些具代表性的部門總管為客務部經理（front office manager）與房務部經理（executive housekeeper），他們向客房營運部總監報告，而餐廳部經理與行政主廚及宴會經理則向餐飲部總監報告。

表3.1　執行委員會職位

營業部門	行政部門
客房	銷售與行銷部門
駐店經理或	銷售與市場總監
客房部經理	人力資源
餐飲	人力資源部門經理
餐飲總監	工程
	工程總監或
	總工程師
	會計部門
	財務經理或
	財務總監

(四)部門經理

這群經理人是實際運作部門的主管，**部門經理**（line managers）是直接與顧客面對面互動的初階經理，他們負責操作一個旅館部門的各輪班制，分為a.m.或早班制以及p.m.或午班／晚班制。他們直接與員工及顧客互動，監督並指導員工在照顧與服務顧客時，履行他們應盡的職責，他們同時也在正常部門營運時間與顧客直接互動、滿足特殊需求，以及處理特定顧客的問題與抱怨。

部門經理基本上是初階經理或是任職於第一層管理層級的經理，他們工作職責的一部分便是提供會計部門相關的營運資訊，例如薪水日程表、發薪名單、採購、實體盤點、損益報表評論及營收預測。部門經理的職稱有櫃檯副理、房務部副理、餐廳部副理、宴席部副理以及廚房經理。

(五)時薪員工或非正式員工

這些員工直接與前來消費的顧客互動，並提供他們所預期之產品與服務。資深的時薪員工會被升遷至主任的職位，該職位賦予他們更多的職責。對組織而言，沒有任何一個員工團體比時薪員工更重要，他們執行大部分的工作，並且確保執行結果符合組織標準，同時也確定組織運作流程的持續進行。

時薪員工經常被區分為服務外部顧客的員工以及服務內部顧客的員工，**外部顧客**（external customers）是付費顧客，他們入住旅館、在餐廳用餐，並為了獲得這些產品與服務而付費。**內部顧客**（internal customers）則是指在履行工作義務時，獲得其他同事支援的員工。服務外部顧客的員工直接與顧客互動並提供預期的產品及服務，他們同時也收取提供產品與服務所獲得的現金，並因此必須操作銷售時點系統。服務內部顧客的員工支援直接與付費顧客交易的員工，這類支援包括發薪名單與工作訓練、維修以及作帳與財務任務。

旅館組織圖的第二個範例顯示休閒度假中心內部的不同職責與關聯性。必須注意到總經理與度假中心經理共同負擔了部分的主要營運責任，度假中心經理負責客房、餐飲、主要的營業部門、會員俱樂部運作（分時或假日俱樂部）及工程，同時也要注意到向房務部經理與餐飲部總監報告的單位也有所不同，人力資源部經理、行銷部經理、財務總監以及度假中心經理直接向總經理報告。

　　這個例子提供了一個旅館或度假中心建構經營組織的不同方式。上述兩個例子都各具好處與優勢，端看旅館選擇如何去運作，沒有哪一種組織架構必然優於另一種，它們只是不同罷了。

二、會計部門

　　我們現在即將更深入的探討組織與會計部門架構，如同我們在旅館組織圖裡所看到的，會計部門隸屬於行政部門，與財務經理或財務總監同樣負責處理所有的作帳業務，並向總經理報告，會計部門的員工同時包含經理與時薪員工。**圖**3.2是一間典型全服務型旅館的會計組織圖，以下是關於會計部門職位與權責的細節說明。

(一)財務總監／主計長

　　執行委員會委員負責所有的會計部門業務，其中會有一群員工實際進行這些任務。**財務總監**（director of finance）負責確保所有關於旅館的會計資訊都是準確的，並且確認作帳方式皆依循一般公認的作帳規定。明確地說，財務總監的工作如下：

1.編纂月財務報表及原先的損益表，並核對資產負債表以及現金流量表。
2.監督具備不同會計功能的所有活動。
3.編列年度營業預算以及年度資本支出預算。

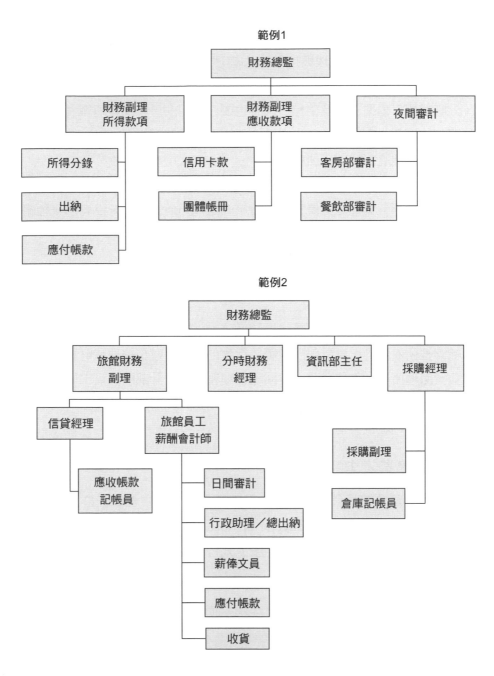

圖3.2 會計公司組織圖

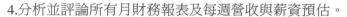
4.分析並評論所有月財務報表及每週營收與薪資預估。

5.扮演所有旅館經理與其負責營運的財務顧問。

6.與區域性及共同的會計公司將所有的財務情報歸類。

7.準備所有的財務報表並呈報給旅館業者。

(二)財務副總監（所得與營運）

　　財務副總監（assistant controller）通常是部門的主管，他負責監管會計業務各式各樣的重要部分，以及這些部分所牽連的旅館部門營運的關係。他或她的責任包括：

1.輔佐財務總監處理旅館會計業務，包括核對資產負債表帳目、準備損益表分析報告、資本開支帳戶、每週營收與薪資預估、生產力分析以及任何其他財務經理所必須執行的活動。

2.關閉每個月或每個會計期間並協助擬定月損益表，包含調整資產負債表帳目、進行轉帳、核對存貨盤點以及協調共同帳目。

3.執行旅館審計作業。

4.協助客房及餐飲部營業經理。

5.監管會計員工所進行的下列各項工作：

  (1)所得分錄（income journal）：以某些特定市場區隔的營收、顧客數目以及平均帳單金額為分類標準，記載旅館所有顧客的活動，並編列每日、每週、每月的營收報告。

  (2)總出納（general cashier）：處理旅館所有的現金交易，包括核對部門存款、準備旅館每日所需的保證金、維持旅館固定的零錢數目、協助部門存款的審計以及協助處理所有的現金交易活動。

  (3)應付帳款（accounts payable）：進行旅館所有採購與發票的支付，確保其遵從旅館的採購流程並與營業部門協調。這個過程包含了將發票適當編碼至合適的帳目、及時付款、達成最大貼

現率以及核對應付帳款結餘。

(4)薪水帳冊（payroll）：處理時薪及管理階層員工的薪水帳冊。

(三)財務部副理（應收帳款）

財務部副理這個職位負責計費與收取所有應支付給旅館的營收及應收帳款。**應收帳款**（accounts receivable）是在旅客或公司團體退房之後，所進行的計費與收款的結算過程。它包含了信用卡結算以及公司的直接結算。

財務部副理監管計費及收款的幾個部分，在大型的會議型旅館與休閒度假中心裡特別被納入小組帳戶當中。下列是其所負責的工作項目：

1. 協助財務經理處理旅館會計活動，包含核對現金帳戶（可能會是很大筆的金額）、核對信用卡帳單，以及為旅館創造正值的現金流量。這些都是非常重要的任務，因為它們對於將現金流量與彈性最大化具有主要的影響力。

2. 協助每個月或每個會計期間的關閉，並著手準備財務報表。

3. 重新檢視陳年舊帳，以便能更有效率地管理當前30至60天、60至90天以及超過90天的帳戶。為呆帳的勾銷準備資料，必要時與討債公司共同合作。

4. 協調團體結算事宜，包括同意直接結算、編列與複審帳目及團體帳單收款。

5. 監管員工關於下列應收帳款活動的處理過程：

   (1)團體帳單的管理，包括團體入住前的籌備會議、團體入住旅館期間的帳單複審以及團體離開之後的檢討會議，以確保所有團體費用授權結算與收取過程的恰當性。

   (2)信用卡收款，包括及時結算、開立發票與收取信用卡帳單。核對所有信用卡扣款及調解顧客爭議。

   (3)信貸經理進行適當的賒帳審查並同意直接結算，以及為賒帳與註銷會議準備資料。

(四)夜間／日間稽核員

夜間／日間稽核員負責處理與查核每日所有的會計帳目以及營運資料。一般而言,這項工作會從晚上11點徹夜進行至清晨7點,隨著科技的進步,透過銷售時點系統資料的結算與報告的進行,現今這項任務在白天就得以完成。他們同時也負責操作通宵或夜間11點至清晨7點的櫃檯夜班輪調,這些職責包含以下各項:

1. 為旅館每一個部門記錄與結算當天所有的交易,包括客房收入、餐飲部收入、宴席與會議收入、禮品部收入,以及任何其他來自於其他部門的收入。
2. 在所有作帳交易審核與決算之後,設定新的日期。這是指將前一天所有的資料關閉,並重新設定隔天的所有資料與系統。
3. 準備每日的管理報告,包括每日營收報告、異常報告與次日的顧客預約。
4. 確保所有的顧客登記入住與退房手續都能有效地的辦理。
5. 監管員工下列的審計作業:
   (1) 客房營收入帳與審核。
   (2) 餐飲及宴席營收入帳與審核。
   (3) 櫃檯職員的櫃檯服務作業。

三、較小型或選擇服務型旅館

小型旅館的營收與支付金額的數量和範圍無法與全服務型旅館相比,因此通常也不需要一個常駐在旅館裡的會計單位,倘若它們隸屬於某家連鎖旅館,總經理或業者便有責任提供每日的營運資料給共同的會計公司,這間會計公司會將資料轉換為報告,並且回傳給旅館,供其參考並利用。

假使這間旅館為私人所擁有,那麼業者必須自行負責所有的會計資

訊與報告，亦或是雇用外部的會計公司來為它們提供相關服務，由於是屬於私人擁有，因此並未存在太多的報告規定與規則，但是它們的確必須符合州政府或地方政府所規定的稅制要求。

個體餐館

屬於連鎖餐廳一部分的個體餐館與小型連鎖旅館相同，都擁有近似的會計關係與報告流程，每一家個體餐館負責提供每日的營運與會計資訊給共同的會計公司，會計公司處理完成之後，在次日會將報告回傳至餐館供其使用，餐館夜班經理的責任便是確認所有的收入、薪資帳冊以及其他的營業資料在當天結束之前，都有被傳送至地方的會計公司。隔天首班的餐館經理必須負責確認前一天的報告已被收到，並且複審這些報告以確認其正確性，對私人擁有的餐館而言，它的會計職責以及關係的存在與個體餐館相同。

【Otesaga旅館與休閒度假中心】

Otesaga旅館與休閒度假中心位於紐約州的古柏鎮（Cooperstown）的Otesaga湖岸邊，它開幕於1909年，當時擁有一百七十九間客房，目前則擁有一百三十五間客房、五處餐飲部、13,000平方英尺的會議空間，以及一座18洞高爾夫球場。Otesaga的房價包含早餐與晚餐的供應，這座休閒度假中心在夏季與秋季非常忙碌，因為國家棒球名人堂以及周圍山岳湖泊的美麗風景，特別是在秋天的賞楓季節；另外每一年的冬天Otesaga則關閉將近五個月。

參觀Otesaga的網站www.otesaga.com看看度假中心的每個不同部門與中心所提供的活動，這些部門如何被安排來處理所有營運？它們在財務方面的職責為何？並回答下列問題：

1. 繪製Otesaga休閒旅館的組織圖，包括向總經理報告的執行委員會，以及向執行委員會委員報告的各個不同部門的首長。

2. 在擁有一百三十五間客房的情況之下，你會建議由一位營業部經理全權負責，或是由客房經營部經理與餐飲部經理共同來負責？為什麼？

3. 你認為高爾夫球部經理應該向誰報告營運狀況？為什麼？

4. 你認為有哪些管理職位是一年十二個月都必須存在的？又有哪些職位的存在是季節性或是只需要存在七個月的？

資料來源：感謝Otesaga旅館提供照片（古柏鎮，紐約州）。

 ## 第二節　全服務型旅館的會計運作

　　會計部門是一個行政部門，它支援旅館裡所有其他行政及營業部門的作帳流程與旅館營運。它與這些部門合作，提供能夠協助部門每日基本運作的服務與資訊。

一、會計部門營運

　　會計部門（accounting department）記錄並處理前一天的旅館活動，請參考圖3.2的會計公司組織圖。每一天會計公司裡的每一個各別單位都會收到文書作業，它們記錄或處理這些書面資料以更新帳目並準備報告。接下來我們來討論幾個例子：

(一)所得會計

所得分錄（income journal）將前一天的收入記載於適當的帳目欄位。客房營收、已售出客房以及平均客房單價都記錄於短期住宿、團體與簽約旅客的個別帳戶當中（或是其他市場區隔當中），這其中包括了前一天的營收與已售出客房數，以及當月截至目前的營收與已售出客房數，一樣的步驟用於記錄早餐、午餐與晚餐收入；餐館的來客數；以及宴席部的早餐、午餐、晚餐、下午茶、接待、會議室出租與視聽傳播等，飲料收入則記錄於烈酒、啤酒、水果酒及軟性飲料的帳戶。

所得分錄同時也記錄與結算支付每一筆帳目的方式。舉例來說，客房總銷售額必須與現金收入、信用卡支付以及公司或個人直接結算的支付款項相同。這個結算功能非常重要，因為它確保營收記錄與取得的現金金額相同。

營收記錄	＝支付方式
短期住宿客房營收	現金支付
＋團體住宿客房營收	＋信用卡支付
＋簽約住宿客房營收	＋支票付款
	＋直接結算
＝客房總營收	＝全部的收款與存款

以下是一般每日營收紀錄的例子：

短期住宿客房營收	$12,500	現金支付	$ 1,600
團體住宿客房營收	$ 4,800	信用卡支付	$10,400
簽約住宿客房營收	$ 1,200	支票付款	$ 2,500
		直接結算	$ 4,000
＝客房總營收	$18,500	＝全部的收款與存款	$18,500

(二)總出納

總出納（general cashier）的每日工作便是收款、結餘以及合併旅館所有營業部門的每日銀行存款，總出納結算每一筆存款的所有現金與支票收入，並核對該筆金額是否與當天所得分錄帳目裡所列示的金額數目相同，以我們的例子來說，總出納所結算的旅館日存款金額應為4,100美元——當日現金與支票相加的總金額（現金收入$1,600＋支票付款$2,500）。

信用卡支付與直接結算在實際收到支票之前，並不屬於旅館存款的一部分。在我們的例子當中，當天的信用卡銷售金額10,400美元通常會在24小時之內，透過電子轉帳的方式，直接轉入銀行的現金帳戶裡，這筆款項不屬於銀行存款的任一部分，而4,000美元的直接結算款項會在30天內收到，而實際支票會在收到該支票當日才被加進該天的存款帳目當中。

總出納同時必須為旅館維持一定的零錢庫存，包括隨時補充足夠的零錢與小面額——1元、5元及10元美金的紙鈔，供旅館部門在找零錢給顧客時使用，總出納會在存錢進去銀行帳戶時，一併附上零錢兌換單，這個兌換單內含旅館要存進銀行裡的大面額美元紙鈔——20元、50元及100元，它們將被兌換成較小面額的例如1元、5元等的紙鈔與貨幣，並於次日送回旅館。

(三)應付帳款

每一天，應付帳款記帳員都會收到需支付款項的發票，付款的流程包括經理簽名以確認發票的正確性並授權付款、應支付的金額、付款期限以及帳戶代碼與付款帳戶，在開立支票之前確認這些資料是應付帳款記帳員的責任。

應付帳款支票通常在上班日開出並且於每週或每日寄出一次，以獲得折扣優貸的好處，同時也符合期限要求，目前這些程序很多都已透過電

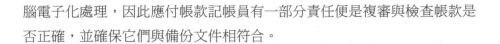

腦電子化處理，因此應付帳款記帳員有一部分責任便是複審與檢查帳款是否正確，並確保它們與備份文件相符合。

(四)應收帳款

每一天，應收帳款記帳員為了收款，會收到全部待處理的直接結算帳戶。直接結算是指一間公司事先已被允許在作業結束之後，再將帳單寄給他們，然後從退房當天開始起算的30天內完成付款，應收帳款的主要兩個負責領域便是信用卡與直接結算。

當天的信用卡文件資料包含每筆信用卡款的總金額。當顧客退房之後，顧客的個別客房帳戶會被關閉，或被轉換至一個信用卡的主要帳戶。舉例來說，旅館可能有十位旅客欲透過美國運通卡來支付帳單，未付金額為1,800美元，這十個單獨的客房帳戶會被歸零，然後資料被移轉至美國運通卡的主要帳戶並傳送至應收帳款等待處理；另外，十五位旅客或許透過威事卡威士卡或萬事達卡分別支付4,600美元與4,000美元的款項，在這個例子當中，當天的信用卡刷卡總金額為10,400美元，當這筆金額分別從各家信用卡公司直接電子轉帳至旅館的銀行帳戶時，旅館隔天便會開立10,400美元的收據。

直接結算的4,000美元會被應收帳款員工監控以確保整個過程沒有問題，以及收到帳單的公司是否在期限之內複審、同意並開立支票付款，一旦收到支票，這筆款項便會被加入該天的存款當中。

應收帳款部門同時也處理顧客的爭議與問題，當顧客對於他或她的信用卡款項有所爭議時，信用卡的拖欠問題便會產生，應收帳款部門必須調查這個問題並提供必要文件，例如顧客簽名與開出的支票，來證實這筆款項的有效性與正確性，然後回報給信用卡公司以利他們再度向顧客申請信用卡款。

(五)夜間／日間審計

夜間／日間審計長與他的員工收取、審計、核對並結算當天的交易，同時也準備每日報告，每日報告主要報告總營收、更新帳目，以及確保當天所有的交易收支平衡並且金額正確。對於夜間審計長與他的職員而言的一大挑戰是要能夠及時調查與發現問題或錯誤，並能正確地更正它；他們必須在輪大夜班的時候完成這項任務，當下可能沒有員工也沒有經理能夠回答他們問題，或是協助他們找到與更正錯誤，他們必須靠自己的能力來調查這些書面文件與交易資料，以發覺實際發生的狀況與如何做出必要的修正。

日新月異的銷售時點系統與會計資訊系統已經改變了夜間審計的角色。現代化的會計系統提供數量龐大的詳細資料、加快的作業速度，以及快速並有效率地核銷與結算會計資訊的能力，這些都取代了大部分夜間審計職員存在的必要性；現今的審計與結算功能都藉由會計系統便得已完成，夜間審計實際上已成為日間審計，因為會計報告與清冊都是由夜間審計員或是其他的會計行政職員在白天便檢閱完成；所以，日間審計在現在是很普遍的事情。

二、旅館部門營運與會計的關聯性

旅館裡的每一個營業部門都有責任依循旅館既定的政策與流程，提供顧客必要的產品及服務，而會計部門能夠協助這些部門遵從適當的流程，接下來是一個營業部門可能會如何與會計部門相互影響的例子。

(一)櫃檯

在櫃檯部門的經理與所得分錄職員共同合作檢閱記錄在所得分錄內的每日客房營收資訊，他們能夠在複審前一天的營業資料時，檢查各市場區隔的平均房價、各區隔的已售出客房數以及任何營收上的調整，他們能

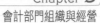
夠比較實際銷售額與預估、預算及前年銷售額的不同,他們經常為櫃檯出納向總出納申請零錢,幫忙檢查任何現金處理問題,例如銀行存款短缺的問題,並且處理或補充小額現金的需求,他們幫忙應付帳款記帳員在帳單上夾帶發票、檢查帳號、調查發票問題,並通常也同時確認所有同意付款的發票都是正確的,他們將白天的工作在晚上11點移交給夜間審計員,以便他們處理任何接下來登記入住的旅客,並開始著手進行審計日間工作的流程。

(二)餐廳與宴席

餐廳及宴席部門的經理與會計部門在工作上的互動,與櫃檯非常類似,不同的是他們利用來自不同用餐時段(早餐、午餐、晚餐)的情報來分析銷售額,而非利用市場區隔,其他部分的互動與櫃檯一模一樣。

(三)行政部門

銷售與行銷部門、人力資源部門以及工程部門與應付帳款記帳員的主要互動在於處理帳單發票的部分,因為這些部門沒有任何營收,他們與所得分錄職員或總出納不會有任何的互動關係。

(四)每月財務報告編纂

我們必須回頭參考第二章財務分析週期所提到的四個步驟:

1.交易產生數字
2.會計編列數字
3.會計與旅館管理部門分析這些數字
4.旅館管理部門將這些數字應用於營運的調整與改善

在先前的章節我們已經討論了第一個步驟:交易產生數字;本章我們將探討第二個步驟:會計編列數字。

旅館或餐廳會編列每月或每28天會計期間的財務報表或營運報告，過程都是一樣的，不同的是所涵蓋的時間區段，月報告在每個月的月底編纂，包含28天、30天或31天的營業成果，視該月而定。相較於與去年同一個月份可以有一致性的比較，這個月份與上個月份的比較結果可能就會出現一些問題，舉例來說，比較2月份、3月份與4月份的結果會分別得到28天、31天與30天的營運結果，因此比較這三個月份會需要做一些調整，例如計算每日平均值，以使得這項比較更具意義。

會計期間（accounting periods）包含四週28天，並且每一段期間都在同一天開始，一年有十三個會計期間，每一段期間的天數都一樣，這使得在與前段期間或前年度比較時能維持一致，會計期間的每一週開始結束總是在同一天，並且包含一樣的天數。舉例來說，一個上班週於星期六開始星期五結束，但是月財務報表通常較為常見，十三個會計期間只包含了364天，所以每七年便必須調整一次，使得一年的尾聲接近12月31日。

無論一間公司是否以月或會計期間為基準，將帳冊關閉並著手編纂財務報表的過程通常都是相同的，為了一致我們將探討月結算，關閉會計月份的過程包含下列活動：

1. 預先關閉資料：在該月結束的前幾天，發票、實體盤點以及轉帳證明文件的校正帳目將被會計部門列為到期日，這使得每個人還有時間去複審並檢查已列出金額的正確性，如果發現問題還有時間去重新檢查相關資料。

2. 會計月份或會計期間結束：這是指下個月份的第一天。會計部門關閉所有的旅館帳戶並公布前一個月的帳目。舉例來說，在所得分錄裡，將當月所記錄的累計銷售金額加總、結算並核對最後關閉，然後打開下個月的所得分錄，所有的所得或營收帳戶將重新被設定為新的月份，應付帳款記帳員將與旅館經理核對，所有當月應該付款或收款的發票是否已經收到、處理並且登錄帳目，如此一來該月份

的關閉才能無瑕疵且符合一致性。一旦收到了來自於所有部門的必
要營業資訊，會計部門核對這些資料，並且將其登錄至適當報表裡
的適當帳目，最主要的報表便是月損益表。所有反映旅館當月收入
與支出的會計帳目，都必須被登錄至該月損益報表的適當帳目之
中，這包括登錄以修正資產負債表上的帳目，如此會計清冊裡的結
餘才會等於實體盤點或電腦報表裡的結餘，月損益表上已記載了預
算與去年的資料，而月底結算也收集並報導了當月的實際情報。

3. 登入帳戶關閉複審結果：月損益表的初版在一兩天內便會完成，之
後財務經理與副理重新檢視這些資料以更正錯誤，或是分派並調整
帳目來完成損益表裡的資料，由於這是很重要的會計功能，因此會
計部經理會與旅館經理商量並確認所有必須要做的修正都是適當且
正確的，當這些帳目完成並輸入電腦系統之後，最終的月損益表便
產生了，這份損益表包含了當月的成果，以及截至當天的該年度財
務成果。

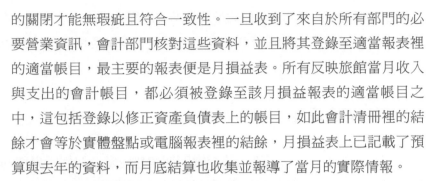 第三節　餐廳與小型旅館的會計運作

餐廳與小型及選擇服務型旅館的會計營運都以相似的方式進行，連
鎖餐廳例如紅龍蝦（Red Lobster）與紅辣椒（Chili's），以及選擇服務型
旅館例如Fairfield旅館與Hampton旅館皆屬於此種營運方式，這種營運規
模及範圍並不需要一個常駐的會計部門，因此這些企業利用區域性或共同
的會計公司來提供必要的會計功能。

這些企業的會計流程建立在與共同會計室每天的溝通方式上，**共同
會計室**（corporate accounting office）是一個中央辦公室，它為企業所經營
的個別旅館或餐廳提供會計支援與服務，營業成果在每天結束之後會被傳
送至共同會計室，經過處理之後，在隔天回報給旅館或餐廳，總經理的職

責則是確保必要的營業資料能夠準時且準確地提交。總經理將工作責任分派給其他經理，自己的最終任務則是檢視是否有按照所有的流程依序進行，以及交易是否被正確地處理。

一、財務報表編纂

每一天結束之後，餐廳或旅館會關閉銷售時點系統裡所累積的日營業資料，這些資料包括當日的用餐時段營收、顧客數目、薪資成本、採購及其他支出。夜班或關閉營運資料的經理有責任確認當天所有的營業資料在該天結束之後已被送出，共同會計室彙整、總結並報告這些資料，然後在隔天早上回傳給餐廳；次日，早班經理或是打開營運資料的經理將複審這些資料的正確性與完整性，並做出必要的修正。這些每日的資料同時還包括了該月截至當天的資料，這些資料被餐廳經理應用於餐廳的運作之上。

每個月月底關閉該月所依循的流程與每日的流程相似，處理過程也同樣包括實體盤點、核對營收與薪資情報，以及確認月底關閉營運資料的正確日期，共同會計室編列月損益表以及任何其他的走勢或總結報告，並且通常在三到四天之內將報告回傳給餐廳。

在接下來的兩個星期，每週都會預估顧客數目與營收，這些預測是以餐廳正在經歷的當前營運狀況為基礎，藉以更新接下來幾週的預算，這些預測也被用來排定薪資日程表，並決定採購數量。

二、採購與存貨

食物、飲料與其他營業用的供應品通常會透過中央採購系統每週訂購一次，這個電腦系統包含了庫存標準現況、既定的同等標準，以及每日與每週的消耗量、價格、訂購數量與其他相關的採購資訊。餐廳經理為這

項功能負責,以確保所有的標價與書面作業都是完整且正確的、確認運送數量、價格與發票、管理月底的存貨盤點及處理付款發票。

有了精密的採購系統可使用的這項好處之後,經理的職責便是確認所有呈遞的資料都是正確的,這需要瞭解餐廳標準與營業狀況及會計流程,並體認當前正在進行的與共同會計室的溝通方式,藉此保證系統朝向被期待的方向運作。

三、薪資與成本管控

除了食品成本,薪資與福利成本在經營一間餐廳時,是能夠被控管的最大且最重要的支出,薪資成本每日被複檢以確保其符合生產力的標準,同時也確保加班與工時浪費的最小化。這個流程起始於隔週薪資日程表的擬定,以過去幾週的平均值及每人每小時的工作量為基準,顧客數量與工時之間的關係是既定的,它被用來安排與控制薪資成本。

餐廳裡的薪資部門可以分為服務、吧臺與服務生以及廚房或餐廳主軸,每一個部門都擁有其既定的薪資標準,而接下來幾週的薪資日程表便根據預估的顧客數量來擬定。管理薪資成本的另一個部分就是控制加班時數,每加班1小時通常包含了50%的額外津貼。換句話說,加班1小時會比一般的普通工時多出50%的薪資成本;舉例來說,時薪10美元的廚師在超過每週基本工時40小時之後,每多加班1小時便需支付他15美元的薪資。

另一個管控薪資成本非常重要的原因就是,每1美元的薪資都附帶了相關的福利開銷,大部分的公司都會提供福利給它們時薪制或管理部的員工,將這筆開銷分攤給公司及員工。一般說來,每1美元薪酬公司願支付20%至40%的福利開銷,這代表餐廳每支付員工1美元的薪資,便必須額外支付2到4角的福利成本,除非餐廳能夠有效地管理薪資成本,否則它將無法有效地控制福利成本。

結語

　　旅館裡的會計部門或會計公司支援並協助其他的行政與營業部門，它每日與這些部門互動，交換資訊、協助處理問題，以及準備每日、每週與每月的管理報告，供所有每日運作的部門使用。

　　組織圖呈現並描述了一個部門或一個企業單位的職責與關聯性。會計部門組織圖顯示不同的管理層級，以及各部門所負責的功能或活動，一家全服務型旅館內的會計部門，它的典型管理架構包含了財務總監、副總監、夜間／日間審計及時薪制的員工，會計功能被區分為所得任務、應收帳款任務，以及夜間／日間審計任務。

　　在旅館裡會計部門對其他部門提供了重要的協助，營業部門提供營業資訊給會計部門，然後會計部門準備財務資料供其他部門經理使用，會計與營業部門之間的關係能夠被重新連結回財務管理週期，第一個步驟營業部門產生數字，在旅館產業裡，它是指客房數、餐飲部以及其他行政部門；第二個步驟會計部門編列這些數字，本章已詳述過這個步驟，倘若沒有營業部門，會計部門便無法獲得資料來準備並報告財務狀況。

　　小型旅館與個體餐廳依賴共同或區域性的會計公司來提供所有的會計服務，在一天結束之後，每家旅館或餐廳把營業資訊傳送至中央會計公司，會計公司記錄這些資料並準備報表，在隔天回傳給旅館或餐廳，這些系統能夠成功運作的關鍵便在於準確且及時的溝通。

一、餐旅經理重點整理

1. 會計公司提供支援與協助給所有的旅館經理，會計公司裡的職員從旅館部門取得營業資訊，然後準備會計報告與財務報表，作為管理工具及評估財務績效之用。

2. 旅館業經理必須瞭解他們必須提供給會計部門哪一類的營業資訊；如此一來，這兩個部門才能共同合作來分析與應用這些財務資訊以改善公司營運。

3. 旅館業經裡必須熟悉組織圖如何定義營業與財務職責。

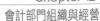
二、關鍵字

會計部門（accounting department） 旅館內部在會計流程與旅館營運上，支援所有其他行政及營業部門的行政部門。

應付帳款（accounts payable） 旅館或餐廳為已取得的產品與貨物開立發票並簽核付款支票的過程。

會計期間（accounting periods） 以28天而非月曆上的月份為一期，來準備涵蓋所有旅館營運的管理報告與財務報表。

應收帳款（accounts receivable） 在旅客或公司團體退房之後，開立帳單並收帳的過程，它包含了信用卡帳單與公司的直接結算。

財務副總監（assistant controller） 在會計公司裡向財務總監報告的經理，他監督會計公司在營收處理或是應收帳款等方面的特定工作。

共同會計室（corporate accounting offlce） 為集團所經營的個別旅館或餐廳提供會計支援與服務的中心組織。

部門總管（department heads） 對某一特定的旅館部門負有營運管理責任的經理，部門總管向執行委員會委員報告，而部門經理與主任則向部門總管報告。

直接報告（direct reporting） 某些經理或職務者直接向某一特定管理職級報告。

財務總監（director of flnance） 執行委員會委員，直接負責旅館裡所有的會計業務，有時也稱為主計長（controller）。

執行委員會（executive committee） 直接向總經理報告的資深經理成員，負責旅館內特定幾個部門。財務總監向執行委員會委員報告。

外部顧客（external customers） 住在旅館以及在餐館用餐的付費顧客，他們支付金錢以獲取這些產品及服務。

全服務型旅館（full-service hotels） 指一般擁有二百間以上客房的旅館，內含餐飲商店、宴席安排與會議室租用、禮品專賣店、代客洗熨衣、健身設備、門房與其他服務及設施。

總出納（general cashier） 為旅館收款、結帳並查核每天進入銀行同一存款帳戶的所有營業部門存款的職位。

總經理（general manager） 旅館裡負責所有旅館營運項目的資深經理。所有的職務及活動都是總經理的責任。

所得分錄（income journal） 會計室的一個單位，負責記錄所得、處理存款、支付開銷並協助其他旅館經理。

內部顧客（internal customers） 在執行工作任務時，獲得其他同事支援的公司員工。舉例來說，對人力資源部門而言，所有的員工都是內部顧客，這個部門為這些內部顧客——也就是所有員工，管理福利、處理薪資帳目並且實施訓練課程。

部門經理（line manager） 初階的管理職位，他們與顧客面對面互動，並負責管理旅館某一部門的員工輪班。

營業部門（operating departments） 記錄營收，並透過提供產品與服務給付費旅客或顧客以製造利潤的旅館部門。

組織圖（organization chart） 描繪一個部門或企業單位的報告關係、職責以及營運活動的圖表。

行政部門（staff departments） 提供營業部門協助與支援的一個旅館部門。它們擁有內部顧客。

三、章末習題

1.請列舉在一間全服務型的旅館裡的兩個營業部門與四個行政部門。

2.請定義會計室的三個工作領域，並分別描述它們的任務與職責。

3.哪一個管理職位負責每天運送產品與服務給顧客？

4.哪一個管理職位負責旅館的整體營運？

5.請描述共同會計室的運作與職責。

6.請列舉三種共同會計室每日回傳給餐廳複審並使用的營業／財務資訊。

7.對旅館部門而言，會計部門每個月所準備的財務報告以哪一份最為重要？

8.請說明月損益表及28天會計期間損益表之間的差異與優缺點。

四、活用練習

1.參考本章提供的範例，為一間擁有一百間客房的選擇服務型旅館繪製組織圖。為幫助您做這項練習，請先確定這個規模的旅館具有哪些不同的營運項目，然後根據這些營運項目或部門繪製組織圖。

2.假設你將經營一間擁有一百個座位的餐廳及酒吧，請繪製組織圖以規劃你的餐廳，確實區分每個特定的部門、為這些部門負責的不同管理部門層級以及它們報告的對象。

3.比較六百間客房的全服務型旅館與一百間客房的選擇服務型旅館的組織圖之間的主要差異。

4

損益表（P&L）

學習目標

- 瞭解綜合損益表裡所包含的財務資料：
  - ◎營收與利潤中心　　◎費用中心或支援成本
  - ◎固定支出與成本　　◎應繳費用與其他扣除額
- 認識綜合損益表與部門損益表裡不同的利潤估算方法，以及這些方法所代表的涵義
- 熟悉綜合損益表不同的編列方式
- 理解部門損益表裡所包含的訊息
- 理解部門損益表裡四項主要的費用類別
- 瞭解綜合損益表及部門損益表如何將財務資訊用來作為一項管理工具，並衡量財務績效

前言

對於一位旅館經理人而言，這個章節是本書裡最重要的章節。損益表是經理人務必完全理解的財務報表，他們將會利用這份報表來評估部門的財務績效，並且用來作為監控與改善部門每日營運的管理工具。經由比較實際的月營運與既定的該月預算、與最近期的預估、與去年的月績效表現，以及與前一個月份的績效表現之間的差異，損益表為經理人提供如此的比較方式，來評估該部門某些特定組成單位的財務績效。

損益表是一份財務報告，它包含了財務管理週期裡，與所有四個階段相關的旅館經理。

首先，部門經理或**部門總管**（department heads）運作提供產品及服務予顧客的部門，並產生一些數字——收入、支出與利潤。其次，部門經理確認這些呈遞給會計部門的數字都是正確且一致的；如此一來，會計部門所準備的財務報告才會是正確且有幫助的。接下來，部門經理必須理解、分析並討論該部門的營業數字，以評估旅館營運是否符合預期目標，包含預算與預估，這個階段包括部門經理提供的營業評論與細節，這些評論與細節能夠協助他們與會計經理決定下一步應採取的最佳行動，以修正或改善該部門營運。最後，部門經理還須負責將數字分析結果應用於營業部門，以作為為瞭解決問題而進行改造的根據，以達到改善或修正的目的。

損益表同時也提供與資產負債表及現金流量表相關的資訊，旅館業經理必須瞭解它們之間的關連性，如此在運作部門時，才能更有效率地使用這些財務報表。

第一節　旅館綜合損益表

綜合損益表或是所得報表對一間旅館而言是獲利與虧損的總結，它列出了營收中心、利潤中心與費用中心的部門總計。只有營收、獲利與支出的部門總計會被包含於損益表當中，它是一份真實的總結報告，呈現了旅館內部每個部門的重要財務成果。

一、營收中心與利潤中心

營收與利潤這兩個中心的名稱都是指產生營收（銷售額）與利潤的營業部門，營收與銷售額的稱呼可以互換，而營收中心與利潤中心的稱呼同樣也可以互換。**營收中心**（revenue centers）是透過直接提供顧客產品與服務來產生利潤的營業部門，它只包含營收；**利潤中心**（profit centers）則是透過提供產品與服務製造營收，而這些營收產生了利潤（或虧損）的營業部門，它包含了收入、支出與利潤。明確地說，這些部門提供產品與服務給付費顧客，員工在收銀機或銷售時點系統記錄銷售額，這就是為什麼這些營業部門被稱為營收中心，它們收取並記錄顧客營收。舉例來說，全服務型旅館裡的營收中心有客房部門、餐廳、會客室、宴席部門、禮品部及電話部門，休閒度假中心還附加其他的營收中心，例如高爾夫、三溫暖、網球與娛樂。請參考**表**4.1關於綜合損益表所列示的營收中心例子。

表4.1顯示旅館營收中心當前與自年初至今的收入，綜合損益表的這個部分只記錄與報告營收，快速瀏覽現階段的財務結果會發現，旅館的實際銷售額161,000美元比預算多出2,000美元，比去年多出13,000美元，這代表財務績效良好，因為實際成果超出當前的預算，也超越去年的績效表現，而這間旅館自年初至今的實際績效也超過當今的預算及去年的表現——實際營收為1,020,000美元、預算為975,000美元，而去年年初至該日

表4.1　綜合損益表營收中心範例

Flagstaff旅館						
綜合損益表						
2009年6月30日						
（000）						
當前*				自年初至今*		
實際	預算	去年度		實際	預算	去年度
$100	$102	$ 95	客房營收	$ 675	$640	$625
6	6	5	電話營收	34	35	34
8	7	7	禮品店營收	41	41	39
3	3	3	雜項營收	18	18	18
15	15	14	餐廳營收	73	71	70
6	6	6	飲料營收	29	30	29
23	20	18	宴席營收	150	140	135
$ 44	$ 41	$ 38	餐飲營收小計	$ 252	$241	$234
$161	$159	$148	旅館總營收	$1,020	$975	$950

註：＊數目以千美元或（000）表示。

的成果則為950,000美元。

　　綜合損益表的下個段落顯示營收中心在支付了所有的營業費用之後
所剩下的利潤，而運作每一個營收中心的直接成本由各部門支付，細節則
記錄在部門損益表的收支帳戶裡，總營收扣除總支出則產生每一個營收中
心的部門總收益，綜合損益表包含了每個營收中心的兩項帳目：總營收與
總利潤，這便是這兩個稱呼——營收中心或利潤中心可以互換的原因，每
一個名稱都與產生營收與利潤的營業部門有關。在**表4.2**裡，部門營收之
後加入了部門利潤，這是旅館綜合損益表裡含括部門利潤的範例。

　　綜合損益表裡的利潤部分列出了每個營收中心的部門利潤，利潤的
數目是各部門當前以及自年初至今的總營收扣除費用之後的金額，我們可
以看到當前的旅館部門總利潤84,000美元與預算相同，但比去年的實際利
潤79,000美元多出5,000美元，而自年初至今的利潤金額是551,000美元，

表4.2　綜合損益表營收與利潤中心範例

			Flagstaff旅館 綜合損益表 2009年6月30日 （000）			
	當前*				自年初至今*	
實際	預算	去年度		實際	預算	去年度
$100	$102	$95	客房營收	$ 675	$640	$625
6	6	5	電話營收	34	35	34
8	7	7	禮品店營收	41	41	39
3	3	3	雜項營收	18	18	18
15	15	14	餐廳營收	73	71	70
6	6	6	飲料營收	29	30	29
23	20	18	宴席營收	150	140	135
$44	$41	$38	餐飲營收小計	$ 252	$241	$234
$161	$159	$148	旅館總營收	$1,020	$975	$950
	當前*				自年初至今*	
實際	預算	去年度		實際	預算	去年度
$66	$ 67	$63	客房利潤	$439	$416	$406
1	1	1	電話利潤	6	6	6
2	2	2	禮品店利潤	11	10	10
3	3	3	雜項利潤	18	18	18
2	2	2	餐廳利潤	12	12	11
2	2	2	飲料利潤	12	12	12
8	7	6	宴席利潤	53	49	47
$12	$11	$10	餐飲利潤小計	$77	$73	$70
$84	$84	$79	旅館部門總利潤	$551	$523	$510

註：＊數目以千美元或（000）表示。

比預算多出28,000美元，比去年則多出41,000美元。因此，這些數據同樣
代表自年初至今的財務績效良好，因為旅館的實際利潤超過了預估值，也
超過了去年的表現。

二、費用中心與支援成本

　　費用中心（expense centers）是旅館裡的行政部門，它支援旅館的營業部門，並包含銷售與行銷部門、人力資源部門、工程部門以及會計部門，它們也可以被稱為**所得扣除額**（deductions from income）或是**支援成本**（support costs）。這些部門並不會產生任何營收或利潤，他們的預算只包含了費用，這就是為什麼它們被稱為費用中心；同樣的，在綜合損益表裡它們也只包含了部門總費用，這些費用是行政部門的薪資費用、福利費用以及直接營業費用的總和，**表4.3**是綜合損益表裡費用中心的範例。

　　這三個費用中心都以分配為主，分別是事故費用、訓練費用以及全國銷售與行銷費用。**分配**（allocation）是指這些部門每個月撥付一定數目的金額或是銷售金額的部分百分比至某一個共同帳戶，而這筆金額用來購買公司或國內各據點的保險。舉例來說，在事故部門，一家公司可能只有一張保單，而這張保單的保戶包含了所有的旅館，這家公司再分配或向各

表4.3　綜合損益表費用中心範例

	當前*				自年初至今*	
實際	預算	去年度		實際	預算	去年度
$12	$12	$11	管理費（G&A）	$ 71	$72	$71
7	7	6	公共事業費	43	42	40
15	15	15	維修費（R&M）	90	90	88
4	4	4	事故費用	25	25	24
2	2	2	訓練與派遣費用	12	12	12
21	20	19	銷售與行銷費用	160	153	149
$61	$60	$57	費用中心總成本或總支援成本	$403	$394	$384

Flagstaff旅館
綜合損益表
2009年6月30日
（000）

註：＊數目以千美元或（000）表示。

家旅館收取相稱的金額，以負擔所有員工及顧客的保險費用、事故準備金以及特定旅館的實際事故費用。另一個例子是訓練費用的分配，這費用是為了提供訓練給所有旅館的共同訓練部門而支付。同樣地，全國銷售與行銷分配收取來自各個旅館的費用，它以公司名義支付全國的廣告與促銷活動，含地方性或全國性的銷售據點。

費用中心的其他費用還包括部門的薪資、福利以及直接營業費用。各部門都會有一個負責人是執行委員會委員，他們負責管理所有部門的費用，並確保這些費用有所產出且未超過既定的預算（請參閱第三章的組織圖）。

三、固定成本、費用以及其他扣除額

綜合損益表裡最後一項主要的費用支出便是**固定費用**（fixed expenses），也就是其他扣除額（deductions）的部分，這些費用是不變或固定的，並且不會受到旅館容量或活動的影響，它們來自於合約、銀行貸款、不動產、某些稅金及保單，通常會先確定一整年度的費用，然後再以同樣金額分配至每個月份，例如租賃費、銀行貸款、保險費、執照與規費及折舊，都屬於固定帳戶，這些費用是已經確定且一定必須支付，與營收無關，也與這間旅館該月或該年表現是否良好無關。

這些固定帳戶可能會非常龐大並且很難支付，除非旅館的營業額在某些水準之上，即使是在較蕭條的月份或是在淡季，這些費用還是維持不變或固定，並且一定要支付，對旅館而言這段時間是艱困時期；但是，當一家旅館非常繁忙且營收與利潤都上升的情況下，這些費用並不會因此而上升，它們仍然維持固定不變。因此，倘若一間旅館經營良善，會比較容易支付固定費用，同時也應該能夠製造更高的獲利，但是假如經營不善，支付這些固定費用便會較為困難，通常製造的利潤也會較低。

四、旅館利潤層級

在旅館裡有幾個利潤層級，每一個層級都用來評估某一項特定的旅館績效，而每一個執行委員會委員負責某些特定部門及其表現，每間公司的利潤數目可能不同，但是觀念與公式卻是一樣的，我們接下來將探討部門利潤、部門總利潤、建築物利潤、建築物淨利及稅後盈餘。

(一)部門利潤

部門利潤（department profits）的公式是營收減去費用等於利潤。綜合損益表記錄了每個營業部門的營收與利潤，客房營業部門的住宿經理或主任負責客房部門的總體營運及利潤，而餐飲總監則是負責餐廳、飲料與宴席部門的總體營運與利潤，一位部門經理對於他或她的部門利潤負有直接的責任，執行委員會委員以及部門經理與他或她的管理團隊和時薪制員工，能夠控制與管理他們部門的所有營收與費用。

(二)部門總利潤

部門總利潤（total department profits）的公式是將旅館裡每個營業部門的利潤加總結算，部門總利潤的金額確定了利潤中心所製造的總利潤金額，在我們的例子當中，它則用來作為住宿經理與餐飲總監在為他們部門爭取利潤最佳化時的管理績效的評估指標，部門總利潤的金額能夠用來支付所有其他的旅館費用。

(三)建築物利潤

建築物利潤（house profit）又稱為營業毛利，它的公式為部門總利潤扣除費用中心總支出或總支援成本。費用中心成本代表了行政部門支援營業部門在提供產品與服務給顧客時，所造成的其他成本。一個費用中心同樣也由一位特定執行委員來專門負責，他被賦予為部門控制成本以及達到

生產力與預算標準的責任，請參考**表3.1**費用中心部分所列出的各部門，檢視構成費用中心的各部門並確定每個負責控制部門費用的執行委員。

建築物利潤或營業毛利（gross operating profit）是一項非常重要的利潤評量，因為它可以鑑定旅館經理將營收與利潤最佳化，以及控制費用的能力。旅館的利潤評量被用來計算管理團隊的額外獎金，因為經理有能力影響並控制流程與營運，來達到利潤最大化以及將費用控制到最少，建築物淨利同時也能確認旅館營業部門轉交給總經理以支付旅館固定成本的利潤或金額。

(四)建築物淨利或營業毛利

建築物淨利（net house profit）的公式是建築物淨利減去固定費用。這個金額是在旅館已經確定所有營收，並且已經支付所有變動與固定費用之後所剩下的金額或收益，它是旅館已製造的獲利數目，能夠被用來支付所有的應繳稅金，並依照契約均分給旅館業者及經理，股東會計帳目是很重要的，因為它確認哪些固定費用、準備金帳戶及稅金，是由業主、管理公司或是任何其他投資人或擁有旅館股份的企業團體來支付。**表4.4**是完成建築物淨利計算的綜合損益表。

(五)稅前與稅後盈餘

稅金是旅館必須支付的最後一項費用。**稅前盈餘**（profit before taxes）是指所有旅館營收與費用皆確認並報帳之後的利潤最終金額，這個金額包含了幾筆不同的營業或銷售額稅金的帳款。最後一筆費用是所得稅（或公司營業稅），稅前盈餘是未繳這些稅金之前的利潤金額，計算並支付公司營業稅之後，剩下的金額便是**稅後盈餘**（profit after taxes），這才是能夠均分給股東及有涉入旅館營運的管理團隊的最終利潤數目。**表4.4**是一份完整的綜合損益表範例。

表4.4　綜合損益表

	當前*			Flagstaff旅館 綜合損益表 2009年6月30日 （000）		自年初至今*	
實際	預算	去年度			實際	預算	去年度
$100	$102	$95	客房營收	$675	$640	$625
6	6	5	電話營收	34	35	34
8	7	7	禮品店營收	41	41	39
3	3	3	雜項營收	18	18	18
15	15	14	餐廳營收	73	71	70
6	6	6	飲料營收	29	30	29
23	20	18	宴席營收	150	140	135
$44	$41	$38	餐飲營收小計	$252	$241	$234
$161	$159	$148	旅館總營收	$1,020	$975	$950
			部門利潤			
$66	$67	$63	客房利潤	$439	$416	$406
1	1	1	電話利潤	6	6	6
2	2	2	禮品店利潤	11	10	10
3	3	3	雜項利潤	18	18	18
2	2	2	餐廳利潤	12	12	11
2	2	2	飲料利潤	12	12	12
8	7	6	宴席利潤	53	49	47
$12	$11	$10	餐飲利潤小計	$77	$73	$70
$84	$84	$79	旅館部門總利潤	$551	$523	$510
$12	$12	$11	管理費（G&A）	$71	$72	$71
7	7	6	公共事業費	43	42	40
15	15	15	維修費（R&M）	92	90	88
4	4	4	事故費用	25	25	24
2	2	2	訓練與派遣費用	12	12	12
21	20	19	銷售與行銷費用	160	153	149
$61	$60	$57	費用中心總成本 或總支援成本	$403	$394	$384
$23	$24	$22	建築物利潤	$148	$129	$126
$12	12	11	固定費用	72	72	66
$11	$12	$11	建築物淨利	$76	$57	$60

註：＊數目以千美元或（000）表示。

Spring Hill Suites 與Residence Inn Chicago Downtown River，北芝加哥，伊利諾州

　　Residence Inn和Spring Hill Suites是萬豪酒店集團位於芝加哥市中心——充滿流行時尚感的River North區的旅館名稱，這些所有的套房式旅館由White Lodging 服務所負責管理，它們距離Loop商業區、壯麗大道上世界級的購物商城以及受歡迎的景點與餐廳只有幾步路遠。Spring Hill Suite提供了二百五十三間超大型的客房，每間客房都提供完整配備的廚房及花岡岩材質的工作台與不銹鋼器具；非常適合長期居住的旅客。兩間旅館都提供熱騰騰的自助式早餐，顧客能夠欣賞遠景並使用27樓的健身設備、室內游泳池及按摩浴池。

資料來源：感謝White Lodging旅館提供。

這兩間互補式的旅館為旅客提供了不同的體驗。欲得知這兩間旅館更詳細的資料，請參考網站www.chicagorivernorthhotel.com。請從White Lodging的觀點回答下列問題：

1.哪一間旅館的客房單價報價最高？
2.你認為哪一間旅館能帶來最多的客房利潤？為什麼？
3.每一間旅館的競爭者屬性為何？為什麼？

 ## 第二節　綜合損益表的編列方式

表4.1至**表**4.4顯示萬豪酒店所使用的綜合損益表編列方式，損益表是以符合邏輯並且清楚的編排方式來呈現財務資訊，接下來這個段落我們將探討綜合損益表的架構與格式，損益表的格式是由三個獨立的區塊所組成。

一、標題

對任何財務報表而言，這是基本但卻非常重要的部分。**標題**（title）告訴讀者關於這份財務報表的特定資訊，使讀者能夠瞭解這些數字所代表的含意。標題包含了下列各項：

1.旅館或餐廳的名稱。
2.財務報表的類型：損益表、資產負債表或現金流量表。
3.財務報表所包含的時間區段：每月或是會計期間。

表4.1至**表**4.4的財務資訊是Flagstaff 旅館在2009年6月30日期間的綜合損益表。

二、平行標題

橫跨損益表頂端的標題告訴我們，這些財務資料是如何根據時間區段以及已報導的財務資訊類型來編列且架構的。**平行標題**（horizontal headings）包含了下列各項：

1. 當前的會計期間或是當月的財務資訊。
2. 自年初至今的財務資訊，這些資訊累積了截至當天以前的所有會計期間或月份的財務資訊。
3. 實際數據、預算數據以及去年與當前會計期間或當月同一個時間點的數據。
4. 實際數據、預算數據以及去年年初至該日的數據。
5. 上述每個類別的金額與百分比欄位。

財務資訊根據這些平行標題編列組成，使得這些資訊能夠符合邏輯且條理清楚地被瀏覽。

三、垂直標題

垂直標題（vertical headings）位於損益表中間或下方，這些標題提供被編入表中並被報導的帳目或部門名稱的數據。垂直標題包含下列各項：

1. 營業部門的營收中心：這個部分包含了各別部門市場區隔的營收，例如客房營收以及餐飲部不同用餐時段的營收，還包含了旅館裡所有部門的總營收。
2. 營業部門的利潤中心：這個部分包含了各別部門，例如客房與餐飲部門的利潤，以及旅館裡所有部門的總利潤。
3. 行政或支援部門的費用中心：這個部分包含了費用中心裡每個部門

的總營業支出，以及旅館內部所有費用中心的總成本。

4. 固定費用：指那些不會逐月更改且固定不變的費用，這些費用同時也可以被稱為所得扣除額。

5. 利潤層級：包含部門利潤、部門總利潤、建築物利潤、建築物淨利以及稅前與稅後盈餘。

四、綜合損益表範例

接下來的段落將介紹綜合損益表的其他格式範例，我們先從本章已使用的格式開始介紹，請注意在損益表的底端，萬豪酒店已增加了主要的統計數字，它包括除了營收、費用與利潤以外的重要營業成果。

旅館損益表範例1
The Flagstaff Marriott
標題

當前或當月				自年初至當日或當月		
實際	預算	去年		實際	預算	去年
（以金額$或百分比%表示）				（以金額$或百分比%表示）		

營收
客房
電話
禮品部
餐廳
會客室
視聽室
宴席
餐飲總計
其他部門
總營收
部門利潤
營收
客房
電話

禮品部

餐廳

會客室

視聽室

宴席

廚房費用

餐飲總計

其他部門

部門總利潤

支援成本（費用中心）

行政

公共事業

維修

中央訓練與派遣

事故

銷售與行銷

總支援成本

建築物利潤

基本管理費

家具、裝修與設備（FF&E）履約保證

其他扣除額

建築物淨利

稅金

稅後盈餘

主要統計數字

已售出客房

入住率

平均房價

每間客房收入

每間客房總收入

每間客房建築物淨利（HPPAR）

　　在第二和第三種格式裡，請注意雖然是使用不同的專業用語，實際上它們還是在相同的期間呈現相同的財務資料，它們全部用來測量特定領域與特定類型的財務結果。

　　我們最後一張綜合損益表或損益摘要的表格範例，將是2006年所出

版的《旅館產業的帳目一致系統》第十版修訂本所認可與推薦的格式，這個格式訴求在住宿業損益表摘要裡專業術語與格式的一致性，部分較重要的改變陳述如下。

會計標題已被修改，使其更能反映山住宿業的專門術語，例如將「扣除未分配營業費用之後的所得」改為「營業利潤總額」，「未計利息、折舊、攤銷與所得稅前的利益（EBITDA）」改為「營業淨所得」。

所有未分配的營業費用都應該被歸類至下列四個項目裡的其中一項：(1)行政與一般費用；(2)銷售額與行銷費用；(3)資產運作與維護費用；(4)公共事業費用。人力資源、資訊系統與保安都被歸類在行政與一般費用的帳目內。

最後，營業報表摘要是以分析為目的，因此並未按照一般公認的會計原則的規定，它只提供四個收入來源：客房、餐飲、其他營業部門，以及租金與其他所得，這個同樣是為了達到表格內容的一致性，以便於損益表的比較與分析。

旅館損益表範例2

The Flagstaff Omni旅館

當期				自年初至當日		
實際	預算	去年		實際	預算	去年
（以金額$或百分比%表示）				（以金額$或百分比%表示）		

旅館客房總間數
已售客房總間數
入住率%
客房平均單價
每間客房收入
營業收入總額
客房營收
食品營收
飲料營收
餐飲部總營收
電話營收
其他營收

營業收入總額
部門利潤
客房部門
食品部門
飲料部門
餐飲部門總利潤
電話部門
其他部門
部門總利潤
行政與一般
管理費
廣告與銷售
修繕與維護
水電
所得扣除總額
營業利潤總額
固定費用
EBITDA（未計利息、稅項、折舊及攤銷前的利益）

旅館損益表範例3

The Flagstaff 四季酒店

| | | 當月 | | | | | | 自年初至當日 | | | |
實際 ($)	實際 (%)	預算 ($)	預算 (%)	去年 ($)	去年 (%)	實際 ($)	實際 (%)	預算 ($)	預算 (%)	去年 ($)	去年 (%)
					入住率百分比						
					平均總客房單價						
					每間客房收入						
					客房總營收						
					食品總營收						
					飲料總營收						
					餐飲總營收						
					電話總營收						
					其他部門總營收						
					營業收入總額						
					客房淨利						
					餐飲淨利						

電話淨利
其他部門總利潤
部門總利潤
行政與一般部門總支出
事故部門總支出
維修部門總支出
電力事業部門總支出
總扣除額
營業利潤總額
稅金與保險
稅前盈餘
管理費用
其他管理費用
四季酒店獎勵金
營業淨利
租賃費用
折舊與攤銷
其他費用
損益費用
所得稅
淨利

旅館損益表範例4
營業報表摘要
《旅館產業的帳目一致系統》第十版修訂本

<u>當期</u>				<u>自年初至當日</u>	
實際	預算	去年		實際	預算	去年
（以金額$或百分比%表示）				（以金額$或百分比%表示）	

營收
客房
餐飲
其他營業部門
租金與其他所得
總營收
部門費用
客房

餐飲
其他營業部門
部門總費用
部門總所得
未分配營業費用
行政與一般
銷售與行銷
資產運作與維護
公共事業
未分配總費用
營業利潤總額
管理費
未扣除固定支出所得
固定支出
租賃
資產與其他稅金
保險
固定總支出
營業淨所得
扣除：替代準備金

(一)調整後營業淨所得

　　請注意這份摘要報表如何清楚鑑定特定的營收部門，以及被報導於帳目項目的費用類型，管理費以一個特定的帳戶名稱——替代準備金被報導。這個表格使讀者更清楚知道這些費用是如何被定義與記錄的，瞭解管理協定或契約的術語，以及財務報表如何記錄這些術語是很重要的，這些協定或契約確定了每個部門的財務責任。營業報表摘要提供了一個值得推薦的格式，這個格式的專門術語及編排方式都呈現一致性。

餐廳損益表範例1

Flagstaff 餐廳

每月活動				自年初至當日活動			
2個月前	1個月前	當月		當年($)	每位顧客	去年($)	每位顧客
		實際	去年				

顧客總數

午餐

晚餐

外帶

午餐銷售額

晚餐銷售額

外帶銷售額

食物總銷售額

飲料總銷售額

隨購品總銷售額

總銷售額

食品成本

非食品成本

飲料成本

其他成本

銷售額總成本

時薪成本

管理成本

福利成本

薪資津貼總額

變動費用

管理費用

水電費用

其他費用

管理總費用

設備費用

行銷費用

餐廳淨收入／淨所得總額

(二)餐廳損益表

　　請注意接下來餐廳損益表的表格如何編排平行標題，來為財務結果呈現不同的時間區段，這個格式透過比較當月與兩個月前的收支來強調財務結果的當月走勢，在自年初至今的部分除了金額的資料，同時還呈現一些顧客數目的資料，垂直標題一樣列示於表格中央，藉以區隔當月與自年初至今的活動，這些都只是呈現財務資訊的不同方式。

　　這五種關於旅館與餐廳損益表的不同格式，是用來舉例說明如何以不同的損益表版本呈現一間企業的財務結果，並讓讀者能夠瞭解一家公司或企業的財務績效，公司決定它要如何在損益表裡架構財務資料，以便讓這些資料能夠同時被作為管理工具並測量財務績效，一位旅館經理人對於任何格式的綜合損益表應該都要能輕易地解釋並使用。

第三節　部門損益表

　　綜合損益表提供一間旅館的財務運作情報的摘要，包括部門的總營收、總利潤及總費用。**部門損益表**（Department P&L）為各別部門提供詳細的營業資訊，旅館經理利用這些報表評估營收、利潤與費用的財務績效，並且利用它們作為讓部門運作更有效率也更具生產力的管理工具。在部門損益表裡除了記錄營收之外，還有四項主要的**費用種類**（expense categories）：銷售成本、薪資成本、福利成本與直接營業費用，接下來我們即將更深入地討論這四項主要費用種類與利潤及費用中心的部門損益表。

一、四項主要的成本種類

　　在利潤中心部門損益表裡的財務資料最頂端編列的是部門營收，中

間的是部門費用，而最底端的則是部門利潤，以這份表格來說，與「頂端項目」相關的術語是營收，而與「底端項目」相關的則是利潤，我們將更詳細討論營業費用被如何歸類於銷售成本、薪資成本、福利成本以及直接營業費用四項種類當中。

對於大部分的利潤部門而言，銷售成本是主要的變動支出，它可以被定義為顧客在接受服務、進行購買或消費時，所產生的任何成本。在餐廳與宴席部門，食品成本的占有比例可從25%至35%；在餐廳與飲料部門，飲料成本的占有比例則從20%至30%；在禮品部，銷售成本則從45%至55%；在部門損益表裡，銷售成本經常占有最大的費用支出金額或比例，**部門經理**（department managers）必須花很多心力來瞭解並控制銷售成本，這其中包括了控制採購、驗收、存貨盤點與維持同價，以及將浪費減至最少。

客房部門並無銷售成本這一項，因為客房持續地被重複租用中，不論前一晚是否有旅客入住，隔天都一定是空房的狀態，這就是為什麼客房部門與其他任何利潤部門相較，總是占有最大利潤率的主要原因之一。

薪資與津貼在利潤部門與費用部門都是另一項主要的變動支出，主要的**收支帳戶**（line accounts）定義了費用的類型，並集合了某個時間區段的實際費用，同時它也包含了管理部門的薪資、時薪制薪資、加班費以及任何其他薪資帳冊的支出。管理部門的薪資在本質上一般被認定為是固定支出，而時薪制薪資則是變動支出；因此，部門經理被寄望能夠將時薪支出調整至符合預估的業務量。預估營收較高時，時薪薪資為了處理增加的業務也會跟著上升；預估營收較低時，因為業務量減少，因此時薪薪資便會跟著減少；加班費則是另一項支出，同時也是部門經理被期待能夠控制的一項帳目。一位成功的經理在任何部門都被期許能夠瞭解並管理時薪薪資成本，以符合收益率與利潤率的預估要求。

福利成本已成為一項重要的支出費用，它與薪資成本息息相關，並且通常具有固定的關聯性，當薪資成本增加或減少時，福利成本便會隨之

增加或減少，倘若部門經理在薪資成本的控制上表現良好，則福利成本同時也能獲得良好的控制，福利成本的例子有健康保險津貼、假日津貼、病假工資與員工膳食津貼。

　　直接營業費用是剩餘的費用，它是在提供產品與服務給旅館旅客及餐廳顧客時，不可或缺的支出，每個部門都包含了許多獨立的帳戶，接下來的例子將說明部門損益表裡的某些主要的獨立支出帳戶：

　　1.客房：訂房成本、顧客供應品、清潔補給品、辦公室補給品及制服。
　　2.餐廳：瓷器、玻璃、銀器、寢飾、清潔補給品、紙類補給品及制服。
　　3.飲料：玻璃、紙類補給品、制服及菜單。
　　4.禮品店：紙類補給品、辦公室補給品及運費。

　　部門裡的獨立帳戶可能會存在有三十至四十項之多，一位部門經理應該將注意力集中於費用支出最龐大的那一項，以及實際費用與預算、預估及去年實際金額相較，變化最多的那一項。

二、營收與利潤部門損益表

　　營收中心的部門損益是由營收、銷售成本、薪資、福利與直接營業費用所組成。**表4.5**顯示部門損益表的其中一種格式，請注意標題以及平行標題與綜合損益表相同，只有垂直標題或是帳戶名稱不同。在每一個主要的費用種類裡，都存在許多獨立的收支帳戶，這些帳戶為該項特定費用收集所有的營業資訊，這些帳目跟前一段落所討論的相同，每個月部門裡每一筆新生的費用都會被歸類或編碼至適當的收支帳戶（費用帳戶）裡，在每個月底，會計室會根據收支帳目收集、記錄並報導所有的營業資訊。這些便是包含在部門損益表內，我們所看到每一項帳目裡所有的財務資料。

表4.5　部門損益表

	當期				自年初至當日	
實際	預算	去年		實際	預算	去年
			營收			
			早餐			
			午餐			
			晚餐			
			總營收			
			食品成本			
			時薪薪資			
			管理薪資			
			其他薪資			
			薪資總成本			
			醫療成本			
			保險津貼			
			假日津貼			
			員工膳食津貼			
			福利總成本			
			瓷器			
			玻璃			
			銀器			
			床單			
			紙類補給品			
			菜單費用			
			銷售與促銷			
			一般費用			
			直接營業費用總額			
			餐廳部門總利潤			

Flagstaff 旅館
餐廳部門損益
2009年6月30日

三、費用中心部門損益表

費用中心的部門損益表包括薪資、福利以及直接營業費用，由於它們並未銷售任何產品或提供任何服務給付費顧客，因此不會產生任何營收或銷售成本，所有其他的費用項目都跟營收中心的項目相同。費用中心的經理被期許能夠有效地管理費用，並維持該筆支出在既定的預算或預估金額以內，以符合生產率的期待。

四、固定成本部門損益表

固定成本部門損益表只有一項費用種類，那就是固定費用，除此之外未包含其他的營收、銷售成本、薪資或福利項目，固定費用部門裡只包含了單項帳戶以及執照與其他費用，而單項帳戶便提供了所有的費用，例如貸款費用、租賃費用、保險支出與折舊費用，這些收支帳戶的費用通常都由會計部門處理，它負責製作會計分錄或是記錄每個月或每個會計期間的費用。

表4.6是一份支援部門損益表的縮小範例。

個別的部門損益表可見第3章所闡述的組織圖，每份部門損益表都由特定的經理負責管理。舉例來說，在一間大型的會議旅館或度假中心裡，餐飲總監與宴席會議部門經理相同，對許多餐廳與吧檯負有最終的責任，但是他或她將會擁有一位部門經理直接對所有的餐廳負責，這些部門經理以及他們對損益表的直接責任範例如下所示：

宴席總監	宴會與會議部門損益
餐廳經理	餐廳部門損益
客房服務經理	客房服務部門損益
飲料經理	會客室或飲料部門損益
行政總廚	廚房損益

表4.6　部門損益表

實際	當期 預算	去年		實際	自年初至當日 預算	去年
			Flagstaff 旅館 維修部門損益 2009年6月30日			
			時薪薪資			
			管理薪資			
			其他薪資			
			加班費			
			薪資總成本			
			醫療成本			
			保險津貼			
			假日津貼			
			員工膳食			
			福利總成本			
			一般建築維修			
			廚房設備維修			
			維修合約			
			電力與機械			
			地板維護			
			電梯費用			
			汽車費用			
			一般費用			
			直接營業總費用			
			部門總費用			

　　餐飲總監將與每一位部門經理開會，以檢視該部門的營業與財務結果，並且盡可能地予以協助，但是如何有效率地運作他們所負責的部門，以符合既定的目標、預算與預估，仍取決於各部門經理以及他或她的輪班經理團隊。

五、分析部門損益表

　　每位部門經理的責任便是確定每個月或每一個會計期間呈遞給會計部門的營業資料是準確並即時的。營業經理必須熟悉記錄營業收入的銷售時點系統，以確認這些被記錄的營收資料都是正確的，並且在每一次的輪班都是收支平衡的。他們也必須瞭解記錄並控制時薪制與管理部門員工薪資的薪資帳冊系統，這包括確認每位員工每週的薪資部門、工作時數、當前的時薪薪資以及加班費是否正確。

　　直接營業費用可能來自於現有的購自賣家與供應商的存貨或採購品，營業部經理不但需要有效率地訂購原料與補給品，以確保存貨能夠被控制在最小量，同時也必須確保隨時能夠供應足量的重要備品。要隨時記錄存貨並控制餐廳部門的制服、瓷器、玻璃與銀器，以及客房部門的寢飾、清潔備品與顧客補給品的庫存量，這些都不是容易的事情，倘若每個月的生產力以及獲利率都能達到預估的數目，那麼營業部經理必定能夠有效地監控所有的採購、存貨與費用。

　　由於每月的部門損益表是由會計部門來編列，因此在表格完成配置之前，仍有時間再次檢視內容。一般來說，會先產生一份初步的損益表以供營業部經理檢查內容是否有問題或者是否有錯誤，這個時候部門營運經理會與會計部門一同檢查損益表裡的數字，以確保這些數字都是正確的；待更正結束，而帳目也經過調整之後，最終的損益表才會產生。當最終損益表完成並經過瀏覽之後，任何龐大的金額變動或是百分比變動都必須記載於損益表評論內並加以解釋。損益表評論包含了找出問題所在、導致問題發生的原因以及如何更正這些問題，有時候，因為賣家的金額提高或是因為轉為採購較昂貴的商品，超額的費用支出會不斷發生，損益表評論的重要功能便是確定哪些問題或成本溢出將會持續出現，以及哪些部分能夠被更正。

結語

　　損益表評估一家公司的財務績效，旅館使用的損益表主要有兩種：綜合損益表與部門損益表。綜合損益表主要用來報告並衡量財務績效，而部門損益表則用來作為管理工具，它提供經理們更詳細的財務資訊，以作為經營部門的參考。

　　綜合損益表是旅館損益的總摘要，它是由營收中心、利潤中心、費用中心以及固定成本所構成，它同時也具備了幾個衡量利潤的標準。總部門利潤衡量所有營業部門的利潤；建築物利潤則是總部門利潤扣除費用中心成本之後所剩餘的收益，這一項利潤能夠反映出管理團隊成功地將營收最大化而費用最小化的控制能力。建築物利潤扣除了固定費用之後便是建築物淨利，它適合用來評估旅館的財務獲利率。

　　部門損益表提供每個部門某些特定的財務營運資料，部門損益的六大領域包含了營收、銷售成本、薪資費用、福利費用、直接營業費用以及總部門利潤，每一個領域裡都包含了幾項特定的帳目，它們將各項費用分類並確定，使其更能夠被估算並有效的控制，旅館業經理將花費很多時間利用部門損益表來協助操作部門的營運。

　　損益表的組成是為了讓讀者便於瀏覽並確認表內的財務資訊，表的格式可能會不一樣，但是所包含的財務內容通常都會相同。一份損益表一定包含下列三種主要部分：首先是確定這份報表的標題、時間區段及公司名稱；其次是平行標題，它包括了當月或當期實際、預估與去年的財務資訊，以及自年初至當日的實際、預估與去年的財務資訊；最後是垂直標題，它確定部門的營收費用與利潤帳戶，以頂端記錄營收、中間記錄費用以及底端記錄利潤的方式呈現。

一、餐旅經理重點整理

1.綜合損益表是一間旅館的損益總摘要，它報導了旅館部門的總營收、利潤及費用。

2.部門損益表以特定的帳戶形式，為旅館內每個各別部門提供詳細的營業

資料，一位特定的部門經理直接為每個旅館部門的財務績效負責。

3.每個部門損益表的總營收與總利潤與綜合損益表所報導的總營收、總利潤或總費用相同，以會計的專業術語來講，兩份損益表裡的這些數字是互相搭配或收支平衡的。

4.部門損益表包含了一項營收與四項主要的費用帳目（銷售額成本、薪資、福利與直接營業費用）以及總部門利潤或費用，這四項主要的費用帳目各自包含單獨的收支帳戶，它們收集了每月所有的特定營收或費用，這些營收或費用被歸類或編碼至各個特定的帳戶。

5.綜合損益表與部門損益表都具備編列與報導財務結果的不同格式，每間公司各自選擇最符合該公司特性的表格使用。

6.旅館裡營業部門的經理應該要能夠評論並解釋預算或預估金額增加或減少的變動差異。

二、關鍵字

分配（allocation）　某特定旅館為取得服務所支付的部分費用，而該筆費用與集團所有的餐廳或是旅館費用相關。

所得扣除額（deductions from income）　與費用中心相同，在提供顧客產品與服務的時候，旅館裡行政部門支援營業部門的直接費用。

部門總管（department heads）　為某一特定部門負責所有部門營運與財務績效的資深營業經理。

部門經理（department managers）　特定營業部門的輪班經理，負責每日顧客產品與服務的遞送，以及該部門的財務績效。

部門損益表（Department P&L）　某特定部門的損益表，包含所有與部門營運相關的營收與費用的詳細資料。

部門利潤（department profits）　在部門確認了所有的營收，以及支付所有與該部門某特定期間的營運相關費用之後，在營收中心／利潤中心所剩餘的金額數目。

費用種類（expense categories）　收集與報導部門費用的四項主要種類：銷售額成本、薪資、福利以及直接營業費用。

費用中心（expense centers） 支援旅館營業部門——銷售與行銷、工程、人力資源以及會計的行政部門。它不包含任何營收或銷售額成本，只包含薪資、福利以及直接營業費用。

固定費用（fixed expenses） 旅館持續支付的直接費用，不隨著旅館營業額的不同而改變。

平行標題（horizontal headings） 橫跨損益表頂端的標題，分別列示類別、時間以及財務資料的金額數目。

建築物利潤（house profit） 由旅館管理團隊所控制的所有營收與費用的利潤金額，它用來評估管理團隊運作旅館獲利表現的能力。計算方式為部門總利潤扣除費用中心總成本。

收支帳戶（line accounts） 一個特定的作帳規則，收支帳戶的內容描述所有分類營收或費用的集合與紀錄。

建築物淨利（net house profit） 是指在記錄所有旅館營收與支付所有旅館直接費用之後剩餘的利潤金額。它等於建築物利潤扣除固定費用。

稅前盈餘（profit before taxes） 等同於建築物淨利，在旅館所有的營業費用已支付完畢後剩餘的利潤金額。

稅後盈餘（profit after taxes） 在支付所有共同稅金之後剩餘的利潤金額。它被分配給旅館業者、管理部門以及有利息配給的股東。

利潤中心（profit centers） 產生營收的營業部門，經由提供產品與服務給顧客來製造利潤（或損失），它包含了營收、費用與利潤，費用中心也可稱為營收中心。

營收中心（revenue centers） 透過直接提供產品與服務給顧客來製造營收的一個營業部門，它只包含營收部分。

支援成本（support costs） 與費用中心相同，都是從部門總利潤扣除的成本。

標題（title） 一份財務報表最頂端的部分，顯示公司名稱、報告類型以及所包含的時間區段。

部門總利潤（total department profits） 旅館個別部門利潤的總和，它提供了來自於旅館營業部門的利潤數目。

垂直標題（vertical headings） 在損益表側邊或中央的部門名稱、種類以及帳目，確定表內所記錄的財務資訊的種類與金額。

三、章末習題

1.請定義並指出綜合損益表裡會計內容的四個主要種類。

2.請定義並指出部門損益表裡五種主要的營收與費用種類。

3.請指出並說明綜合損益表裡四項不同的利潤層級。它們的評估對象為何？

4.請指出損益表格式的三個段落。

5.請解釋利潤中心與費用中心之間的不同，並舉例說明之。

6.請問什麼是分類帳？為什麼它對於財務分析如此重要？

7.請參考第3章的旅館組織圖，至少指出每個執行委員會委員所負責的一個旅館部門。

8.您認為本章為整本書最重要的章節的原因為何？

四、活用練習

1.請為下列的收支帳戶或分類歸類至適當的損益表。

A.＿＿＿ 時薪成本　　　　　　1. 綜合損益表

B.＿＿＿ 寢飾費用　　　　　　2. 部門損益表

C.＿＿＿ 營收中心

D.＿＿＿ 食物成本

E.＿＿＿ 固定成本

F.＿＿＿ 建築物利潤

G.＿＿＿ 加班費

H.＿＿＿ 部門總利潤

2.請利用章末習題第四題的三個段落繪製一份綜合損益表。

3.請利用章末習題第四題的三個段落繪製一份部門損益表。

資產負債表與現金流量表

學習目標

■ 熟悉其它用來評估財務績效的財務報表
■ 瞭解旅館經理與會計經理如何利用資產負債表
■ 瞭解在管理營運上如何將資產負債表與損益表配合使用
■ 瞭解資本額與營運資金之間的差異
■ 瞭解現金流量表與其使用
■ 瞭解流動性與獲利率的重要性

前言

　　在評估企業的營運與財務績效上，下列三種財務報表是最具價值的：損益表（P&L）、資產負債表（Asset & Liability, A&L）以及現金流量表（statement of cash flow）。我們在第四章已討論過損益表，本章我們將接著討論資產負債表與現金流量表。

　　有鑑於損益表主要被旅館經理用來作為一種管理工具，以及作為一種評估財務績效的方式，資產負債表以及現金流量表也同樣被企業主、銀行業者以及其他占有企業部分股利的外部機構或代理商所利用，他們想要瞭解這間企業在淨資產與現金流量上的金融強度與穩定度，以容許該企業隨著時間過去依然順利並有利潤地運作。損益表衡量財務績效，而資產負債表以及現金流量表則評估一個企業維持並製造營運收益的能力，這間企業擁有哪些資源？他們如何有效地運用這些資源？以及他們維持足夠的現金結餘以支付所有費用的能力有多充分？

　　本章將詳細討論資產負債表與現金流量表，以及根本上它們如何被用來評估財務績效，同時也評估如何用來作為管理工具。旅館業經理除了要深切並詳細瞭解損益表之外，對於這兩種財務報表也應該具有基本的認識，這樣的認識使得經理能夠與資深管理部門討論經營上的財務觀點，同時也證明了第一章所講述的職涯成功模型裡所呈現的財務知識與技巧的那個部分。

第一節　資產負債表

　　資產負債表（balance sheet）的目的是為了在某一特定時間點，測量企業的財務狀況、價值與淨值，它編列於每個月或每個會計期間，以及每一年即將結束的時候，財務總監或是共同會計室的主任在每個月負責準備資產負債表，並且確認這些帳戶的結餘是正確且收支平衡的。

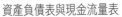
一、定義

　　資產負債表在某一特定時間評估一家企業的狀況與淨值，它就像是一個及時的快照，呈現出在某個特定日期每個帳戶裡的金額或結餘，它被稱為資產負債表是因為它顯示了每個資產與債務帳戶的結餘，以及顯示業主股票帳戶的結餘，同時它也顯示了每個帳戶在某一個特定時間的收支平衡，**表**5.1是Flagstaff旅館的資產負債表範例。

　　資產負債表評估一家企業的價格或價值，它的主要特徵如下：

1.它評估一間公司在某一特定時間點的價格或價值。舉例來說，資產負債表可能會在年底，如2009年的12月31日被列出，它是某一特定時間點帳戶結餘的及時速寫，確定了一家公司所擁有的（資產）、所積欠的（債務）以及該公司是如何被擁有的（業主權益）。

2.**基本會計等式**（fundamental accounting equation）可以描述資產負債表。這個公式是：

$$資產＝負債＋業主權益$$

3.它包含了由資產、負債或業主權益所組成的帳戶組合。

4.這些帳戶被區分為經常帳（帳款使用年限少於一年），又稱為流動資產，以及長期帳戶（帳款使用年限多於一年），又稱為資本額。

5.每個帳戶都有初始結餘、每月活動及最終結餘。

6.與損益表不同，經理人無須針對資產負債表的每月活動提出評論，這是屬於會計部門的工作。

7.會計部經理每月核對或結算資產負債表的款項。

8.經常帳是屬於公司營運的流動資產。流動資產的公式為活期存款帳目（CAs）扣除流動負債（CLs）。

9.長期債務帳款與業主權益帳戶則被歸類為資本額，它是公司的創始

資本、創新資本，或是為了擴展企業版圖而購買的長期資產，例如地產、廠房與設備。

對於旅館業經理人而言，瞭解資產負債表是重要的，因為他們在公司的每日經營運作當中，都會使用活期存款帳目與流動債款帳目（流動資產），他們被期待能夠有效地利用資產來運作一間公司的獲利率，下列是描述資產負債表重要帳款的定義：

1. 活期存款帳目（current assets）：使用年限少於一年。

   (1)**現金（cash）**：存在銀行現金帳戶裡並且可供公司每日營運使用的金錢，可能在存款帳戶或支票帳戶裡，它是資產裡最具流動性的款項，能夠立即被公司所挪用。

   (2)**應收帳款（accounts receivable）**：顧客購買商品與服務尚未付款給公司的金額，這些帳款可透過直接付款機制收付，並且通常須在30天內完成付款。應收帳款的兩個主要部分是信用卡付款及直接匯票，它是繼現金之後最具流動性的資產。

   (3)**存貨（inventories）**：公司已購買之補給品或原料，但尚未為顧客在購買商品與服務的過程中所使用。對旅館產業的營業項而言，重要的存貨有食品、飲料、瓷器、玻璃、銀器、寢飾、清潔用品與顧客補給品，這些存貨已為公司購買並支付費用，但是尚未被使用，存貨的流動性並不高，因為首先它必須被轉換為最終商品並且被售出，然後在收取款項之後存入現金帳戶內。

2. 長期資產（long-term assets）：使用年限超過一年。

   (1)地產（property）：已購買的土地，用來設置提供產品與服務給顧客的建築物，這裡是指一間旅館或餐廳所座落的土地。

   (2)廠房（plant）：實體的構造體或建築物，用來作為公司營業的房子，這裡是指旅館或餐廳所座落的該棟建築物。

   (3)設備（equipment）：用來製造產品或服務的機器與其他資產，

　　這裡是指廚房設備、客房家具與裝置、餐廳桌椅、運輸工具、洗衣機與烘衣機、水電設施、電腦系統，以及所有其他在旅館或餐廳會使用到的機器。

3.折舊（depreciation）：每個月支付的土地、廠房與設備總花費占公司實際營業總額的比例，它的計算方式為總成本扣除殘值之後，除以可使用的生產壽命年限，便得到某一特定年份的年度成本或折舊，然後再分攤或均分為十二個月。

4.流動負債（current liabilities）：債權少於一年。

　(1)應付帳款（accounts payable）：未付費但已收取的產品或服務，付費期限為一年，發票已收取、批准並且已經進入付款流程。

　(2)應付薪資（wages payable）：尚未支付提供產品與服務給顧客的員工的薪資，這些員工已經完成他們的工作但是公司尚未發餉或薪資尚未入帳。

　(3)應付稅金（taxes payable）：稅金已收取但尚未支付給適宜的稽徵機關，這些稅金一般是按季或按年繳納。

　(4)預付房租（advanced deposits）：在顧客入住旅館之前便收取的定金，屬於客房、餐飲、會議室以及其他產品或服務未來應繳金額的一部分。它可能是休閒度假中心與會議中心旅館的主要流動債款。

　(5)應付債款／費用（accrued liabilities / expenses）：已收取的採購品金額，但在月底或限期之內尚未支付的費用。

5.長期債款（long-term liabilities）：債權期間長於一年。

　(1)銀行貸款（bank loans）：積欠銀行或其他金融機構的金額，還款期限通常為五到三十年。銀行貸款用在資本額方面，包括公司創立、創新或擴展。

　(2)信用額度（line of credit）：一種銀行貸款類型，會撥出一筆特定金額供企業留用，企業可能會在需要的時候動用或使用這筆資

金，一旦動用，還款期限與銀行貸款相似。

(3)租賃義務（lease obligations）：已租借但未購買的土地、建物或設備，根據契約內容被認定為是長期負債。

6.業主權益（owner equity）：以投入股本、普通股或優先股，以及保留盈餘的形式投入企業的投資金額，它是指資產扣除負債的剩餘金額：

(1)投入股本（paid-in capital）：公司或企業的股東為創立一家公司所投資的金額，這筆金額來自於各股東自己的財務來源。

(2)普通股（common stock）：由其他個體戶或機構所投資的金額，一般經由購買公司或企業的普通股與優先股的方式投資，投資金額取決於公司股票的市值。

(3)保留盈餘（retained earnings）：被公司保留或再投資的部分年度營業利潤比例。此項比例的增加能夠提升資產負債表與公司的績效。

資產負債表的格式來自於基本會計等式，基本會計等式陳述了資產的金額或價值，必須等於用來購買這些資產的負債金額或價值加上業主權益。換句話說，你所擁有的必須等於你所積欠的，可能是以貸款的方式積欠金融機構，或是以投資的方式積欠股東。

資產＝負債＋業主權益

1.資產（asset）：是指資源，在商業上是指一間企業與其所包含的負債相關的所有財產（《韋氏辭典》）。

2.負債（liability）：是指借款，在商業上是指積欠他人的東西，是一種合法的債務款項（《韋氏辭典》）。

3.業主權益（owner equity）：是指所有物與價值，它被定義為兩個部分，擁有是指持有或占有，而權益是指除了負債以外的財產價值（《韋氏辭典》）。

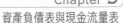
　　基本會計等式呈現出這些關聯性，並且以結算金額及價值來定義它們，資產總金額必須等於負債與業主權益的金額，如此可確定所有資金及交易的說明都是根據會計規定與原則，商業上管理會計的法規與程序稱為一般公認會計原則（GAAP），為了使數字能夠被有效且準確地認定，一間公司必須根據這些原則匯集、準備並報導它在管理報告或財務報表裡的作帳結果，任何人在閱覽這些依照GAAP所編列的財務報表時，對於報表裡數字的準確性及有效性應具有足夠的信心，**表5.1**是資產負債表的範例。

表5.1　資產負債表

	（等式格式）		
	Flagstaff旅館		
	2009年6月30日		
	（000）		
資產		**負債**	
流動		流動	
現金	$ 75	應付帳款	$ 60
應收帳款	40	應付薪資	40
存貨	90	應繳稅款	25
總流動資產	$205	總流動負債	$125
長期		**長期**	
地產	$125	銀行貸款	$150
廠房	200	信用額度	50
設備	250	租賃債款	25
扣除折舊	(50)	其他長期債款	0
總長期資產	$525	總長期負債	$225
**　總資產**	**$730**	**　總負債**	**$350**
		業主權益	
		投入股本	$200
		股本	100
		保留盈餘	80
		總業主權益	$380
總資產	**$730**	**總負債與總業主權益**	**$730**

（續）表5.1　資產負債表

資產負債表	
（傳統格式）	
Flagstaff旅館	
2009年6月30日	
（000）	
資產	
流動	
現金	$ 75
應收帳款	40
存貨	90
總流動資產	$205
長期	
地產	$125
廠房	200
設備	250
扣除折舊	(50)
總長期資產	$525
總資產	**$730**
負債	
流動	
應付帳款	$ 60
應付薪資	40
應繳稅款	25
總流動負債	$125
長期	
銀行貸款	$150
信用額度	50
租賃債款	25
其他長期債款	0
總長期負債	$225
總負債	**$350**
業主權益	
投入股本	$200
股本	100
保留盈餘	80
總業主權益	**$380**
總負債與總業主權益	**$730**

我們現在運用**表**5.1的財務資訊作為說明資產負債表特性的範例：

1.

> 資產＝總負債＋業主權益，或者
>
> $730總資產＝$350總負債＋$380業主權益，或 $730

上述的基本會計等式是平衡式，因為資產總額730美元等於負債與業主權益的總額。

2.西元2009年6月30日的結餘如下（以千美元為單位）：

流動資產	205	流動負債	125
長期資產	525	長期負債	225
總資產	730	總負債	350
		投入股本	200
		股本	100
		保留盈餘	80
		總業主權益	380

以上是2009年6月30日主要帳戶的最終結餘，閱讀這張損益表的人將會相信這些數字能夠精準地反映出Flagstaff旅館在該日的價值或淨值。

3.

活期帳戶（$）		長期帳戶（$）	
流動資產	205	長期資產	525
流動負債	125	長期負債	225
		業主權益	380

以上所列的是2009年6月30日當天，資產負債表流動與長期帳戶裡的金額或結餘。

4.

$$營運資金＝流動資產－流動負債$$
$$\$80營運資金＝\$205流動資產－\$125流動負債$$

　　Flagstaff旅館的營運資金為80美元，代表該旅館剩餘80美元作為營運資金之用，這反映出有205美元已經被撥用並投資為流動資產，而目前尚積欠125美元的流動負債。

5.

$$資本＝總負債＋業主權益，或者$$
$$\$730資本＝\$350總負債＋\$380業主權益$$

　　上式告訴我們Flagstaff旅館總資產為730美元，其中350美元為負債或長期債款，而380美元是業主權益。

二、營運資金

　　營運資金（working capital）是一間企業日常營運所需的金額。它最主要是以現金、應收帳款與存貨的形式投入於企業的營運資金當中，營運資金最初的投入金額會先儲存於現金帳戶裡，然後再投資於存貨當中，成為提供產品與服務給顧客的程序裡的一部分（圖5.1）。當一筆交易已成交而顧客尚未為產品或服務付款時，該筆交易金額便被定義為應收帳款，然後在信用卡公司以電子轉帳或當個人或公司以支票付款之後，這些款項金額會被直接存入現金帳戶裡。

　　營運資金同時也包含了公司對於流動負債的使用，主要以應付帳款、應付薪資以及應繳稅款的方式呈現。當公司收到用來提供產品與服務的原料及補給品時，這些原料與補給品因為尚未付費，而被歸類為應付帳

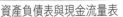

款。一旦部門經裡或採購部門批准付款，證明已收貨品數量與索取價格的發票上的貨款之後，應付帳款部門的職員應開立支票並寄出以支付款項。支票於郵寄之後，相對應的應付帳款便關閉（金額減為零），並且不再被歸類為流動負債。積欠員工的薪資與積欠公家單位的稅金也是一樣的流程；員工薪資一直累積到薪資分配與兌現為止，稅款則在某一特定時間點——每季或每年被收取並繳納，除非已繳納稅款，否則皆歸類為應付帳款。

營運資金的定義是流動資產減去流動負債，另一個與營運資金密切相關的術語為流動性，流動性是指一間公司支付短期債款的能力，企業的現金結餘愈多，它的流動性或支付債款的能力就愈大，購買比實際需要還多的商品以致於在存貨上投入了過多的金額，或是延遲收帳的時間，這些都是企業無法負荷的情況。倘若真的發生這樣的情況，那代表這間公司在購買原料與補給品之後，花費了更長的時間來還款，或者代表它花太多時間收取顧客帳款並將這些帳款轉換為現金，這也表示這間公司的現金被龐大的存貨與應收帳款給綁住了，現金帳戶裡也因此沒有足夠的金額來支付公司的營業費用。

三、資本額

由資本額（capitalization）可鑑定出一間企業在經由購買長期資產而開創或拓展公司時，它的資金取得來源與使用方式。資本是用來製造更多金錢或財產的金錢或財產；資本額包含了運用長期借貸或業主權益（資本）來作為獲得創立或拓展業務所需資金或現金的方式。嚴格來說，資本（capital）是指由業者或股東貢獻給公司的資金，資本同時也代表了一家公司的淨值（《韋氏辭典》），我們在資本額的定義裡納入了長期借貸與業主權益，因為長期借貸是創立一家公司時，取得必要現金或資金的另一個來源。

　　參考**表**5.1的範例以及上述段落的第5點，Flagstaff旅館的資本額是730,000美元，它來自於350,000美元的長期債款，以及380,000美元的業主權益。

　　資本額能夠以三種活動形式來呈現：首先是創立一家公司的初始花費，包括採購開始營業的大部分長期資產；其次是當老舊的長期資產已不敷使用或變得極無效率時，以新的長期資本汰換它們的資本；最後是資本擴充，利用資本來拓展及發展企業。資本額提供了投資一家公司的長期財務來源，這些財務來源不應該被作為公司每日營運的短期營運資金，假使一間公司必須用到長期資本來支付每日的營業費用，那表示每日所產生的營業額不足以支付每日的營業費用，這顯示出一個重大的流動能力問題，可能導致公司無法支付帳款而最終造成倒閉。

第二節　資產負債表與損益表之間的關聯性

一、經理人在每日營運當中對於資產負債表帳戶的使用

　　旅館業經裡最常使用到的報表是損益表，它可以衡量部門、旅館或餐廳的財務績效，並且被用來作為幫助改善營運的管理工具，經理人受關注的應該是能否有效率地管理他們的營運以製造預定或預估的成果，每月的損益表結果幫助他們重新檢視並估算公司績效，以為將來的表現做規劃。

　　旅館業經理在每日的營運當中都會使用公司的營運資金（資產負債表裡的金額數目），最主要是利用公司的流動資產。他們花費現金來購買存貨（CA）或支付薪資（CL）以生產產品及服務，他們被期待能夠依據公司預算或流程來管理這些帳戶或是花費，營運資金是一家旅館或餐廳經理在他或她每日的營運當中會使用到的金額，以及尚未花費且能夠用來支

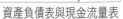

付營業費用的金額或現金帳戶裡的結餘加總。有效率地管理每日營運的營運資金，能夠使得尚未被撥用並且隨時可用來支付進行中的營業開銷的營運資金額達到最大化。

二、公司營運週期

圖5.1顯示之間的關聯性。

沿著箭號觀察在每日的營運當中，「營運資金」的流動。營運資金提供流動資產以製造顧客所需的產品及服務，這個部分呈現於圖表的右方，必須注意的是，每一個動作都是從現金帳戶開始，流動資產與營業費用都使用現金，存貨則屬於資產負債表的流動資產，而薪資與福利則是損益表的營業費用，這些帳戶顯示現金是如何被用來製造產品與服務的，生

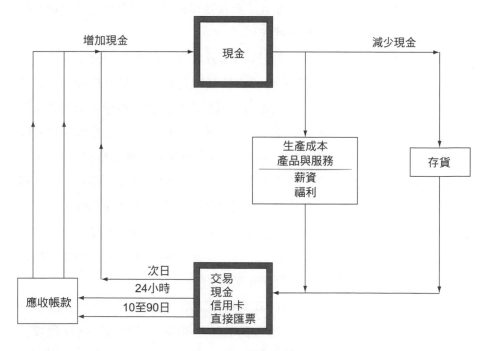

圖5.1　公司營運週期

產會耗費資產並帶來花費。

　　當一項交易產生，付費的方式便會被記錄下來，這個部分呈現於圖表的左方，現金付費的款項直接入帳至現金帳戶當中，信用卡交易則暫時記帳於應收帳款當中，待收到電子交易的現款之後才入帳於現金帳戶之中。直接匯票的交易則保留在應收帳款裡直到款項被支付為止，期限30天的直接匯票從開票日開始算起30天內應該付款；30天是合理的期限，倘若延至30至60天仍未付款，可能代表財務周轉出現了問題，導致客戶未能適時地結算他或她的款項。

　　60至90天甚或超過90天的帳款是問題帳款，這些帳款使得現金的入帳停止、阻擋了現金的流動並且可能會收不到款，公司基本上會預計30天內能夠收到款項，但倘若它知道付款問題已回答或解決，且該筆帳款能夠全數或部分收回的機率很高，那麼公司會將繳款期限延長至60天。一家公司愈能有效地利用它的資產，並且能愈快速地收款，那麼公司便能擁有較佳的現金流量與較穩固的財務狀況。

　　圖5.1裡有幾項帳款是損益表裡的部分收支帳款；舉例來說，資產負債表裡的應付薪資帳款（CL）是取決於經理花費在管理上的費用，以及時薪制與加班員工的成本，這些開銷在損益表裡會直接被歸類為是為了製造產品與服務給顧客而產生的費用，而在資產負債表裡，在薪資支票被開立、核准以及被員工兌現之前，這些開銷則被歸類為應付薪資（CL）；一旦這些支票被兌現，應付薪資與現金帳戶的款項便減少；因此，對損益表與資產負債表而言，交易的會計科目會隨著時間的不同而不同，但是它們全都會被包含在相同的時間區段裡，通常是當月份或是當時的會計期間，損益表的薪資費用是當月的或是當下的會計期間，而現金與應付帳款則是在月底或是在會計期間即將結束的時候。

　　相同的關聯性存在於存貨與營業費用之間，當一位經理為客房部採購顧客備品與寢飾時，在收到這些備品時，顧客備品與寢飾的存貨帳款將會增加，而在經理人為了付款而收取、批准並寄送發票至會計部門之

前，帳款的總費用將被歸類為應付帳款；當應付帳款部門將支票寄出之後，應付帳款與現金帳戶將會減少，在這個階段，這些交易只影響到資產負債表裡的帳目——存貨（CA）與應付帳款（CL）。

第一步：存貨採購交易——存貨增加、應付帳款也增加。

第二步：發票付款交易——應付帳款減少、現金也減少。

當這些備品從倉庫被取出並使用時，相對應的損益表支出費用便會被索取。舉例來說，假設從倉庫存貨中取出價值2,000美元的寢飾與1,000美元的顧客備品來使用，那麼在客房部的損益表當中，存貨帳戶便會減少這些金額，其中2,000美元是由營運費用的寢飾帳戶扣除，而1,000美元則是由顧客補給品帳戶扣除。

寢飾交易	寢飾存貨帳戶（CA）減少	-$2,000
	寢飾支出帳戶（P&L）增加	+$2,000
顧客補給品交易	顧客補給存貨帳戶（CA）減少	-$1,000
	顧客補給品支出帳戶（P&L）增加	+$1,000

三、資產負債表與損益表之間的異同

讓我們花些時間來複習一下影響損益表與資產負債表的特徵與交易。

(一)相似點

1.兩份報表都由一般公認會計原則（GAAP）所制訂。

2.旅館會計部門或共同會計部門同時準備這兩份報表。

3.兩份報表都擁有部分營運資金帳戶，這些帳戶都會在公司的每日營運當中被使用。

讓我們來看個例子，瞭解營業部經理如何在他或她的部門營運當中

使用資產負債表，然後產生損益表裡實際的財務結果，一位客房總務經理負責旅館的寢飾、清潔備品以及顧客補給品，每個月他或她可能會透過向供應商購買或是從既有的存貨裡取出的方式，使用這些收支帳戶裡的每一項產品。

舉例來說，客房管家（housekeeper）需要肥皂與洗髮精，那麼管家經理（housekeeping manager）首先會去總務處的倉庫，從現有的存貨當中領取數箱肥皂或洗髮精，然後批准給予客房管家。假使已經沒有存貨，經理會向供應商訂購，並建立每項產品的**標準數量**（par）以控管存貨，同時也有助於判斷何時採購，以及採購數量應為多少。存量水準是補給品與產品的特定數量，用來確保公司能夠持續不斷地提供營運所需的產品及服務，在我們肥皂與洗髮精的例子當中，肥皂的營業存量水準也許是12箱，而洗髮精是10箱，兩者的再訂購標準也許是4箱，管家經理在肥皂與洗髮精剩下4箱之前都會核發申請，存量剩下4箱時，經理便會再訂購12箱肥皂與10箱洗髮精以恢復至營業存量水準。在開立出肥皂與洗髮精訂單的當下，倉庫裡所剩下的4箱存貨應足夠保留至新訂的貨品送達以前，假使在新訂貨品送達以前，旅館便用光所有的肥皂與洗髮精，那麼旅館應該增加存貨再訂標準至5箱或6箱，以確保備品在新訂單送達之前是充裕的。

(二)差異點

1. 損益表顯示經過一段時間，例如一個月或一年之後的財務績效，資產負債表則顯示在某一特定時間點或日期，例如月底、會計期間底或是年底時的財務結餘。

2. 損益表記錄某一特定月份或會計期間所帶來或所花費的收入、費用及利潤金額。它同時也記錄年初至今同樣項目的金額，資產負債表則記錄在某一特定時間點，例如月底、會計期間底或年底的帳戶金額或結餘。

3. 損益表累計並且加總一個月內或一個會計期間之內所取得的收入、

所產生的費用及利潤。在損益表裡，一個新的月份或會計期間的初始結餘為零。資產負債表則記錄在一個月內或一個會計期間之內的會計活動，以及在月底時所剩餘的結存，一個月的月終結餘變成下一個月的初始結餘。

4. 損益表有收入、費用及利潤帳戶，而資產負債表則有資產、負債與業主權益帳戶。

5. 損益表有實際的、預算的以及去年的金額；資產負債表則有初始結餘、會計活動與最終結餘。

6. 損益表為旅館業經理在經營部門營運時所用，它同時也衡量部門的財務績效。資產負債表也為旅館業經理在經營部門營運時所用，但它同時也被股東、投資者以及外部財務機構用來評估一間公司的價格與淨值。

【Pappadeaux海鮮餐廳】

　　Pappadeaux海鮮餐廳是德州休斯頓的Pappas餐廳所擁有的九種餐廳概念裡的其中一種，Pappas與Pappadeaux在美國擁有最多數量的餐廳，所經營的餐廳超過九十間，其中又以德州的Pappas餐廳數量為最多。供應的餐點包含了海灣的海產與路易斯安那的麻辣特色料理。

　　一間典型的Pappadeaux餐廳擁有四百個以上的室內外座位，具備特殊的美國南部爵士餐廳風格，它同時也提供外帶服務，店內亦另有承辦酒席的空間，酒單上滿滿的酒類選擇與大型及貯藏

量充足的吧台相互輝映，人員配備的部分通常包括十至十二位經理以及一百位以上的員工，更多詳細資料請參閱網站：www.pappadeaux.com

假設你是一位Pappadeaux的經理，思考下列與你的資產負債表與現金流量表相關的問題：

1. 創立並經營一間四百個座位以上的Pappadeaux餐廳與一間一百五十個座位的Chili's或Olive Garden有何不同？哪一項資產負債表帳戶受到的影響最大？流動或是長期帳戶？請解釋。

2. 從現金流量的觀點，哪些是一位Pappadeaux 經理必須規劃並每日、每週及每月付費的主要發票與費用？請針對你的答案說出你的看法，尤其是在考慮採購新鮮食材的時候。

3. 請問你認為一星期內的哪兩天Pappadeaux生意最好？又哪兩天生意最差？請解釋你的答案，並說明這些天生意的好壞如何影響現金流進與流出。

第三節　現金流量表

現金流量表是公司用來衡量財務績效的第三種財務報表，它強調公司營運的兩大部分。第一部分是資產負債表的現金帳戶，它呈現了現金帳戶裡現金流進與流出的動向，也呈現最初與最終的現金結餘，流動性是這個部分的關鍵用語及測量方式；第二部分是公司在每日營運當中，因為運用資產負債表裡的帳戶而產生的資金來源及使用款項，營運資金是這個部分的關鍵用語及測量指標。

一、定義

現金流量表（statement of cash flows）衡量公司手邊的現金金額，以及在每日的營業流程裡，現金是如何在公司裡流通，現金的主要來源應該是由公司或企業的營運所產生的收入，它應該足夠支付為了製造產品、服務與利潤而衍生的所有費用，現金流量表的主要特徵如下：

1.它包含資產負債表的現金帳戶。
2.它包含最初與最終的結餘。
3.它顯示公司在每天的營運當中如何使用現金。
4.它衡量流動性。
5.它是營運資金的根本組成要素。
6.它反映了資產負債表款項的增加與減少。
7.它包含三個領域：營運、財務與投資。

二、現金流量與流動性

在評估與管理現金時，旅館產業學生必須要認識並瞭解七項元素，一間企業在管理現金與在維持足夠的現金存款上面，必須與賺取營運收益一樣，付出相同的心力。

(一)現金流量

資產負債表裡現金帳戶會如此重要的原因，是因為一間公司必須在它的現金帳戶裡維持足夠的現金，以準時並有效率地支付所有的營業費用，準時向賣主採購的備品與原料、支付給員工的薪資，以及長期的債務，例如銀行貸款，這些對於一間公司的成功都具有關鍵性的影響，一間旅館的財務總管必須負責管理現金帳戶，以便於察看除非存款裡有足夠現金支付這些費用與債款，否則應無任何還款動作發生。

　　一項營運活動的結果造成現金收入的增加會被記錄於損益表當中；更具體地說，現金帳戶是隨著旅館或餐廳每天提供產品與服務並直接開立帳單給顧客，因此而收取的現金、旅行支票以及個人或公司支票款項的增加而增加，旅館每天同時也會收到顧客刷卡付費，透過信用卡公司經由電子交易的現金轉帳直接匯入現金帳戶裡的現金款項。最後，跟著應收帳款流程的進行，特定的消費帳單會直接寄給個別顧客或公司，直到帳單被顧客／公司所批准且開立支票，郵寄至旅館以支付積欠旅館的款項。

　　現金在資產負債表裡是流動資產，因此它在每個月月初一定會有一個初始結餘、月中的活動以及月底的終止結餘，現金帳戶裡的活動代表了一間公司的現金流量。

(二)流動性

　　流動性（liquidity）是指一家公司為了支付它每日必要的營業費用，而留存於資產負債表當中的現金帳戶、或現金等價帳戶裡的現金、或現金等價金額。流動性包含一般將資產負債帳目轉換為現金所需要的時間，轉換時間愈短就代表資產愈流動、愈長就代表愈不流動。我們來看看一些資產負債表裡一些說明流動性的資產帳戶例子：

1. 現金（cash）：現金是最流動的資產，它可以立即被使用。
2. 現金等價物（cash equivalents）：它是第二個流動性最高的資產。以下是能夠在幾小時之內，例如24至48小時之內轉換為現金的流動資產，普通股、公司債券與證券、存款單（CDs）以及隔夜投資都是現金等價物的例子，它們能夠被販售，而收取的款項通常在幾天之內便會被存入現金帳戶。
3. 流動資產（liquid asset）：是指即將被轉換為現金的帳戶，應收帳款便是其中一例，交易已經完成、發票已寄給買家而付款的動作也在進行中，在幾天或幾週之內便能收取帳款並將款項存入現金帳戶裡，必須謹記的重點是下一筆流動資產的交易是被存入現金帳戶裡

的交易。

4. 非流動資產（nonliquid asset）：是指在短期之內還不會被轉換為現金的帳戶，存貨便是其中一例，現金被存貨所綁住的意思是指這些存貨還未被製造或是還未被售出。事實上，存貨有三種類型分別反映了生產的三個階段，也就是流動的三個步驟：

(1) 完成品（finished goods）：製造工廠裡等著被運送、批發商架上準備出貨給零售商，或是零售商架上準備販售給顧客的已組裝與已完成的商品存貨，在經銷商貨車上以及在往經銷地點的火車上所承載的貨品都屬於完成品存貨。

(2) 在製品（work-in-process）：這是指在加工過程即將成為完成品的存貨，它不再是原料並且很快就會轉換成製成品，隨著組裝線運行的貨車便是在製品存貨的一種。

(3) 原料（raw materials）：它是指尚未被用來製造產品的存貨，仍然被置放在賣場架上或是堆放在倉庫裡，距離被轉換為現金還有很長的時間，汽車製造廠裡的鋼鐵便是原料存貨的一種。

一般說來，在存貨即將被轉換為現金時不會有任何估計的行為，因為管理存貨存在著許多狀況與變數，完成品會比在製品及原料更快被轉換為銷售額與現金，完成品也較原料及在製品更具流動性。

5. 長期資產（long-term assets）：長期資產是無意被轉換為現金，可是長期下來公司每日的營運都會使用到的資產；它們是公司的部分資本門，同時也代表了擁有較長壽命，通常是一至五十年的資產，只有在壞損、過時或完全折舊的時候，它們才會被售出或替換。

對一間公司而言，維持流動性的可接受水準是很重要的，每一項產業都有一個標準，這個標準鑑定公司應該努力維持的現金或是現金等價物的金額，以確保流動性符合可接受水準，其中兩種鑑定的工具便是營運資金以及流動比率。營運資金是一個現金數量，它的定義是流動資產扣除流

動負債，它意味著一間公司的流動資產應該多於流動負債；這也代表公司所擁有的流動資產比它所積欠的流動負債來的多。審視每個月營運資金／流動資金的走勢是很重要的，營運資金／流動資金的增多、增強或是減少甚至變成一個令人擔心的問題呢？

　　流動比率是一個數字，它的定義是流動資產除以流動負債，同樣地，一間公司會希望它的流動比率大於1，因為這代表公司的資產比負債多。觀察流動比率的走勢一樣很重要，它是增強還是減弱？比例是高而穩健還是低而危險？公司的流動比率同樣運用產業標準來衡量其是否符合可接受水準、是否往正確的方向成長、或是已造成公司財務問題？

　　我們利用**表5.1**的財務資料來說明營運資金，並計算流動比率。

$$營運資金／流動資金 = 流動資產 - 流動負債$$
$$= 205 - 125$$
$$= \$80$$
$$流動比率 = 流動資產 \div 流動負債$$
$$= 205 \div 125$$
$$= 1.64$$

三、現金流量的分類

　　現金流量活動分為三個主要領域，或是三種主要的**現金流量類型**（classifications of cash flow），它們描述了現金流進或流出的本質：(1)營運活動；(2)投資活動；(3)財務活動。旅館業經理最主要與營運活動相關，但是對於財務以及投資活動仍然應該有完善的瞭解。

　　營運活動包含的現金流入大部分來自於銷售給顧客產品與服務所獲得的收入，這是一間公司或企業得以生存的原因，因此也是最重要的現金流量項目，旅館業經裡與擴大旅館及餐廳營收有直接的關係，與營運活動

相關的現金流量包括支付員工薪資及福利、支付廠商備品與原料，以及支付代理機構稽徵稅金及其他費用；同樣地，旅館業經理在管理及控制費用以使利潤最大化有直接關係。利潤最大化理應能夠產生強大且正向的現金流量。

投資活動包括與採購長期資產或投資有價證券有相關的現金流出，而當這些投資都倒轉後便會產生現金流入。舉例來說，假使老舊設備或財產被賣出，那麼就能收取現金並存入現金帳戶，這便是現金流入；當有價證券被售出時也是一樣的情況，收取現金並存入現金帳戶，而投資活動主要涉及跟隨著共同資深管理團隊的財務總管。

財務活動是為了資本額的效用而牽涉到現金的產生或使用。現金的流入來自於出售普通股或是取得銀行貸款，使現金帳戶因此而增加；現金的流出則是來自於普通股的再購或是銀行貸款的償還，故現金帳戶因此而減少，資金被來購買普通股或償還貸款。財務活動主要涉及了在管理財務活動時，與財務總管及總經理共事的業主與管理公司。

四、資金報表的來源及使用

資金報表的來源及使用（source and use of funds statement）是現金流量表的一部分，它顯示了現金是如何在資產負債表的不同帳戶之間被製造或被使用，它也包括了資產負債表裡每一個帳戶結餘的變化。在討論資產負債表裡，造成資金流進流出的個別帳戶的改變時，回頭看看基本會計等式是有幫助的。

資產＝負債＋業主權益

讓我們從以下的這張報表開始，它將資金的來源與使用分隔開來，從而顯示帳戶的增加或減少：

來源	使用
1.資產帳目減少	1.資產帳目增加
2.負債帳目增加	2.負債帳目減少
3.業主權益帳目增加	3.業主權益帳目減少

(一)現金來源

　　資產帳目的減少代表資產結餘下降或衰退，該帳戶的餘額愈來愈少。舉例來說，從應收帳款（CA）領取5,000美元表示應收帳款現在短少了5,000美元，抵銷／平衡帳目是增加5,000美元的現金（CA），應收帳款的減少是資金的來源或是現金的來源。另外一個例子是當食品存貨（CA）被用來製作一份菜單餐點，並且以3,000美元的價格售出，在已被售出的食品存貨的記帳款項便減少了3,000美元，而在損益表的食品成本項目便增加了3,000美元；同樣地，存貨所減少的部分成為資金的一項來源。在上述的兩個例子當中，現金都是由流動資產裡能夠產生現金來源的帳戶釋出。

　　負債的增加同時也是現金的一項來源，它代表積欠廠商或其他公司的金額已經增加，由於實際的現金支付已拖欠，因此它成為現金的一部分來源。

　　業主權益的增加也是現金來源的一部分，這表示業主對於公司的實收資本額做了額外的貢獻，或是個體投資戶買了公司更多的普通股，或是年度的營業利潤使得保留盈餘增加了，所有這些交易活動都是現金來源的一部分，因為投資於公司的業主權益帳戶的金額增加了。

(二)現金使用

　　資產帳目的增加代表該帳目的結餘增加了，這個過程需要花費現金。舉例來說，公司購買原料並支付10,000美元，這個動作增加了存貨帳目，也動用了資金，因為10,000美元是從現金流量取出然後「寄放」在存

貨帳目裡，因此在這筆交易中使用到現金流量。

　　負債的減少也是現金使用的一種，它代表積欠廠商或其他公司的金額已減少，因為公司已付款給他們。以下利用相同的10,000美元的原料採購而尚未付款的例子來說明，得出下列的交易：

存貨＋$10,000	應付帳款＋$10,000

　　這部分的交易是一項資金來源，因為公司尚未支付這10,000美元的發票，當公司支付發票後，接下來的交易會變成：

應付帳款－$10,000	現金－$10,000

　　這是現金的使用，當應付帳款減少的情況發生，此筆交易便使用到現金。

　　業主權益的減少也是一種現金的利用，它代表實收資本額已減少，因為一位或數位業主已經以現金付款的方式從帳戶提領了現金；而普通股帳戶的減少表示投資人已售出股票，產生現金支付。最後一項活動是保留盈餘的減少，它代表公司發生了營業損失，因此從保留盈餘撥出一部分現金以彌補這項損失，這同時也是現金支付的一種。在每一項業主權益的交易當中，當現金被支付來彌補這些交易時，帳目金額減少便必然會產生相對應的現金的減少。

結語

　　資產負債表是衡量一間公司在某一特定時間點的價值或淨值的財務報表，它的組成是依據基本會計等式：

> 資產＝負債＋業主權益
> 資產是公司所擁有的資源
> 負債是公司所積欠的債款或債務
> 業主權益是股東或是股權分配方式

資產負債表的主要特徵如下：

1. 它評估一間公司在某一特定時間點的價格或淨值。
2. 描述資產負債表的基本會計等式為：

> 資產＝負債＋業主權益

3. 它是由資產、負債或業主權益的相關帳戶所組成。
4. 這些帳戶被區分為往來帳戶（少於一年的債權）例如營運資金，以及長期帳戶（多於一年的債權）例如資本額。
5. 每一個帳目都有起始結餘、每月活動及最終結餘。
6. 與損益表不同，經理人無須針對每月的資產負債表活動提出評論，這個工作由會計部門負責。
7. 會計部經理每個月核對或結算資產負債表上面的帳目。
8. 在公司營運裡，往來帳戶被作為營運資金使用，營運資金的定義是流動資產扣除流動負債。
9. 長期負債帳款以及業主權益帳款被作為資本額利用，在公司創立、更新或擴展的時候提供現金。

　　資本額是指一間公司或企業獲得並使用金錢來開創或拓展事業的方式，它包括透過投資人經由實收資本額或普通股購買長期資產的方式，來取得長期債款或是提高資金。營運資金是企業在每日營運都會使用到的資金數目，它的定義是流動資產扣除流動負債，旅館業經理在他們部門的每日營運當中也會使用資產負債表帳目裡的資產。

　　現金流量表辨識現金在每天的公司營運當中，流進與流出現金帳戶的動作，它計算可使用的現金數目並鑑定其使用方式，現金帳戶是最重要的流動資產帳戶，因為它被用來採購生產產品與服務所需的其他資產，同時也被用來支付所有的營業費用，包括從事產品與服務製造的員工薪資。現金流量表的主要特徵如下：

1. 它包括資產負債表的現金帳戶。
2. 它具有初始與最終結餘。
3. 它顯示公司每日營運的現金使用方式。
4. 它可以衡量流動性。
5. 它是營運資金的基本組成。
6. 它反映了資產負債表帳戶的增加與減少。
7. 它具有三個主要部分：營業、投資與財務。

　　現金流量活動分為三個領域：營運活動、財務活動及投資活動，旅館業經理在管理部門時，主要涉及的部分為營運活動。

　　流動性是評估現金流量的重要指標，它是一間公司負擔每日營業費用所需的現金或現金等價物的金額。現金帳戶裡可取得的存款金額能夠立刻為公司營業所用，並且不需要任何轉換為現金帳戶的時間。

一、餐旅經理重點整理

1. 對旅館業經理而言，大致瞭解資產負債表與現金流量表是很重要的，部門的每日營運將同時影響這兩種報表。
2. 營運資金是資產負債表上的帳戶，資產負債表是旅館業經理人每日都會

使用的報表——主要以現金、存貨與應付帳款為基礎。

3.旅館業經理必須理解流動性的重要，它是維持足夠現金存款以支付所有債款及營業費用的能力。

4.對於旅館業經理而言，瞭解資產負債表與現金流量表的基本特徵，並且有能力透過部門的每日營運對其產生正面的影響是很重要的。

二、關鍵字

應收帳款（accounts receivable）　公司因為提供顧客產品及服務而被積欠的帳目，已記錄但尚未收取的收入帳款。

應付帳款（accounts payable）　公司已收取產品或服務但尚未付費，付費期限為一年。

資產（asset）　公司所擁有的資源，使用於產品及服務的生產過程。

流動（current）　在一年之內使用或消耗的資產。

長期（long term）　使用年限超過一年的資產。

資產負債表（balance sheet）　評估一間公司在某一特定時間點的價格或淨值的財務報表。

資本額（capitalization）　一間公司透過購買長期資產，取得並使用現金以創立或擴展公司的方式。

現金（cash）　在活期存款帳戶裡，可隨時被提領並使用於每日公司營運的資金。

現金流量類型（classiflcations of cash ‡ow）　營運活動、財務活動與投資活動。

基本會計等式（fundamental accounting equation）　資產＝負債＋業主權益。

存貨（inventory）　以原料及補給品的方式呈現的資產。這些原料與補給品為公司所購買，但尚未被使用於產品及服務的生產過程當中。

負債（liability）　公司所積欠的債款。

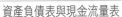
流動（current） 還款期限少於一年的債款。

長期（long term） 還款期限多於一年的債款。

業主權益（owner equity） 股東或投資者投資公司的金額，包括實收資本額、普通股及保留盈餘。

標準數量（par） 為使提供給顧客的產品與服務能不中斷而應保持的存貨最低水準。它包括訂單標準數量，明確地指示何時需訂購補給品以補足庫存。

資金報表的來源及使用（source and use of funds statement） 現金流量表的一部分，顯示現金如何在資產負債表的不同帳目之間被產生（來源）與被支付（利用）。

現金流量表（statement of cash flows） 衡量並鑑定公司現金流動性的報表。

營運資金（working capital） 為公司每日營運所使用的現金數目，主要以現金、應收帳款以及存貨的方式投資於公司的流動資產。

三、章末習題

1. 請解釋資產負債表所包含的財務資訊以及其使用方式。
2. 請描述營運資金及資本額，並且解釋其各自的使用目的。包括每一個步驟所使用到的資產負債表帳目。
3. 請問旅館業經理通常在其部門的每日營運當中會使用到哪些資產負債表帳目？
4. 請列出資產負債表裡的五項特徵。
5. 請比較並對照流動性與獲利性的異同。
6. 請列出現金流量表的五項特徵。
7. 請列舉現金流量的三種類別。
8. 請列舉資產負債表裡三種轉換為資金來源與三種轉換為資金利用的帳目。

四、活用練習

1.下列帳戶哪些屬於營運資金的一部分？哪些屬於資本額的一部分？

A.＿＿＿應付帳款　　　　　　　　1.資本額

B.＿＿＿信用貸款　　　　　　　　2.營運資金

C.＿＿＿洗衣機與烘衣機

D.＿＿＿存貨

E.＿＿＿現金

F.＿＿＿實收資本

2.以下是GTO旅館的資產負債表（以美元$為單位）：

現金	250,000	應付帳款	175,000
應收帳款	125,000	應付薪資	145,000
存貨	235,000	應付稅金	80,000
總流動資產	**610,000**	**總流動負債**	**400,000**
設備	190,000	銀行貸款	500,000
財產	1,250,000		
總長期資產	**2,050,000**	**總負債**	**900,00**
		實收資本	1,000,000
		保留盈餘	760,000
		總業主權益	**1,760,000**
總資產	**2,660,000**	**總負債與業主權益**	**2,660,000**

3.請回答下列問題：

＿＿＿＿＿＿ (1)營運資金金額為何？

＿＿＿＿＿＿ (2)總資本額為何？

＿＿＿＿＿＿ (3)負債資本額的比例為何？

＿＿＿＿＿＿ (4)業主權益資本額的比例為何？

6

旅館管理報告

學習目標

■ 學習內部的旅館管理報告

■ 瞭解並具備使用每日營收報告的能力

■ 瞭解並具備使用營收預估報告的能力

■ 瞭解並具備使用勞動生產力報告的能力

■ 瞭解自留額比率與流動率——營收變化與利潤變化之間的
  關聯性

前言

我們在前面的章節已討論的三種財務報表——損益表、資產負債表以及現金流量表——同時為管理團隊以及外部團體評估旅館營運所用。我們接下來將討論旅館經理所使用到的兩種內部財務與管理報告類型。

1.第一種報告總結並呈現前一天或前一週的營業成果。
2.第二種報告預測或預定隔天或隔週的營運與職責。

經理人利用這些報告來瞭解並評估過去的經營狀況，以及規劃他們未來每日及每週的營運。他們會針對每日營運做出必要的調整以達到預估與預測的目標，或是藉此回應市場或外在條件的改變。

內部管理報告由會計室負責準備，然後分配至各旅館經理供其所用。讓我們再複習一下財務管理週期。

1.營業部門產生數字。
2.會計部門編列數字。
3.營業部門與會計部門分析數字。
4.營業部門運用數字來改變或改善營運。

本章我們即將討論的報告範例是屬於財務管理週期的第二個階段，營業單位產生了數字無論是好的或是壞的，彙整並準備來自旅館或餐廳營業部門的管理報告及財務報表是會計部門的責任，如此一來經理人便能利用這些報告來分辨問題、評估營運並繼而提出改善營運的建議，管理部門再將這些來自於報告的訊息應用於隔天或隔週的營運，目的是為了理解發生的問題、鑑定問題發生的原因以及決定更正或改善的方式。

第一節　內部旅館管理報告

一、定義

　　內部管理報告（internal management report）是一份包含某一特定產品、顧客、部門或是整間旅館或餐廳在某一特定時間點的詳細營業資料的報告，它可以包括前一天或前一週的營業成果，或是包括規劃隔天或隔週營運所需的資料，日報表及週報表被視為是供內部所使用的管理工具，而月報表除了同樣被作為管理工具使用外，也被用來評估財務績效，它為三份正式的財務報表——損益表、資產負債表，以及現金流量表報導當月的財務結果。

　　這些內部管理報告對於營業部經理而言非常具有價值，它們是一個指南——一個真實的管理工具——使得經理們得以用來評估並管理他們的每日營運，它們甚至被區分為a.m.或早班以及p.m.或晚班列表或報告，一位經理愈瞭解這些報告，他或她便愈有能力利用這些報告來改善或改變每日營運。

二、種類與使用方式

　　準備的報告包含每日、每週、每月以及每季的資訊，這些報告提供前些時日的實際營業成果與財務情報，以及未來幾週或幾個月的詳細計畫，提供實際營運成果的每日與每週報告，被用來預測以及安排隔天、隔週、隔月或是隔季的營運，**表6.1**說明了內部管理報告的種類與使用方式。

　　我們將深入探討這些主要的報告，包括為一些大型旅館及餐飲集團所使用的報告範例，請隨時謹記有一種報告提供歷史營業資料（回顧），而另一種報告則預測並安排隔週的營運（前瞻）。

表6.1　內部管理報告

	每日	每週	每月	每季	每年
績效報告——過去					
每日營收報告	X				
每日勞動力報告	X				
每週財務報告		X			
月損益表			X		
獲利率評估			X	X	X
規劃報告——未來					
每日客房數	X				
每日宴席預定	X				
每週營收預估		X			
每週勞動力預估		X			
每月營收預估			X		
每季營收預估				X	
年底營收預估					X

第二節　日報表

　　兩份最重要的日報表提供營收以及勞動成本的資料，這兩份報表在不同的公司可能會有不同的名稱與格式，但是內容都是相同的；它們主要著眼於前一日實際營業成果的提供，並將這些成果與預估、預算、前一個月以及去年的資料做比較。這些比較用來確認營運是否符合期望、未達期望或超出期望。

一、每日營收報告

　　每日營收報告（daily revenue report）於夜間稽查的時段完成，它彙整並報導前一天的實際營收資料。根據不同間公司而亦可被稱之為銷售與

入住率報表、日營收報表或是淨營收報表，而每種報表所包含的資料實際上都差不多。接下來我們將討論由下列四個部分所組成的日營收報表：(1)旅館部門的每日以及自月初至今的營收；(2)旅館每日以及自月初至今的客房統計資料；(3)餐廳與宴席總計；(4)旅館市場區隔情報。

　　部門每日營收是由與損益表相近的格式所組成，標題是旅館名稱、報表種類以及報表日期，橫幅標題提供前一天的營收結果，並將這些結果與預算和去年的實際營收做比較，它同時也為實際的、預估的及去年的營收提供自月初至今的累計營收。經理人可以利用這些前一天或自月初至今的報表，評估他們當前的財務成果及預算與去年的成果兩相比較之下的表現。垂直標題則為旅館呈現個別的營收中心（或部門）。**表6.2至表6.4**為典型日營收報表所包含的部分實例。

表6.2　旅館日營收報表：營收部分

第12期的第10天　　　　　　　　　　　　　　　　　　　　　工作日：星期一

銷售額	今日			本期至今		
	實際 ($)	預算 ($)	去年 ($)	實際 ($)	預算 ($)	去年 ($)
短期入住	29,567	19,500	33,284	328,941	195,000	208,963
團體入住	56,235	51,000	18,493	314,683	510,000	267,844
簽約入住	483	500	0	3,194	5,000	0
客房全日銷售額	**86,285**	**71,000**	**51,777**	**646,818**	**710,000**	**476,807**
訂房未入住手續費	1,243	600	245	4,712	6,000	5,749
未滿一天房價	0	200	125	1,386	2,000	1,738
折扣	845	1,200	380	11,882	12,000	9,471
淨客房銷售額	**86,683**	**70,600**	**51,767**	**641,034**	**706,000**	**474,823**
電話	1,285	1,500	415	14,581	15,000	6,418
禮品店	4,538	4,000	2,198	34,176	40,000	25,756
餐廳	45,260	28,000	33,362	241,216	280,000	182,734
客房服務	1,248	1,500	843	17,863	15,000	13,294
會客廳	2,984	2,600	1,739	26,395	26,000	21,739
宴席服務	26,442	30,000	17,338	344,826	300,000	237,482
餐飲部總收入	**75,934**	**62,100**	**53,282**	**630,300**	**621,000**	**455,249**
旅館總收入	**168,440**	**138,220**	**107,622**	**1,320,091**	**1,382,000**	**962,246**
超出／低於預算	+30,240			(61,909)		

　　請注意部門如何利用這個部分來有效地編列前一天及會計期間或月初至今的營收，一位經理人能夠經由審視這份報表來決定他或她當日的銷售額是否符合、低於或超出預估，他或她同時也能夠比較與去年同日的銷售額，這些比較將顯示每日營業額是否達到預期營收及其達成的部分與方式，經理人也能夠將他或她的部門營收與預算及去年同期至今的結果做比較。透過每個作帳期間或月份銷售額的累加，這些比較將顯示出銷售額的走向，當一位經理人對其部門的營收產生極大興趣時，他勢必也會想知道整間旅館的營收，以及該營收與預算及去年同日或同期至該日比較的結果。

　　第二個部分提供統計資料或結果（**表6.3**），它同時也包含當日與本期至今的實際、預算及去年的結果，這份統計報告可以是住宿天數、平均房價、入住旅客數目或是百分比。

　　在第一個客房入住天數的段落包括了旅館裡的客房總間數、已售客房、可售客房、故障客房、贈送客房以及待售客房數目，這個部分同時也指出最大住房率與總住房率，經理人能夠利用這些資料來判斷前天的已售客房數目是否符合、低於或超過預估的數量以及去年的實際數量。

　　接下來的段落則指出不同市場區塊以及整間旅館的平均房價。客務部門直接對已售出的短期入住客房數目及其平均房價負責；業務部門則直接對已售出的團體入住客房及其平均房價負責；全日平均房價是指在未經過任何調整之前的當日房價；淨平均房價則是指在增加未住滿一天的客房營收與訂房但未入住的客房營收，並且扣除所有折扣或降價之後的房價；每間空房營收則顯示旅館管理團隊在製造當日及自期初至今的總客房收入時，如何使房價與已售客房數量達到最大化。

　　最後一個段落報告實用的其他統計資料，例如旅館總顧客數目、出入境數目、未預約旅客數目（未事先訂房旅客數目）以及已訂房但未入住旅客數目。

　　最後一份資料是餐廳總計（**表6.4**），它報告了前一天整個餐飲銷路

表6.3 旅館日營收報表：統計資料部分

第12期的第10天 工作日：星期一

統計數據	今日			本期至今		
	實際	預算	去年	實際	預算	去年
入住天數						
總客房數	453	453	427	4,077	4,077	3,859
贈送客房	6	12	10	90	91	125
故障客房	1	0	5	19	0	27
可售客房	446	441	412	3,968	3,986	3,707
已售客房	429	409	283	3,185	3,116	2,873
待售客房	17	32	129	783	870	834
最大住房率(%)	96.2	92.7	68.7	80.3	78.2	77.5
總住房率(%)	94.7	90.3	66.2	78.1	76.4	74.4
平均客房單價($)						
短期入住	302.39	229.55	206.48	276.50	229.59	213.46
團體入住	191.28	185.38	159.20	183.61	183.97	168.17
簽約入住						
全天平均房價	199.94	175.43	168.08	206.67	186.53	172.14
淨平均房價	200.88	168.47	167.89	204.41	178.93	170.71
每間空房營收	190.18	152.04	111.21	159.78	136.83	123.27
其他統計資料						
總顧客數目	690			5,948		
入境	102			1,078		
出境	119			1,129		
未預約旅客	3			33		
已訂房但未入住旅客	5			53		

的及宴席部門的營業額，近似銷售額與統計資料；它也包含實際、預估及去年的部分，分別記錄了餐廳各個銷路的前日與期初至今的營業額。其他對餐廳經理有用的情報包括實際的平均入帳金額，以及前一天光顧的顧客數目，經理人比較實際的成果來作為判斷當日的營業額是否符合既定的目標與預算，以及它們是否超過或低於前一年的營業額。經由與預算及去年資料的比較，經理人能夠分辨出餐廳營收的增加或減少，並判斷這些改變是否起因於較多或較少的來客數目，或是起因於與預算及去年相比，較高或較低的平均收帳。

表6.4　旅館日營收報表：餐廳總計

第12期的第10天　　　　　　　　　　　　　　　　　　　　　　　　　工作日：星期一

	今日						
	餐點銷售($)			餐點購買人數		餐點平均入帳($)	
銷路	實際	預算	去年	實際	預算	實際	預算
餐廳	45,260	28,000	33,362	1,573	1,057	28.77	26.50
客房服務	1,248	1,500	843	58	68	21.43	22.00
會客廳	2,984	2,600	1,739	0	0	0.00	0.00
餐飲部小計	49,492	32,100	35,944	1,631	1,125	28.52	26.22
宴席	26,442	30,000	17,338	685	715	38.60	42.00
餐飲部總計	75,934	62,100	53,282	2,316	1,840	32.79	33.75
	自期初至今						
	餐點銷售($)			餐點購買人數		餐點平均入帳($)	
銷路	實際	預算	去年	實際	預算	實際	預算
餐廳	241,216	280,000	182,734	8,196	10,560	29.42	26.50
客房服務	17,863	15,000	13,294	773	680	23.12	22.00
會客廳	26,395	26,000	21,739	0	0	0.00	0.00
餐飲部小計	285,474	321,000	217,767	8,966	11,240	28.90	26.25
宴席	344,826	300,000	237,482	7,752	7,140	44.48	42.00
餐飲部總計	630,300	621,000	455,249	16,918	18,380	37.26	33.79

　　這些報告包含了一連串的訊息，它們是完整且複雜的，每位旅館經理人都將專注於與他或她的部門有關的資訊。客務部及房務部經理將專注於營業額與統計資料，餐廳、會客廳及宴席部經理則著眼於餐飲銷售額與統計資料。再說明一次，這些報告裡的資料五花八門，但是每位經理將只專注於他或她自己的部門，並且熟悉資訊的走勢，這些走勢將影響預測、既定的預算、近期的地方與國內事件以及區域性經濟的狀況。每天與日營收報告為伍將使得經理人更加熟悉及瞭解包含在報告裡的營運成果，以及內部或外部因素如何影響部門與全旅館的營運成果。

　　其他的旅館除了日營收報表的營收資料之外，或許會選擇提供例如勞動力成本與當日預估利潤等等的營業資料，這些額外的支出情報使得經理人能夠將當日營收與製造這些營收的費用相連結，倘若經理人發現費用有任何問題，他或她便能夠立即做出改變與更正。舉例來說，假使營業額

超出預算並高於預估值，任何一項為了支援較高營業額的產生而出現的額外費用數量為何？假使營業額低於預算未達預估值，費用是否有相對應的減少以維持預期的生產量、利潤率及自留額比率／流動率標準？

　　回溯至基本財務分析的其中一項概念——與其他的測量值比較實際結果以得出有意義的結論是很重要的，這些日報表提供了來自於每日營運的財務數字，這些數字被拿來與其他營運時段例如上個月或去年的數字做比較，以確定營運是否改善、營收與利潤是否增加，或是是否符合既定的預算及預估，在審視完這些日報表之後，部門經理便能夠調整營收預估、員工日程表或是做出其他必要的營運改變，倘若不斷持續理解並使用這些日報表，它們將會成為一個非常有效率的管理工具。

二、勞動生產力報表

　　日營收報告第二個例子的日報表裡同時也包含了每日的勞動生產力或薪資成本訊息，旅館裡的經理人可以從相同的報表裡同時獲得營收與勞動力情報，不只帶來方便，透過審視這份報表，他們可以針對員工日程表及薪資帳冊做出必要的修正，以改善營運及財務成果。

　　在第一個例子當中，旅館在個別的日勞動或週勞動報表裡提供了勞動力與成本的資訊，週勞動報表包含詳細的營業額與費用資料，它同時也報導了前一天的勞動力支出或薪資成本，這些成果被拿來與預算或預測值相比較，藉以判定其是否符合既定的勞動指導方針與生產力。勞動力與薪資成本被分為兩個部分來分析——勞動時數，是指旅館產業的工時；另一個是薪資費用百分比；這兩者都很重要。

(一)勞動生產力與工時

　　勞動生產力的測量並不包括任何成本金額的資訊，它是將勞動力的單位換算成產出的單位。更具體的來說，它是指要支援某一數量的業務需

要多少工時。工時（man-hour）的定義是一位員工在執行他或她負責的工作項目時所需要的時數。一般說來，全職員工每天會被排定8小時的工作時間，每週則排定40小時，當週任何額外的時數都算加班。因此我們基本的工時測量單位是一天工作8小時，一週則工作40小時。旅館與餐廳產業所使用的公式及比例如下所述：

1. 每間已售客房工時：公式為總工時除以已售客房總間數。這個測量值為客務部及房務部在控制與銷售量相關的工作時數時所使用，各部門皆制訂勞動生產力指導方針，例如被用來編列預算及預測值的每間已售客房工時。假使實際的結果與這些指導方針有所差異，經理人便必須判斷什麼原因導致差異或變化，然後做出必要的修正。

2. 每輪班期間已清理的客房數：公式為已清理客房總數除以8小時的輪班制。這個公式為房務部經理每天在排定打掃人員數目時所使用，主要是以前一晚已入住的客房數為主。

3. 每位顧客工時：公式為總工時除以光顧餐廳的顧客總人數。這個關係式代表在餐廳的每一用餐時段，服務或照顧某相對數量或層級的顧客所需的工時數。

這些公式被用來計算工作所需的工時，這些工時主要是以隔週預估的售出客房數或是來客數為基準，是勞動生產力的實際測量方式，它們把勞動力產入——以工時來表示，及產出——以所製造的產品及服務，也就是已售客房數或是已接待來客數來表示，相聯起來，這些勞動力的測量值並未包含任何支出金額或收入金額。

(二)薪資成本百分比

生產力的衡量是將薪資成本金額與對應的營收金額相比，它將以單位計算的勞動生產力轉換為以美元計算的勞動成本與營收，現在的關聯性是在衡量薪資成本金額所帶來的來自於已售客房或已售餐點的相對營收金

【Scottsdale的四季大飯店】

　　位於Scottsdale北特倫鎮的四季休閒度假中心是一間擁有二百一十間客房的豪華度假中心，地處亞利桑那州的Scottsdale北端，客房是一樓或二樓的小屋，可俯瞰游泳池、高爾夫球場或是Sonoran沙漠，每間房間皆設置煤氣壁爐，在浴室、戶外陽台或露台皆佈滿壯麗的沙漠景觀與之相對稱，入住旅客享有數種用餐方式，每種方式皆可選擇要在室內或室外用餐，擁有1,265個座位的新月餐廳提供早午晚餐；100個座位的Talavera餐廳提供精緻美食作為晚餐；而155個座位的Saguaro Blossom提供池畔午餐、點心及雞尾酒，室內室外氣氛都一派悠閒的Onyx會客廳則供應飲料；此外，還提供24小時全天候的客房用餐服務。

資料來源：感謝Scottsdale北特倫鎮四季休閒度假中心所提供的照片。

針對團體入住的旅客，四季休閒度假中心提供超過17,000及10,000平方英尺的室內與室外會議廳，分別設有符合各種會議形式所需的多樣設備，同時也有通道直接通往擁有十四間按摩室12,000平方英尺的溫泉池，兩座位於Troon North的高爾夫球場或是兩座游泳池的其中一間休息室，瀏覽下列網站可得到更詳細的資料www.fourseasons.con/scottsdale/

在閱讀完本章的內容之後，請回答下列有關Scottsdale四季休閒度假中心的問題：

1.您認為在每日營收報表裡包含了多少營收部門？請列舉之。
2.請列出客房營業部經理要為其負責編列每週薪資預算的部門，以及餐飲部總監必須負責的部門為何？
3.您認為哪一個營收中心（客房、餐廳或是宴會）創造最高的營業額？請解釋原因。

額。薪資成本百分比的例子如下：

1.每間已售客房的薪資成本：這個公式分為兩個步驟：首先，已使用的時數乘上每小時的平均薪資等於薪資成本金額；其次，薪資成本金額除以已售出客房數等於每間已售客房的薪資成本，這個數字顯示相較於已售出的客房數，旅館經理人控制勞動薪資成本的能力。

2.客務部薪資成本：公式為客務部門（服務台、訂房、門房與專人服務）的薪資成本總金額除以客房營收總金額。薪資成本百分比可用來評估為了創造或達成某一預期營收所需付出的薪資成本，一間旅館利用此數據作為為達成某一預期生產力而編列的預算指標，而實際的薪資成本百分比將會與預估的薪資成本百分比相比，藉以判斷預期生產力是否達成，客務部經理必須負責控管該部門的薪資成本百分比。

3.房務部薪資成本：公式為房務部（管家、打掃人員、公共區域及管理員）總薪資成本金額除以客房營收總金額。這個項目是衡量房務部薪資成本與已清理客房數之間的關係，而房務部經理必須負責管理房務部的薪資成本百分比。

4.餐廳薪資成本：公式為餐廳總薪資成本除以餐廳（服務生、碗盤收拾員、帶位員及出納）營收總金額。房務部經理必須負責管理房務部的薪資成本百分比。

　　勞動生產力諸如每間已售客房工時以及每一餐席所需工時，皆是最佳的勞動力測量指標，因為它們衡量對照勞動力產出的勞動力產入，它是管理薪資成本最重要的評估方式。下一個生產力評估方式定義了製造產品與服務所帶來的成本金額，並找出該成本與銷售該產品與服務所獲得的營收金額之間的關聯性，這是衡量費用與營收之間財務關係的最佳方式。這兩項衡量方式──勞動生產力與勞動成本百分比──在營業部門管理費用時是不可或缺的。

　　勞動生產力是否被涵蓋於一份報表或是在兩份分開的報表內是無關緊要的，重要的是日勞動生產力報表被使用並應用於部門營運，使其能夠更順利的運作並產生最大的營收與利潤。

第三節　週報表

　　週報表是經理人用來檢視及評論前一天與前一週營運的主要報表，它們同時也被用來為隔週做預測及做準備，因為營運是以週為時間區段來規劃，營收的預測是為了下一週，薪資的編列是為了隔週的每一天，員工的日程表也是為了下一週，而所有的隔週營運都在每週的規劃會議上制訂，週是制訂計畫及測量的主要時間單位，儘管經理人與每日營運相關，他所制訂的計畫通常包含了隔週每一天的規劃，兩種最重要的週報表

依然是營收報告與勞動生產力報告。

　　週報表的主要功能有兩種：為準備隔週的營運做預估，以及評斷前一週的營運成果。預估的過程有以下幾個步驟：首先，經理人檢查隔週的預算，這個步驟是週計畫或預測的開端，接下來經理人複審最近的營業結果與營業額，藉以評估是否必須根據當時的情況調整預算，最後經理人依據這些資訊編列隔週的營收預測以及薪資清單，這個將會變成每週的營收預測，並且成為旅館裡每個營收部門的主要規劃文件。根據這些預測再安排旅館每個輪班或是每天的營運，週報表的這個部分與預測及規劃相關。

　　週報表的第二種功能是分析或評斷前一週的表現，以瞭解實際的營業成果與預算或預測相比較的結果。以下是評斷過程的步驟：首先，經理人分析實際表現並將其與預算及預測相比，任何差異或變動都會被確認並評論以強調結果的好壞，變動是相同類型的改變，在財務分析裡，**變動**（variation）是指一個既定數字與一個實際數字之間的差異，當出現了問題並且未達到預測的營收或生產力時，確認問題是否是整個禮拜都出現，或只有其中一兩天出現問題是很重要的，什麼原因造成問題？問題起因於較低的營收或是較高的成本？問題的出現有任何徵兆嗎？

　　其次，在與實際成果相較之後，經理人將評估他們預測該週的正確性有多高，因為週預測在該週實際開始的幾天前才剛剛完成，照理說應該會相當準確。前一週的成果有助於使預測盡可能的正確，評估預測準確度與評估實際績效表現是一樣重要的，因為週預測是編列隔週薪資清冊及規劃隔週營運細節的主要管理工具或依據，經理人應做出正確的週預測以建立可靠度及可信度，一個錯誤的預測會造成錯誤的結果、失控的成本支出以及較少的營收或利潤。最後，經理人將運用他們從週營運成果所習得的資訊，並將這些資訊使用於預測更準確的隔週營收及編列更適當的薪資與營業成本之上。

一、週營收預測

如之前所提到的，週營收預測是為該週制訂營運計畫的第一步，一般旅館管理團隊會在星期一或星期二舉行週銷售策略會議，為即將到來的那一週擬定一份詳細的逐日預測報告，該份報告包含了詳盡的每日營收資訊，例如每日售出客房數、每日出境與入境旅客、每日平均房價及每日營收。接著這份週客房數預測會發送至所有的經理人手中，作為他們計畫該週工作所用，餐飲部經理將根據這份預測估算該週的營收，所有的經理人將大致地瀏覽一下下個月的情況，以檢查是否有任何影響週營收的重大改變發生。

二、週薪資與成本列表

下一個步驟是根據週營收預測編列適當的人時數，這其中包含了為支援每日所預估的營收數量所需付出的薪資成本，編列期限通常訂在星期三，各單位利用比率和公式將每日的售出客房數或顧客數轉換為每日薪資列表，在計算並加總完該週的人時數及薪資費用之後，再應用恰當的比率來確保每週的生產力得以維持。薪資及人時數的調整也是為了維持一定的生產力。舉例來說，倘若房務部每間售出客房的人時數過高，那麼房務部經理應該衡量哪一天或是哪一個薪資部門高於薪資標準，然後降低該天或該薪資部門的人時數以達到預期的生產力標準，假使有需要調高薪資標準，經理人必須提出文件證明是何種工作，以及為何該項工作必須提升薪資標準。

三、獲利率預測

在獲利率的部分，該項預測已外加了其他的營業費用，這些預測通

常根據歷史的平均值或是已設定的公式及比率，有些費用是相當固定且完全不需要調整的，但變動成本就必須根據預測的數量來調整。利潤的預測值是將營收預測值扣除所有的費用預測值，在完成該週的獲利預測之後，最終的週利潤預測會被拿來與預算所編列的週利潤做比較，藉以確保營收與利潤預測皆在合理範圍之內，並且都能符合預期或預算所編列的生產力及獲利率。管理團隊在費用控制上的有效性將反映在自留額比率或是流動率的百分比上，它被用來測量相較於某一營收金額差異所產生的獲利金額差異。

🔲 第四節　月內部管理報告

　　管理團隊裡的每一個成員都使用月報表，這也是為什麼他們如此重要的原因，我們再強調一次，月損益報表以及它如何為內部管理團隊、外部投資者、銀行業者與其他有興趣的投資團體在評估公司財務表現時所用，月報表被詳盡的分析以衡量財務績效及描述當月的營運。

一、月或會計期間損益表

　　月或會計期間損益表是在分析財務績效時，最詳盡審查也是最常被使用到的財務報表，如此仔細的分析使得月損益報表成為一種非常實用的管理工具，它不只描述了部門與預算或去年相比的營業表現，同時也描述了每日營運所產生的財務成果；損益表是討論財務績效的中心議題，因為它是用來衡量營運財務績效，同時也是最常為內外部團體所使用的財務報表。

　　每月的綜合損益表為營收中心提供每個部門營收及獲利的總結，也為費用中心提供每個部門費用的總結，它被用來以較大的規模審視一間旅

館的總體表現，在與預算、上個月或去年相比較之後，顯示該間旅館的財務績效是進步、維持原狀或是退步，它同時也識別出哪些部門的表現優異，而哪些部門的表現差強人意。

月部門損益表透過每個部門的收支項目提供詳細的營業成果，這是分析部門營運的開端，部門經理能夠看到他們在當月運作部門的過程當中，所做的決定及活動的財務成果，每一項營收及費用的收支帳戶都能夠被檢視，以分辨其是否達成既定的營業計畫與預期的生產力，瞭解並認識產生這些數字的營運是部門經裡的首要責任，執行委員會委員、財務主任或是任何其他會計室的成員都會協助部門經理評估他們的月部門損益報表，這是財務管理週期的第三個步驟——評估並分析數字。

二、獲利率、自留額比率及流動率

財務分析的觀點是非常重要的，因為它不僅將部門的月財務結果與預算及預測、或與上個月份或去年度的財務結果做比較，同時還能鑑定營收、費用及獲利率與預算或預估的差異，我們也能看出當實際營收比預算或預測增加或減少時，它所產生的費用與最終獲利也隨之增加或減少之間的關聯性。

回溯至第二章走勢的部分，財務分析裡一項重要的走勢是鑑定營收、費用以及利潤之間的相關性。部門經理被冀望能夠預測營收相較於預算及最近的預估是增加或減少的走勢，在已知預估營收有所改變的情況之下，他們同時也被期待能夠控制費用使其與營收成比例的變化，以維持生產力並使獲利最大化。

在繼續討論下個段落之前必須先認識幾個重要的術語：

1. **增量（incremental）**：是指增多、獲得或加入某些東西。這個術語用在財務分析是描述營收、費用或利潤超出我們所預期，假使銷售額增加，費用及利潤會超出我們所預期的相對增加的幅度為何？它

們應該會以不同的增量來增加，分析增加的營收、費用與利潤將能
夠分辨出部門的哪一個部分運作良好，哪一個部分有待加強。

2.**固定費用**（fixed expenses）：是指無論營業數量及程度為何都維持
不變的費用，固定費用並不會逐月改變。

3.**變動費用**（variable expenses）：是指直接隨著營業數量及程度增加
或減少的費用。依據營業數量的變化，變動費用每個月都會改變，
當營收數量改變時，經理人應該能夠控制變動成本。

4.**自留額比率或流動率**（retention or flow-through）：是當營收改變
時，判定費用及獲利預期會如何隨之改變的百分比或公式，當較高
的營收標準產生時，這個公式預期會有較高的利潤標準。它能夠被
用來預測營收增加所應該造成的費用與利潤的增加金額。自留額比
率或流動率是測量營收增加或減少多少金額會造成多少利潤增加，
或減少多少金額的百分比術語。

5.**變動**（variation）：是指在同一類型當中，其中一項與另一項的差
異。在財務分析裡，變動是指兩個數字之間的差異，如實際銷售額
與預算，或是實際銷售額與去年銷售額之間變化的程度。

為了說明自留額比率或流動率的概念，我們將利用幾個例子。我們
會從一個月份的客房部門預測開始，在新的營收層級，我們將分辨增加的
營收及其對費用與利潤可能產生的影響。

客房部門在客房營收的部分預測金額為600,000美元，利潤部分為
523,000美元，預測的利潤百分比為87.2%，它代表每1美元的收入當中有
87.2分錢是利潤，實際的客房營收為625,000美元，超出預估值25,000美
元，也就是說增加的營收是25,000美元，我們同時也能計算出25,000增加
營收的增加百分比是＋4.2%（$25,000÷$600,000）；換句話說，營收比
預測高出4.2%。

現在讓我們來看看在營收增加25,000美元的時候費用所增加的金額。
固定費用不會有所改變，因此營收增加25,000美元並不會使固定費用增

加，固定費用仍然維持在13,000美元，但是固定費用百分比將從2.2%降至2.1%，百分比降低的原因是因為營收的增加並未為固定費用帶來等比例的增加，所以我們可以假定任何1美元營收的增加都不會為固定費用帶來任何額外的增加。

	預測		實際		差異／變動	
	$	%	$	%	$	%
客房營收	600,000		625,000		+25,000	+4.2%
管理薪資（固定費用）	11,000	1.8%	11,000	1.8%	0	0
時薪（變動費用）	36,000	6.0	37,000	5.9	+1,000	+2.8
外包清潔（固定費用）	2,000	0.3	2,000	0.3	0	0
顧客備品（變動費用）	8,000	1.3	8,400	1.3	+400	+5.0
預約成本（變動費用）	20,000	3.3	20,500	3.3	+500	+2.5
總固定費用	13,000	2.2	13,000	2.1	0	0
總變動費用	64,000	10.6	65,900	10.5	+1,900	+3.0
總費用	77,000	12.8%	78,900	12.6	+1,900	+2.5
總利潤	523,000	87.2%	546,100	87.4%	+23,100	+4.4%

註：自留額比率或流動率=23,100美元或92.4%（$23,100÷$25,000）。

變動成本與營收層級有直接關係——當營收增加，變動成本也會增加；而當營收減少，變動成本也會減少，控制並管理變動費用，例如會對獲利產生正面或負面影響的勞動力成本是部門經理的責任，在我們的例子當中，變動費用增加了1,900美元或3.0%，這是為了維持客房營收增加25,000美元以及4.2%的增加率所造成的變動費用增加成本，而變動成本百分比從10.6%微降至10.5%。

最終的利潤由523,000美元增為546,100美元，增加了23,100美元或是4.4%，這是由25,000美元的增加營收所產生的，以百分比來說，92.4%（$23,100÷$25,000）代表25,000美元的營收增加帶來了23,100美元的獲利增加。因此，自留額比率或流動率為92.4%，這是一個非常高的比例，它說明了經理人在控制變動費用上表現優異。

自留額比率或流動率的財務概念，包括為來自於營收增加的利潤預期增加的金額與百分比設定指標。以下是兩個旅館業者的指標例子：一個是在旅館淨營運收益項目當中，收益增加需達到60%的自留額比率；另一個則是在旅館建築物收益需達到50%的流動率；若將60%的自留額比率標準應用於25,000美元的營收增加，則預期會有15,000美元的利潤增加，在50%流動率標準部分則預期會有12,500美元的利潤增加。

必須謹記自留額比率與流動率標準是淨營運收益或建築物收益的指標，此外同時還存在著特定部門的標準。舉例來說，一間旅館的客房部自留額比率標準是80%，餐飲部的自留額比率標準是55%，在我們例子當中的實際自留額比率為92.4%，早已超出旅館客房部80%的自留額比率標準了。

在某特定部門的所有經理人都有控管費用以達到指標與標準的責任，工程部主任控制維修費用與餐廳經理及房務經理控制部門費用是同樣重要的，倘若每個部門都能善盡管理費用的責任，淨營業利潤或建築物利潤所測量出的整體旅館生產力將能夠達到既定的目標與標準。

三、月損益表評論

月損益表評論是指分析月部門及綜合損益表以評估部門表現，與決定下一步採取何種行動的過程，這份評論應該由與部門每日營運有關的部門首長及部門經理所準備，財務主任與執行委員會委員負責複審這份評論，目的是為了分析數字或是財務結果，並解釋發生了什麼事？為什麼發生？以及接下來會採取什麼行動作為分析的結果？辨識營收與利潤增減的改變一樣很重要。

部門損益表評論發覺出主要的差異，這些差異說明了部門損益表內帳戶變動的原因，焦點應集中在最大金額的帳戶以及與預算或預估在金額與百分比的差異上面，舉例來說：

1. 假使營收有所增加或減少，那麼哪一個市場區塊或用餐時段具有最大的差異？是比率上還是數量上的差異？是發生在單一週內還是一個月內的每一週？或者是發生在一兩天生意特別好或生意特別差的時候？

2. 假使餐飲成本有所增加，是全服務型餐廳的部分增加？還是特色餐廳、客房服務或宴席部門增加？什麼原因造成成本的增加？該如何修正？

3. 假使薪資成本增加，是部門的房務還是客務增加？亦或是餐飲部門的餐廳、宴席或是廚房增加？是增加平均工作時數還是增加時薪？薪資成本增加都是發生在哪些日子或是發生在哪一週？增加的原因為何？

4. 假使其他營業成本增加，是哪一個帳戶增加？增加的原因為何？如何修正？

部門損益評論將解釋在接下來的幾個月會發生什麼狀況，以及部門將如何改善營運。必須謹記的是，確認營收與利潤增加的原因與確認利潤降低的問題發生原因一樣重要，部門經理會想瞭解採取什麼行動可以改善問題，以及他或她能夠做些什麼以確保這些程序或行動各就崗位，藉以達成營運的確實改善。

結語

　　內部管理報告對任何旅館或餐廳的成功營運是很重要的，旅館或餐廳的所有管理團隊利用報告的結果來評估過去的表現，並決定在即將到來的幾個月應採取何種適當的行動以確保未來的表現令人滿意，這是財務管理週期的第三個步驟——營運及會計分析數字，部門首長與部門經理在財務總監及執行委員會委員們的協助之下執行與評論這些報告。

　　內部管理報告包含兩個時間區段的報告，第一份報告包括前一天、前一週或前一個月的實際營運，這個部分回顧實際的營運成果並描述已發生的狀況，第二份報告則預測隔天、隔週或隔月的營收費用與利潤，並被用來計畫未來的預期銷售水準，這個部分寄望並預期經理人所計畫以及所預估會發生的情況。

　　報告有每日、每週、每月及每季，每日的營運管理規劃於每週的預測及日程排定裡，月報告則為主要的財務報告，同時為內部經理及外部組織或利害關係人在評估旅館經營財務績效時所用。

　　瞭解營收增加及其所帶來的預期影響是非常重要的，營收增加的改變將對獲利自留額比率或流動率產生影響，這些專業用語描述經理人的設定指標，這些指標協助經理人在不同的營收水準之下控制費用，並維持一定的生產力。由於某些費用是固定的，因此不論營收增加或減少，這些費用應該都不會增加；同樣地，當營收減少時，這些固定費用應該也不會減少。無論營收增加或減少，所有的部門經理都被寄望能夠管理他們的變動費用，這是在維持生產力與將利潤及自留額比率／流動率極大化時的關鍵因素。

一、餐旅經理重點整理

1.旅館業經理認識並使用內部管理報告的能力，對於任何一個部門的成功營運而言，都是非常重要的。

2.日營收報告總結前一天的結果，並包含了營收、統計資料與勞動生產

力，這是經理人能夠用來評估每日營運的最重要管理工具當中的其中一項。

3.週報告被用來規劃並排定未來營運的日程。

4.自留額比率與流動率是鑑定營收增加時，管理團隊對成本控管能力的主要財務概念，這是每個部門經理的直接責任。

5.管理變動薪資成本對於維持生產力及自留額比率或流動率的極大化具有關鍵性的影響。

二、關鍵字

每日營收報告（daily revenue report） 夜間稽核所準備的報告，收集並報告前一天的實際營收資料。根據每間公司的不同而也可被稱為銷售額與住房率報告、日營收報告或淨營收報告。

固定費用（fixed expense） 無論銷售數量或水準為何皆維持不變的費用。

流動率（flow-through） 計算營收每增加或減少1%時，利潤上升或下降的幅度，也可稱為**自留額比率**。

內部管理報告（internal management report） 包含某一段特定時間，某一特定產品、消費族群、部門或是整間旅館或餐廳的詳細營業資料的報告。

增量（incremental） 賺取或增加某個數量；在財務分析上它是描述在預期之外的額外營收、費用或利潤。

人時（man-hour） 員工履行工作職責的人時數。一般而言，全職員工的時數排定一天為8小時，一週為40小時，同時也稱為勞工時數（labor hour）。

自留額比率（retention） 計算營收每增加或減少1%時，利潤上升或下降的幅度，也可稱為**流動率**。

變動費用（variable expense） 直接隨著銷售數量與銷售水準增加或減少的費用。

變動（variation） 在同一類型當中異於其他的部分。在財務分析裡，變動是一個預定數目與實際數目之間的差異，如實際成果與預算之間的差異。

三、章末習題

1.比較損益表與日營收報表的格式，相似處與相異處分別為何？

2.日營收報告包含哪些資訊？一位旅館業經理人如何來利用該報告？

3.請説明如何利用固定與變動薪資費用來維持勞動生產力水準。

4.如何利用週營收預測來規劃隔週的費用支出？

5.請定義自留額比率與流動率。並説明它們為何如此重要。

6.部門經理如何利用自留額比率與流動率來管理他或她的部門？

7.請定義增量，並説明財務分析如何利用增量。

8.請列出三種計算勞動生產力與計算薪資成本百分比的公式。

四、活用練習

1.請計算下列旅館部門的實際與預估的部門獲利率（請記住部門獲利率是百分比）：

	實際		預算	
客房營收	$1,250,000		$1,200,000	
餐廳營收	215,000		225,000	
飲料營收	75,000		80,000	
宴席營收	480,000		450,000	
旅館總營收	$2,020,000		$1,955,000	
		%		%
客房利潤	$960,000	＿＿＿	$910,000	＿＿＿
餐廳利潤	18,000	＿＿＿	20,000	＿＿＿

飲料利潤	22,000	_____	25,000	_____
宴席利潤	170,000	_____	160,000	_____
旅館總利潤	$1,170,000	_____	$1,115,000	_____

2.請計算實際的自留額比率／流動率金額與百分比：

(1)實際自留額比率／流動率金額 _____

(2)實際自留額比率／流動率百分比 _____

7 營收管理

前言

　　本章將討論收益管理對於旅館運作的重要性，利潤極大化兩個主要方式為營收極大化與費用控制及最小化，瞭解能夠將收益最大化的政策、流程與工具，並且具備有效運用它們的能力是任何一位旅館經理人，特別是客房部門的經理人所擁有的珍貴技能。一間達成或超越預估收益的旅館是令人更加愉快的工作場所，經理人在這樣的場所能夠發現將利潤最大化的較好機會，因為營收幫助而非阻礙了獲利率的增加；當一間旅館未達成預估與預期的營收，對經理人而言是很具挑戰性的，2008至2009年的全球景氣衰退便是一個很好的例子，下跌的銷售額為獲利率及現金流量帶來了負面的衝擊。每間空房營收是客房收益與旅館獲利部分的一項重要指標。

　　營收管理仰賴一套稱之為**收益系統**（yield systems）或是**需求追蹤**（demand tracking）的電腦軟體所儲存及分析的歷史客房營收資料。收益管理系統包含根據抵達日期（DOA）所建構的歷史資料，它同時也比較當年度與過去的平均訂房速度，與歷史的平均紀錄比較，當年度的訂房速度將顯示當年的訂房速度是加快或是減慢，它同時也能夠建議適當的銷售策略，如已知某一特定抵達日的當下市場需求量的情況下時，可運用該策略使客房收益最大化。

　　本章包含了營收管理的不同觀點，從認識微型市場的供需到每週或每日銷售策略的採行，所有的經理人都必須清楚知道他們的旅館如何在不同的市場區塊及不同的市場環境製造收益，這同時也有助於他們理解收益最大化對於旅館每日營運的重要性。

第一節　RevPAR——每間空房營收

一、定義

　　每間空房營收（Revenue per Available Room, RevPAR）是客房總營收除以客房總間數，它結合了已售客房及客房單價的資訊，評估一間旅館將客房總收益最大化的能力。RevPAR是客房總收益極大化的最佳衡量指標，因為它能夠鑑定旅館在達到客房收益極大化時，同時管理客房占有率（已售客房）與客房平均單價的能力，一間旅館必須能夠同時有效地管理兩者以達到客房總營收的最大化。

　　計算每間空房營收有兩個公式可供使用，在《旅館會計準則》的第十版修訂版裡，偏好將客房總營收除以客房總間數這個公式。第二個公式是將住房率乘以客房平均單價。以任何一種公式計算每間空房營收，四捨五入的誤差都可能會有些微不同，一般來說住房率都會四捨五入至小數點以下第一位，例如87.3%，客房平均單價則會四捨五入至小數點以下第二位，例如76.23美元。

　　讓我們來看看下列的公式：

> 每間空房營收＝住房率×客房平均單價，或者
> 　　　　　　＝客房總營收÷客房總間數

　　套用第一個公式至這個例子將會得到每間空房營收66.55美元的結果：

> 每間空房營收\$66.55＝住房率87.3%×客房平均單價\$76.23

　　下列是這個例子所顯示的每間空房營收的特性：

1. 每間空房營收是以幾元幾分計算。

2. 每間空房營收一定小於客房平均單價，唯一的例外是當旅館住房率100%的時候，在那個時候每間空房營收與客房平均單價是相同的；每間空房營收是不可能高於客房平均單價的。

3. 你必須同時知道旅館住房率以及旅館客房平均單價，才能計算每間空房營收。

4. 你必須知道旅館的客房總營收以及客房總間數才能計算每間空房營收，如此一來我們便能夠使用第二個公式：

每間空房營收＝客房總營收÷客房總間數

利用這個公式計算每間空房營收，我們必須知道當天的客房總營收（一個變數）以及旅館裡的房間總數（一個常數）。一般而言，這些資料在每天的營收報告或是月損益報表裡都會提供，我們也可以利用它來計算，繼續我們的例子，假設旅館客房間數為400間，這是我們利用這個公式計算每間空房營收唯一所需的額外資料，它需要三個步驟：

1. 計算已售客房數：我們需要這個數字來計算客房總營收，運用87.3%的住房率，以及400間的旅館總客房數即可計算出已售出客房數：

客房總間數400×住房率0.873 ＝ 349.2間已售客房間數

由於我們不可能售出0.2間的客房，因此四捨五入為349間已售出客房數。

2. 計算客房總營收：公式如下：

> 已售客房數×客房平均單價，或者是
> 已售客房數349間×客房平均單價$76.23
> ＝客房總營收$26,604

3.每間空房營收＝客房總營收÷客房總間數：請確定公式代入的是400間的旅館客房總間數，而非349間的已售客房數。我們的每間空房營收為：

> 每間空房營收$66.51＝客房總營收$26,604÷客房總間數400

我們來比較一下上述兩種每間空房營收：

> 每間空房營收$66.55＝住房率87.3%×客房平均單價$76.23，以及
> 每間空房營收$66.51＝客房總營收$26,604÷客房總間數400

　　兩者之間有美元4分的差異，哪一個才是正確的？這個差異是四捨五入所造成的結果，因此嚴格來說66.51美元才是最佳的答案，因為它是利用旅館客房總營收以及客房總間數所計算出來；然而，對66.51美元的每間空房營收而言，4分美元的差異是無足輕重的，所以任何一種公式皆可被採用，重要的是使用的計算公式一定要前後一致，如此才能確保所有的每間空房營收都是可靠且有用的。

二、每間空房營收的重要性

　　每間空房營收同時衡量售出最多客房數（住房率）以及達成最高客房平均單價的能力，因此每間空房營收包含兩個財務評量指標，並且鑑定旅館是如何將已售客房最大化，以及客房平均單價最大化這兩種策略結合

起來，以達到客房總營收最大化的目標，它們兩者都是強而有力的財務評量基準，兩者都需要旅館管理團隊的優秀管理能力。

假使一間旅館的銷售策略只著眼於其中一個評量指標，它可能會錯失利用另外一個指標將旅館總營收最大化的重要機會。舉例來說，一間旅館可能著眼於住房率極大化，並且努力去完成這個目標，經理人可能會因此設定低客房單價以售出更多的客房，假設一間旅館有92%的住房率，相較於產業一般低於60%的平均值，這是一個相當高的數字，該旅館可能將房價明顯調降，使其低於該區域內的其他競爭業者；倘若一間旅館的平均房價為125美元，而它的競爭對手的平均房價為165.00美元，那麼該間旅館比競爭對手少賺了40美元的平均房價，我們稱其為將錢留在桌上（leaving money on the table，意旨錯失賺錢機會），這時對於旅館的管理團隊而言，最重要的問題便是旅館能否透過增加客房平均單價的方式提高客房總營收？以及它是否能夠接受較低的住房率，因為部分旅客可能會因為房價提高而轉往其他旅館投宿？

相同的議題也會發生於客房平均單價，一間旅館可能將單價設定太高而造成顧客流失。利用同一個例子來看，假使我們旅館的客房平均單價為175美元，而競爭者的客房平均單價為150美元，但是相較於競爭業者78%的平均住房率，旅館的住房率為60%，因此我們的旅館也許未達客房營收極大化，旅館再一次地錯失賺錢的機會，因為較高的客房平均單價使得潛在顧客流失而導致較低的住房率及客房營收。

上述兩個例子裡的任何一個例子都顯示，旅館只致力於其中一項營收評估指標的達成，為了達成這個指標，可能會犧牲掉另一個指標，這就是為什麼每間空房營收如此重要。每間空房營收需要同時評估旅館管理，及達成房價與住房率尺度極大化的能力。

瞭解每間空房營收涉及旅館總利潤的增加也是相當重要的。一般來說，較高的客房平均單價會帶來較多的利潤，同時也造成了每間空房營收的增加，這是因為較高的客房單價並不會或極少造成費用的增加，因此較

高客房單價所增加的營收卻差不多與客房利潤增加的數目相同。

較高住房率或是較多已售客房所造成每間空房營收增加的結果，將同時造成變動成本的增加，例如清潔已售客房的勞動力、已使用的顧客衛生用品與清潔備品，以及任何其他相關的變動成本。因此，部分由於較多客房售出而增加的營收將被用來支付增加的成本，這些成本帶來客房利潤小部分的增加。

在旅館裡較高的住房率會帶來另一個財務影響，當它可能導致較高的支出費用時，它將同時為旅館帶來更多的顧客；也就是說，會有愈多的潛在顧客增加餐飲部與其他營收部門的收益，這些其他部門所增加的收益可能會產生比客房部門增加的變動成本還多的利潤，不變的是任何每間空房營收的增加都是一筆優良的財務成績，因為較高的客房平均單價或是較高的住房率而使得每間空房營收持續不斷地增加，這個走勢對利潤而言應該都會產生有利的效果。

三、如何利用每間空房營收

每間空房營收有幾種使用方式，它被用來作為協助旅館管理團隊將客房營收極大化的管理工具，同時也被業者、管理公司、加盟店與外部投資者在評估投資標的時，用來衡量財務績效，它包含了旅館的損益報表以及公司的年度報告，它是評估一間旅館是否有能力將客房營收與客房利潤極大化的最重要指標。假使一間旅館透過改善過去的財務結果，或是透過與競爭者的比較而將客房營收極大化，對旅館管理團隊而言，它便更有可能能夠有效地控管費用以達成利潤極大化。每間空房營收的特殊用途如下：

1. 它被用來衡量旅館管理團隊將總客房營收最大化的能力。
2. 它被用來將旅館績效與相同市場區塊內的類似旅館做比較。
3. 在與前年的結果及通過的預算比較之後，它被用來評估旅館客房總營收持續增加的進展。

【費爾蒙（Fairmont）茂宜島度假酒店】

在夏威夷茂宜島的Fairmont Kea Lani是一間擁有四百五十間豪華全套房式客房以及海洋別墅的度假旅館，每間單臥房的面海套房內都有一個寬敞的起居室、獨立的主臥室與雅緻的大理石浴室，旅館含蓋了22英畝的濱海土地，並包括了四間餐廳、三間游泳池、一個溫泉浴池、高爾夫球場通道與30,000平方英尺的會議室，旅館的會議與活動設備能夠招待十二到七百五十個團體，場所從豪華大廳或會議室的室內布景一直到室外搖曳的棕櫚樹下。

參觀Fairmont Kea Lani的網站www.fairmont.com/kealani，並且以營收管理部經理的觀點檢視這間旅館，細想Robert Cross所提出的收益管理七大核心觀念，並回答下列問題：

資料來源：Fairmont Maui，感謝加拿大安大略省多倫多市的Fairmont旅館及度假中心所提供的照片。

1.您認為這間度假旅館最大的兩個市場區隔為何？為什麼？

2.這兩個市場區隔各自會為旅館總收益帶來什麼影響？請至少分別列舉一個例子。

3.您認為平均客房單價或是住房率將為每間空房營收帶來最大的影響嗎？請說明原因。

4.它為企業主、外部投資者及其他金融機構在推斷未來客房營收與現金流量時所採用。

每間空房營收被使用在很多報表當中，於每日計算之後納入日營收報表的內容當中，在週預測會使用、月損益報表會使用、在編列年度營業預算時會使用，以及在公司年度報告當中，它也是報告項目之一，這些說明了每間空房營收在個別旅館的每日營運當中的重要性。

第二節　房價表與市場區隔

一、定義

在第一章我們定義市場區隔（market segments）為根據偏好、行為、購買模式，以及行為模式特性所區隔的顧客群體，這些相似的特徵使得旅館能夠推動符合每個市場區隔不同期望的促銷活動、套裝組合及房價，旅館確認其足以匹敵的市場區塊，然後廣為宣傳以吸引在這些市場區塊內的顧客群光顧旅館。

房價表（rate structures）是一間旅館為不同市場區塊所決定的房價等級，它們可以是整年度的也可以是季節性的，旅館利用已公布的房價來吸

引顧客,潛在顧客觀察一間旅館的房價並將該房價與其他旅館做比較,然後根據價位、經驗、地點,以及他們所能接受到的預期整體服務價值來選擇一間旅館入住。

二、制訂房價表

旅館根據幾個因素來制訂房價表,這些因素包括:

1.主要競爭對手的房價。
2.旅館的年齡,包含近期的客房更新與改善。
3.旅館所傳遞的產品與服務的認知價值。
4.地點。
5.旅館成本以及投資者所要求的投資報酬率(ROI)。
6.任何旅館可能勝過競爭者的競爭優勢。

房價的制訂通常為一整年,它們基本上根據去年的實際客房單價、行銷研究、通貨膨脹率、競爭者的行動、客房更新或改善,以及與每年客房總營收增加有關的預期心理。改變既定的房價表是一個很複雜的程序,這也就是為什麼通常客房單價一年只制訂一次,季節性旅館例如度假旅館則有所例外,這類旅館的房價表一年內每一季都制訂一次。

制訂房價表包含為特定的市場區塊由高至低設定不同等級的個別價格。習慣上房價表的中心思想為一般價(regular rate),也就是所謂的定價,這個價格適用於旅館內所有的不同訂房系統及客房銷售管道,包括旅遊業者、航空公司、租車公司及網路業者,通常中央訂房中心(800免付費電話)會為第一間客房報價,其他所有的房價則根據這個報價往上或往下地調整,我們來看看這份全服務型旅館以及選擇服務型旅館的房價表範例:

	全服務型旅館	選擇服務型旅館
櫃檯服務人員（客房與服務升級）	$249	無
定價	$219	$125
公司簽約價（適用於商務旅客）	$199	$109
特殊公司簽約價（依據入住數量所簽訂的特殊價格）	$190-$150	$105-$85
折扣		
超級優惠	$139	$89
週末	$119	$75
軍公教人員	$90	$50

　　表列的房價範例是一間旅館制訂房價表可能使用的標準，櫃檯服務人員這一項房價是其中最高的，因為它包含了近似於飛機頭等艙的特別設施與服務，在服務與設備的舒適度上都有所升級，定價這一項則被視為是旅館願意為它所有的客房所設定的單價，另外有一種房價稱為**底價**（bench rate），也是旅館想要達成並銷售給大眾的基本房價。

　　其他所有的房價都是由定價打折而來，公司簽約價是針對個別商務旅客所定出有些微折扣的房價，由公司及個人花費在商務旅遊上的時間所認定。通常公司簽約價在混合百分比當中占有最高的已售客房數，特別是針對全服務型的市場區隔部分；特殊公司簽約價則是折扣價的下一個層級，它直接與特定公司協商，折扣幅度根據該公司每年入住旅館的總天數而定。舉例來說，每年在全服務型旅館入住二百間客房的公司也許能夠得到每間客房190美元的折扣價，而每年入住一千間客房的公司則可能得到較高的折扣，例如每間客房150美元；這些不同的折扣價類型反映了在客房需求較低的期間，較容易取得愈低的折扣價，其中還包括了整年度的最低房價，因為旅館住房率在這段期間通常也比較低。全服務型旅館在週一至週五也許有85%的住房率，但是在週末可能會跌至50%，週末的折扣價反映了在淡季以低價或折扣價吸引更多旅客入住的行銷策略。

　　在制定旅館房價時，各式各樣的價格之間有一個邏輯上的關聯性。

一般來說，在每一個市場區隔之間的折扣價不是降低某一固定金額，例如降低10美元或25美元，便是降低某一固定比率，又如10%或15%，房價表是有秩序的，同時它還必須完成兩件看似對立的任務：在房價表的頂端，以較高的房價達成客房營收極大化；而在房價表的底端，則以較低的房價刺激住房率以達成客房營收極大化。顧客通常會尋求較低的房價，而較低的房價通常無法達到營收極大化，對於旅館管理團隊而言，制訂房價是一項挑戰──如何取得客房營收極大化與顧客滿意度之間的平衡。

　　一年至少一次旅館會為來年制訂新的房價，偶爾他們會在年間根據新的市場情況所允許的新房價調整價格；同時，假使旅館完成客房的重新整修，並且旅館是已更新的，管理者通常會在那個時間點提高房價以表現旅館及其設施的較佳條件。

第三節　營收管理

一、定義

　　營收管理（revenue management）的目標是在對的時間對的地點將對的產品販售給對的顧客，繼而將來自產品與服務的收益極大化，這個定義包含在1998年由Robert Cross所撰寫的非常著名的一本書──《營收管理》（*Revenue Management*，Broadway Books出版）當中，該書強調市場與當下供需特徵是達成總營收極大化的最佳方法，這個觀念取代了傳統的成本定價法，亦即依據製造產品或服務所產生的成本加上公司所期待的利潤金額為顧客制訂價格。

　　市場定價主張制訂價格最有效的方式便是觀察公司產品或服務的外部市場，並確認及評估在不同市場區塊的需求。**需求**（demand）反應在顧客為了某一項產品或服務而支付某一特定價格的喜好與樂意程度，在決

定價格與費用時，這個是比生產成本還重要的考量，它並非表示成本可以忽略，而是在制訂價格與費用時較著重於市場與個別顧客。

二、營收管理的七個核心觀念

Robert Cross在理解收益管理的部分確認並闡明了七個核心觀念。分別如下：

1. 在平衡供需時著眼於價格而不是成本：這代表在試圖達成供需平衡時，第一步應該採取的行動是調整價格，而不是調整成本。

2. 以市場訂價法取代成本訂價法：這代表將焦點置於需求量，當需求量高的時候，便將定價訂高一點，當需求量低的時候，提供折扣或較低的價格以達收益極大化。「市場（消費者）制訂價格，而你的工作便是找出市場可接受的零售價。」（Cross, 1998, p.70）。

3. 銷售對象為已區隔開的微型市場，而非大眾市場：微型市場或市場區塊是由人口統計變數（例如年齡、性別、所得、職業與教育程度）或心理統計變數（例如態度、人格與生活習慣）所決定。「不同的區塊需要不同的定價，為了將營收極大化並維持競爭力，必須制訂不同的價格以符合每個市場區隔的價格敏感性。」（Cross, 1998, p.77）。

4. 為你最有價值的顧客保留你的產品：這點暗示了你的產品或服務在不同的時間點可能會有不同的價值，這些不同時間點可以是平常日或週末、短至數天或長至數週，或是不同服務層級的可得性。舉例來說，由於他或她旅行計畫的近期變動，商務人士在最後一分鐘可能會願意支付較高價格，為這類型的顧客保留較高價格的班機座位或是旅館客房，使得航空公司或旅館能將收益極大化，並同時滿足某一特定市場區塊的需求。

5.以知識為基礎做決定，而非依賴想像：這代表使用當前的正確資訊做決定，現代化的電腦系統收集並分析大量的資料，利用這些資訊將能夠做出更好的決定。「以微型市場的角度預測需求，藉以獲取消費者行為模式細微變化的訊息。」（Cross, 1998, p.85）。

6.鑽研每一項產品的價值循環：這意指瞭解你的產品或服務的價值循環，並針對每一個市場區塊調整定價及產品與服務的可得性。舉例來說，超級盃冠軍隊的運動衫在該隊剛剛贏得勝利的之後幾天會有最高的價格，但在幾週以後，同樣的運動衫將會明顯地跌價。

7.不斷地重新鑑定你的營收機會：這意指分析你實際的結果，並與預期的結果做比較，然後為符合既定目標做出必要的改變，並且對市場狀況的改變做出回應。

這些收益管理的核心觀念針對各市場區塊（需求）以及不同的競爭者（供給），提供了一個對於由潛在顧客所組成的市場的普遍認識，為了有效地將總營收極大化，一間公司必須著眼於不斷變化的市場，並制訂價目表與銷售策略，這些策略使其能夠在對的時間以對的價格販售對的產品給對的顧客。

三、收益系統

(一)定義

收益管理利用過去的歷史資料來推斷未來的客房入住率及未來營收，他們不但擁有過去幾年的客房單價與已售客房資料，同時也運用電腦程式來利用這些資料協助經理人預估未來的需求與客房銷售量，這些程式被稱為收益系統或是需求追蹤。

(二)收益系統

我們將使用這個專有名詞來形容所使用的電腦程式，這些程式收集並報導過去的客房售出活動與軌跡，然後推測未來的售出客房數，這些電腦系統收集、記錄並分析大量的歷史資料，包括過去每天售出的客房數與類型及其相關的房價。一般說來，旅館過去四到五年的歷史資料會被彙整並總結，以計算出過去的平均值，並確定過去的顧客購買模式。

(三)收益系統做些什麼

收益系統是透過**抵達日**（Day of Arrival, DOA）來建構旅館歷史資料的電腦程式，抵達日是收益管理系統的焦點。**歷史平均值**（historical average）是指所有過去的訂房紀錄以及未來某一特定抵達日的走向，它包含了各個市場區塊的房價、已售出客房數及客房營收，它追蹤未來每個抵達日的某一明確時刻的已售出客房數。當前的訂房狀態稱為**預約速度**（booking pace），它被拿來與同一抵達日的歷史平均值做比較。收益系統的資料決定該年度某一特定抵達日的訂房預約速度是超前或落後於歷史平均速度。讓我們用一間有四百間客房的旅館為例子來說明這些觀點：

1. 抵達日：6月1日
2. 今天：5月1日
3. 距離抵達日的天數：31天
4. 預約速度或是當下預約抵達日當天的訂房數：二百七十五間
5. 抵達日前31天訂房數的歷史平均值：三百間

這份資料告訴我們相較於歷史平均值的三百間客房在抵達日前31天被預訂，這間旅館在6月1日抵達日前31天有二百七十五間客房被預訂，旅館的預約速度落後歷史平均值的二十五間訂房數，銷售策略小組將會複審這些資料，然後決定應該嘗試利用哪些策略來趕上過去的紀錄，甚至售出更多房間以達該抵達日的客房營收極大化；這個小組仍然有31天的時間可

以改變已售客房數，在這個時間點一般會採用的策略便是開放該抵達日前所有的折扣價，以嘗試利用更低、更佳優惠的房價來刺激訂房率。

現在讓我們來看看兩個星期以後收益系統的資料：

1. 抵達日：6月1日
2. 今天：5月15日
3. 距離抵達日的天數：16天
4. 預約速度或是當下預約抵達日當天的訂房數：三百二十間
5. 抵達日前31天訂房數的歷史平均值：三百二十五間

這份資料告訴我們在抵達日前16天，旅館只落後歷史平均值五間的訂房數，前兩週的實際預約速度已經高於歷史平均值，因此旅館才會只落後歷史平均值五間的訂房數。當前的預約速度告訴我們旅館已經趕上了已售客房數的歷史平均紀錄，在這個階段開放所有折扣價的銷售策略可能會繼續維持不變，這也代表旅館願意繼續銷售折扣價客房，以努力增加訂房量來達成客房營收極大化；但或者有可能銷售策略會改變，如限定較低的折扣房價但仍然開放較高的折扣價。營收管理部門經理將會是說明收益系統資料的主要人物，同時他也協助其他經理決定應該採用何種銷售策略。

再舉一個例子：

1. 抵達日：6月1日
2. 今天：5月25日
3. 距離抵達日的天數：7天
4. 預約速度或是當下預約抵達日當天的訂房數：三百五十間
5. 抵達日前31天訂房數的歷史平均值：三百四十間

這份資料在6月1日抵達日的前一週取得，資料告訴我們旅館預約速度現在已經領先歷史紀錄達十間的訂房數了，旅館不但在6月1日的抵達日

7天前就追上歷史平均訂房數，同時還多出十間的預定數，這表示市場比過去有更多的需求，這時銷售策略可能會改變，而折扣價會凍結，以迫使預約訂房維持在較高的價位，旅館會選擇這樣的銷售策略是因為它有多出十間的訂房量，代表有比過去更高的市場需求，而較高的市場需求意指有較高的可能性將客房銷售出去，這時旅館會採用將折扣價關閉使房價極大化的銷售策略，以達成客房總營收最大化的目的，這個策略較為積極，假使銷售策略小組認為它將是使得客房總營收極大化的極佳策略，那麼採行時間至少需要維持2天。

　　任何一個抵達日的收益系統歷史平均值將會反映在該抵達日前某特定時日的實際已售客房總數的歷史平均值，它可能為四百間已售客房數（完美的銷售量），或是三百七十五間已售客房數（93.8%的極佳住房

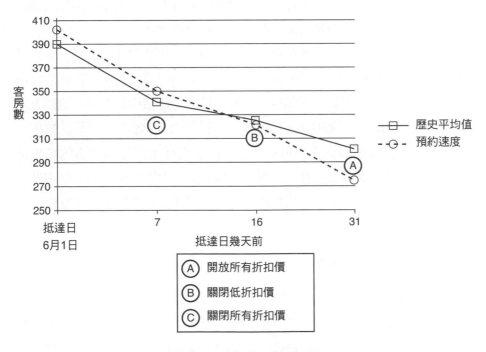

圖7.1　收益管理圖範例

率），或是二百間已售客房數（50%尚須努力的住房率），該抵達日的已售客房總數將反映出該天的歷史紀錄，無論是高或低、是好或壞。

四、收益系統的運作方式

如範例所示，收益系統不只提供了某一個確定抵達日的實際訂房數，同時也提供了訂房的預約速度是否較抵達日前任何一天的歷史平均數為快或慢的資訊，在旅館管理者決定應採用何種最佳銷售策略以達客房總營收最大化時，這些資訊是非常具有價值的。

收益系統提供旅館預約訂房的歷史紀錄，使其可以與在抵達日前的任何時間點的實際預約訂房數相比較，營收管理部門的經理觀察電腦裡的每日收益資料以推斷走勢，他或她輸入一個特定抵達日期並將目前的預約速度與過去的歷史平均值相比，然後他或她再針對銷售策略做出任何適當的修正，以協助達成每個抵達日的客房總營收極大化。

在某一特定抵達日前的某一特定天數，旅館擁有三百間預約訂房數的這個數據，就其本身而言，或許沒有多大的意義，但是當它與三百二十五間或二百七十五間的歷史訂房平均紀錄相比較之後，旅館會知道它的訂房預約是以較快的速度——三百二十五間客房，或是以較慢的速度——二百七十五間客房進行，然後依照每種情況採用適當的銷售策略。我們要再一次提到，財務分析包括將當前的實際成果與其他數字做比較，在這個例子當中，當前的實際資料（預約速度）是被拿來與歷史資料（歷史平均值）做比較。

收益系統如何被運用

旅館管理團隊利用收益系統資料作為將客房總營收極大化的工具，它提供旅館每日的客房總訂房數狀態、平均客房單價、預期的客房營收，以及未來某一特定抵達日的訂房預約速度或進度，它反映了當前對於

旅館客房的需求狀況。預約速度所包含的訂房資料顯示了當前的需求，同時也被拿來與顯示歷史需求的歷史訂房紀錄相比較，這些資料使得旅館管理者在管理訂房以達客房總收益極大化的時候，能夠考慮到房價、已售客房數及訂房預約速度。經理人能夠採用銷售策略來增加售出客房數或是提高客房單價，他們能夠根據收益系統所提供的最新資料與最新客房狀態來做每日銷售策略的修正。

五、營收管理在不同類型旅館的運用

在各種類型的市場與地點裡的所有不同形式的旅館都能夠使用收益管理，這是因為收益管理包含了任何個別旅館的歷史與當前資料，旅館運用這些資料的方式可能會非常不同，讓我們來看幾個例子。

(一)商旅旅館（機場與郊區）

我們剛剛所討論的例子便非常近似於企業旅館，在訂房部分值得注意的是必須在抵達日前四到六個星期內預約，最主要的市場區塊是轉機旅客（商務或娛樂性質），然後是團客，企業旅館裡團體客房的客房數及住宿時間愈來愈少，二十間客房住宿三個晚上的員工訓練活動是機場旅館裡團客的典型範例。

(二)團體旅館（商業區或郊區）

這種類型的旅館一般較為大間，而團客就占了已售客房總數裡的一大部分，一般在全部的已售客房裡有60%至80%都是團體客房，這些旅館賣出的團體客房比轉機客房還多，因為團客需要一大批住宿客房以及一定數量的會議室，他們需要某些特定類型的旅館。為了確保這些團客能夠獲得所需數量的客房與會議室，他們會較早預約訂房──通常是六到十二個月之前，這些訂房稱為團體客房，這類型的訂房稱為**團體保留房**（group room blocks），是一份簽訂的契約，內容明確標示每一個晚上團體客房的數目與形式，以及該項活動的總團體客房數，以一間四百間客房的旅館為例，每個晚上可能會有五到三百間的團體保留房——這是一個銷售大量客房的極佳方法。團體客房通常能夠享有較低的平均房價，因為一次交易便可售出較大數量的客房，它們同時也能為宴席及餐飲部門帶來可觀的收益。

　　團體旅館的預約時段非常不同於商旅旅館，因為大部分的客房都在距離抵達日三個月前就先被預訂為團客保留房，只有少於20%的訂房會在抵達日前的最後兩個星期內被預約，假使旅館所在地距離主要的高速公路及商業區很遠，那麼只有5%到10%的已售客房會在抵達日前三週才會被預定。

(三)度假中心與會議旅館

　　這個類型的旅館能在抵達日前保留團體客房五到六年之久，這是因為許多大型會議每個晚上需要五百到一千間的客房，同時也需要龐大數量的會議室及宴會廳（多於50,000平方英尺），為了確保大量的客房數與會議室，大型的公司與機構會在二到六年前先預定會議。一樣的情況發生在度假中心，它們的旺季通常只維持幾個月，在這幾個月的期間，市場需求一般會非常的高，大型的公司與協會團體會在五、六年前先預約以確保它們的會議能夠在所想要的時間跟地點舉辦，同時也保證能夠順利取得需要的房間數與開會場所。

　　即使是需要好幾晚一百至三百間客房，以及需要較小型會議室的團體集會，通常也會在一至三年前便先預定他們的場所，以確保能夠在他們所想要的場地如期舉辦會議，這個情況特別是在度假中心的旺季期間經常發生。公司在離開會日期愈早預定房間，就愈有機會取得符合他們所期望的日期與地點，這些團體如果想在一年內才預定也並非不可能，不過只有在需求量剛好很低的時候，例如2009年的景氣衰退時期，而且會有很大的

風險是他們可能會無法找到能夠滿足如此大量客房及會議室需求的度假中心。

　　收益管理在會議旅館與度假中心的使用方式是極為不同的。抵達日的歷史平均值為團體保留房的型態所取代，團體保留房明確記錄了每晚所需的客房數、住宿天數、房價以及任何其他的特殊需求，這些資料於團客在確認抵達日並簽約之前的數年或數個月便被妥善安排。

　　旅館會有於數個月或數年前所預約的團客保留房的種類、規模與房價的一般合約樣本，這份合約同時也明確記載了開會所需的會議空間大小與種類，這個部分包括了會議室、宴會廳與用餐場所。

　　在這類型的旅館，預約速度被與團體保留房比較的偏差客房數或實際有顧客入住的客房數所取代。**偏差客房數**（slippage）是每晚團客保留房預計或已保留的客房數以及實際售出的團體客房數之間的差異。**實際入住客房數**（pickup）則是每日實際預定的團體保留房與該日為團客所保留的客房數之間的差異，團體保留房一般會有需求量最高的**顛峰住宿夜晚**（peak night），於顛峰夜晚前後的住房數則稱為**離峰住宿夜晚**（shoulder night），通常保留的客房數較少，團客保留房每晚實際預訂的客房數稱為實際入住客房數，它決定了實際被預訂的客房是否少於、等於或多於保留的客房數（偏差客房數）。

　　度假中心或團客旅館的營收部經理會在抵達日前數個月便緊密監控實際入住客房數，並藉此預測會被售出的實際客房數，倘若實際入住客房數低於團客保留房數，部分的客房便會被釋出並提供給其他的團體或個別旅客，倘若實際入住客房數高於團客保留房數，那麼只要房間足夠，旅館便會增加團客保留房的房間數。每一份團客保留房合約都會制定距離抵達日前三到六個月的截止日期，而該截止日期便是團體保證團體保留房每晚入住客房數，並且遞交所有入住旅客客房清單的當天，截止日期是一個很重要的日期，因為它能夠釋出團客多出來的房間，使旅館得以將這些房間開放給其他團體或個人。

# 第四節　銷售策略

我們已在本章多次提及銷售策略，現在就讓我們來看看什麼是銷售策略，以及銷售策略都做些什麼。

一、定義

銷售策略（selling strategy）是旅館資深管理者為了達成旅館客房總營收極大化，針對開放與關閉房價折扣、抵達日期，以及住宿天數各方面所採取的行動與決定，它包含了取得房價折扣的限制或資格規定。銷售策略會議一般一個禮拜會舉辦一次，會議當中會檢討收益系統資訊、團客保留房實際入住狀態，以及決定並採用的最佳銷售策略。

二、銷售策略流程

銷售策略流程包括了由營收管理部門經理（或主任）、行銷部門經理、財務部主任、客房營運部經理、櫃檯經理以及總經理所組成的經理群，他們將討論收益系統所產生的所有當時過境與團體旅客的預訂資料，並決定欲採用的最佳策略以達客房營收極大化。

一般說來，銷售策略並不會改變房價表，反而會開放與關閉特定的折扣範圍、抵達日期及住宿天數，以達客房總營收極大化，所有這些措施不是經由增加待售客房的數量，就是透過提升／降低可能的保留客房房價以供預定的方式來影響客房總營收。收益系統提供了在決定銷售策略時，必須使用到的最及時且最詳細的資料。

三、銷售技巧工具

1. 開放與關閉房價折扣。
2. 至少需兩日或更多的入住天數。
3. 透過開放當天房價折扣的方式,將抵達日轉移至需求量較低的另一天。

舉例來說,假使某一特定抵達日的預約速度明顯落後於歷史平均值,那麼銷售策略很有可能會是開放所有的折扣價,並且盡一切可能銷售更多的客房,這個策略應該會造成更多客房售出,但是是以較低、較優惠的價格,而這個策略是可行的,因為預約速度落後於歷史平均值反映了需求量較以往來得低,這通常表示旅館離客滿還有一段距離,並且可能還有很多客房尚未售出,客房以較低的平均房價售出好過於未帶來任何收益的空房。

讓我們再來看另外一個例子,當某一特定抵達日的預約速度明顯高於歷史平均值時,它代表旅館客房需求高於歷史平均值,因此有極高的可能在該抵達日有更多的客房被售出,也有更高的機會增加客房營收,這時所採用的銷售策略可能是結束或限制所有的折扣房價,並且確保未來所有的客房預訂都會以較高的公司團體價(corporate rate)、定價(rack rate)與貴賓價(concierge rate)被預約,這個策略應該會帶來較高的房價與較多的客房收益,它是可行的,因為較高的需求量通常代表消費者願意支付更高的房價,因為需求量的增加,旅館寄望即使以較高的房價仍能售出剩餘的空房。

當銷售策略會議決定了銷售策略之後,營收管理部門的經理要負責變更庫存限制,以確保能夠連結到旅館訂房系統,所有代理與代售機構所得到的價格都是一樣的,他們利用關閉優惠價格、限制最低住房日數,或是更改抵達日的方式來達成庫存限制變更的目的,這表示旅行社、中央訂房系統、旅館與租車公司、網路業者、旅館訂房部職員,以及服務臺職員

都只能以較高的費率預約訂房。

現在讓我們來看看適當的銷售策略如何在我們四百間客房的旅館裡，於某一個客滿日達成客房營收的極大化，讓我們先假設在抵達日前的一個禮拜，我們已以平均175美元的單價售出三百五十間客房，收益管理系統告訴我們預約速度是二十五間房，高於歷史平均值，因此我們在抵達日前理當能夠將四百間房全部售出，接下來我們將比較銷售剩餘的五十間房的兩個收益的可能性。

首先，讓我們假設我們並沒有改變銷售策略，也就是優惠客房仍然開放給顧客預定，我們可以假設剩餘的五十間房平均房價仍為175美元，如同收益系統為之前三百五十間客房所計算的，它同時包含了較高以及較優惠的房價，因此預期增加的營收為8,750美元，五十間已售客房乘上平均房價175美元。

其次，讓我們假設我們改變銷售策略關閉所有的折扣房價，剩餘的五十間客房將會以199美元的公司價，以及219美元的定價售出，這五十間客房的平均房價將會落於這兩個價格之間，讓我們取210美元為平均值，這五十間客房的預期收益將會增加10,500美元，五十間客房乘上平均房價210美元，透過關閉折扣價，旅館將剩餘的五十間客房的房價從175美元調升至210美元，也因此新增加了客房營收1,750美元（$10,500減去$8,750），表7.1說明了不同銷售策略的不同客房營收。

表7.1　銷售策略與收益流

	範例1	範例2	差額
已售客房數	50	50	無
平均房價	$175	$210	+$35
客房總收益	$8,750	$10,500	+$1,750

動態銷售策略的價值便是能夠從每日市場情況與走勢的即時更新資料當中獲得好處，以更正銷售策略，達到某一特定抵達日的最大客房營

收。事實上，在需求高的旺季，一間旅館一天之內可能會改變銷售策略好幾次，收益系統所提供的資訊因為提供了當前訂房資料的細節，因此是將客房營收極大化的關鍵，使營收管理部門的經理能夠拉出個別抵達日的資料至他或她的電腦，並在一天之內的任何時段採行適當的銷售策略；顯然收益管理系統在高需求時段是最有幫助的，特別是在客房營收極大化方面更是深具價值，但是同樣重要的是必須瞭解收益管理在需求低與淡季時段，同樣也能達到營收的極大化，經由低需求量的提早辨識，並以適切的銷售策略因應，盡可能地在淡季製造最高的客房收益。對旅館而言，當營收管理部門的收益系統所提供的資料顯示較弱的市場需求，並且旅館在某一特定抵達日只達成50%的住房率的時候，這時候仍設有優惠限制是非常重大的錯誤，所有的優惠房價都應該開放，其他的限制在淡季時應該移除，以擴大客房營收並確保沒有任何訂房遺失或被拒絕。再一次強調，寧可以較低、較優惠的價格賣出一間房並多少製造一些收益，也不能留下一間空房——這是另一個錯失賺錢機會的例子。

四、營收管理評論

收益管理的最後一個步驟是評估所採行的銷售策略及其所產生的某一特定抵達日或週次的成果，評論的過程與評論月損益表的表現相同，評論裡的問題可能包含下列各項：

1.所採用的銷售策略有否達到如期的成果？
2.銷售策略是否能夠快速並有效地傳送到所有的訂房通路、配送管道與經銷商？
3.是否有任何訂房被拒絕或是失去任何營收機會？
4.在未來是否有任何問題或意外必須考量？
5.收益管理過程是否如預期的進行？
6.銷售策略的程序是否需做任何改變？

結語

對每間旅館的管理團隊而言，將客房總營收極大化是優先考慮的事，它包括在管理房價與客房銷售量之間取得平衡以達客房總營收的極大化，它同時也是達成旅館總利潤極大化的第一步驟，可能也是最重要的步驟，倘若一間旅館逐年增加客房總營收，同時也符合預算及預估的營收量，這將使得部門經理更加容易管理及控制旅館營運費用。

客房總收益極大化的過程包括四個重要的程序：首先是有效地管理每間空房營收，每間空房營收是客房總營收除以旅館可取得的總客房數，這代表了在管理平均房價以及客房總銷售量極大化上有不錯的表現。

其次是為旅館制訂一份具競爭性但同時也具獲利性的房價表，為不同的市場區隔提供不同的房價制訂，對於將客房總銷售量與客房總營收量極大化是非常重要的，房價必須在市場上具競爭性、必須能反映顧客價值、能反映旅館投資與營運成本需要，同時還能一併考量旅館可能具備的任何競爭優勢。

第三個程序是收益管理程序，利用收益系統來收集歷史資料並提供有助於客房總收益極大化的當前訂房資訊，收益系統是比較該年度某一特定抵達日的訂房預約速度與該抵達日的歷史平均預約速度的電腦軟體。

第四是發展並採用成功的銷售策略，這些銷售策略將協助所有訂房部的夥伴與旅館工作同仁有效地利用房價表與訂房的即時狀況來將客房總營收極大化，銷售策略在每週的銷售策略會議中擬定，並且每日做調整以反應當前的市場情況與客房銷售狀況。

有效的客房營收管理是旅館經營成功的最重要因素之一，客房營收極大化使得旅館能更有彈性地控制與管理費用，以符合預期的獲利率及現金流量規劃。這些增加的營收同時也有助於維持或改善旅館硬體架構，並為旅館顧客提供更多的服務與更佳的設施，一間旅館的客房營收若持續低於預估，那麼它將無法有足夠的收益與流動現金來支付所有的營業與固定費用，旅館也無法維持其強大的競爭優勢。

一、餐旅經理重點整理

1. 每間空房營收對於客房總營收極大化是最有價值的度量標準，它需要旅館管理團隊在客房銷售量與客房平均單價的極大化方面都能有效地管理。

2. 收益管理是旅館管理團隊達成旅館客房總營收極大化的珍貴工具，它比較某一抵達日的當前訂房預約速度與歷史預約平均速度，並被用來決定哪一個是達成客房總營收極大化的最佳銷售策略，它同時也比較實際入住客房數與團體客保留房數。

3. 收益系統是收集並分析歷史營業資料，以協助管理者採行最有效率的銷售技巧，達到旅館收益極大化的電腦程式。

4. 銷售技巧團隊負責檢視所有的訂房資料，包含收益管理資料，並採用最佳策略以達客房總營收極大化。

5. 旅館房價通常根據其最大市場區塊的特定價格範圍一年制訂一次。

二、關鍵字

底價（bench rate）　一間旅館欲達到並銷售予大眾的房價。

預約速度（booking pace）　在某一特定抵達日收到訂房的當下速度，預約速度被拿來與歷史平均速度做比較，並藉以確定需求量在某一特定抵達日多於或少於歷史平均值。

抵達日（Day of Arrival, DOA）　為收益管理系統的焦點，即未來某一特定抵達日的歷史訂房資料與走勢。

需求（demand）　經由顧客為某一產品或服務支付某一特定價格的偏好與意願所反應。

需求追蹤（demand tracking）　收益管理的一部分，利用電腦程式提供訂房預約模式的歷史資料，而該預約模式為旅館提供歷史平均值與市場走勢，又稱為收益系統。

團客保留房（group room blocks）　一份已簽訂的合約，明確記載每晚的

團體客房數目與種類，以及該項活動所需的團體客房總數，它同時也包含了房價、貴賓室、簽名授權付費的旅客，以及其他關於團體的詳細資料。

歷史平均值（historical average）　以最近四到五年的旅館資料為基礎的平均訂房資訊。

顛峰住宿夜晚（peak night）　團客保留房裡某個或某些入住客房數最多的夜晚。

實際入住客房數（pickup）　與當天晚上團客保留房的數量相比較，該日團客保留房裡實際訂房的數目，它同時也包括了某一特定日期的實際訂房數目，以及與該日的團客保留房相比的實際訂房百分比。

房價表（rate structure）　旅館所提供的不同房價的列表。

一般價（regular rate）　所有販售旅館客房的不同訂房系統與管道所獲得的房價，包括旅行社、航空公司、租車公司與網路，通常第一個房價由中央訂房系統所報價（800開頭的電話號碼），又稱為定價。

營收管理（revenue management）　在對的時間以對的價格銷售對的產品給對的顧客的過程，藉此由公司的產品與服務達成收益最大化的目的。

每間空房營收（Revenue per Available Room, RevPAR）　客房總營收除以總客房數，它結合了住房率與房價資訊以衡量一間旅館達成客房總營收極大化的能力。

銷售策略（selling strategy）　一間旅館的資深管理團隊在開放與關閉折扣房價、抵達日期與入住天數以達客房總營收極大化所做出的行動與決定，它包括了取得優惠折扣的資格與限制的規定。

離峰住宿夜晚（shoulder night）　每個晚上團體客房售出的顛峰時刻前（離峰前段）後（離峰後段）所售出的客房數。

偏差客房數（slippage）　團客保留房每晚預期或保留的客房數與實際售出客房數之間的差異。

收益系統（yield systems）　電腦訂位追蹤系統，結合了當前與歷史的定位預約資料，它被運用在旅館客房總收益極大化的銷售策略的採行上面。

三、章末習題

1.每間空房營收的兩項公式為何？

2.為何瞭解並使用每間空房營收的資料對於客房總營收極大化如此重要？

3.請解釋房價與市場區隔之間的關聯性。

4.什麼是抵達日？為何抵達日是收益管理重要的一部分？

5.在收益管理中如何運用預約速度與歷史平均值？

6.旅館的銷售策略團隊裡有哪些成員？哪一個成員是最重要的？

7.當預約速度落後歷史平均速度時，旅館應採用何種銷售策略？

8.當預約速度超前歷史平均速度時，旅館應採用何種銷售策略？

四、活用練習

1.某間位於市中心東岸擁有六百間客房的旅館，它的公司簽約房價為199美元，業者在來年想要稍微提升房價，請制訂一張房價表，內含至少六種不同的價格範圍，你的公司簽約價應該呈現些微的漲價，而其他的價格範圍應與公司簽約價呈現合理的對應關係。

2.承接上一題，根據你為該間旅館所制訂的房價表回答下列問題：

(1)你認為一週內的哪些天需求量會最大？

(2)針對這些天，當你的銷售策略為：(A)關閉一個或是所有的折扣價格；(B)當你試圖更動抵達日；(C)當你規定至少需要住宿2天以上，請明確說明哪些天你會用哪些策略。舉例來說，哪些天適合規定最少住宿日？哪些天則適合更改抵達日？

3.請詳述一間一千間客房的會議旅館裡會經常使用到的至少三種收益管理術語，以及一間四百間客房的機場公司旅館裡會經常使用到的至少三種收益管理術語。

報表比較與財務分析

8

學習目標

- 瞭解旅館收益與利潤分析的重要性,以及它們是如何被解釋與分析
- 瞭解何謂變動分析及其使用方式
- 學習重要公式與比率,以及如何運用於變動分析中
- 認識並使用史密斯旅遊住宿市場研究報告
- 認識並使用內外部的財經報告

前言

　　在先前的章節我們已著眼於數字的分析及如何利用其衡量財務績效，此時學生應逐漸奠定雄厚的財務知識根基，並對於什麼是財務分析、它代表的含義及其如何被用來說明旅館營運有全盤的瞭解，接下來我們即將討論的概念是其他的財務報告與財務分析的方法，這些方法被用來比較並分析旅館營運、管理報告與財務報表。

　　延續之前章節所討論的基本會計概念與財務分析方法，接下來我們要認識一些有利於分析與比較營業成果的內外部報告，值得注意的是我們始終以實際的營運表現開始，跟隨其後的是營運所製造的財務結果的分析。

　　實際成果的內部比較是與公司預算及預估、前幾個月或前幾個時段，以及既定的目標或標準相比；外部報告則是有助於將旅館營運與財務結果與競爭對手、產業均值，或是其他外部財務資訊相比較的市場或財經報告。

第一節　獲利率：財務績效的最佳評量標準

一、定義

　　利潤的定義是營收減去費用，這是一個相當簡單的公式，但是在衡量財務績效時卻非常重要。在真實的旅館運作裡，這個公式被以不同的方式運用並各自產生不同的獲利率度量標準，任一個企業裡利潤都能以幾種不同的標準來衡量，讓我們來複習幾個包含於旅館損益表裡的重要利潤標準。

> 部門利潤＝部門總營收－部門總直接費用
> 部門總利潤＝旅館所有部門利潤的總和，它與所有利潤中心的總和相同
> 建物利潤或淨營業利潤＝部門總利潤－費用部門的總和，或是
> 　　　　　　　　　　＝部門總利潤－支援中心成本
> 建物淨利或淨營業利潤＝建物利潤－固定費用

　　利潤是衡量財務績效的最佳工具，因為它包含了財務績效裡兩項要素：營收極大化與費用極小化。旅館總營收極大化非常重要，但是它只是第一步，費用的控制與極小化同樣也很重要，而它是第二步，利潤要達到最大化必須在這兩方面都能做到有效的管理，營收與利潤的分析事實上便是在解釋一間旅館或餐廳在這兩方面的財務表現。

二、分析利潤與分析收益之間的差別

　　收益的分析是完全強調於致力達成旅館總營收最大化時，房間價位與數量之間的關係，它包括了制訂房價表、設定銷售策略，以及將房價與住房率結果和內外部報告相互比較，它同時還包括分析不同的市場區塊，如團客或短期住宿旅客，以及平日或週末。一般來說，部門總管是對於該部門收益極大化負有直接責任的旅館經理人。

　　獲利率分析不僅包含了先前討論過的營收分析，同時也包括了所有部門費用所列的項目帳戶的費用分析，每一項特定的費用領域的價值視其影響旅館為顧客有效提供產品與服務的能力而定，這些費用包含固定與變動費用、直接與間接費用及營業與管理費用，特定旅館經理為達成部門利潤的極大化，在管理特定的營收市場區塊與控制特定的費用明細分類帳這兩部分負有直接的責任。

　　食品成本與薪資成本是必須分析與控制的最重要支出，這是兩項假使不妥善控管，便可能成為重大問題以及可能造成總利潤流失的主要變動

費用；薪資成本尤其重要，因為它會直接影響福利成本，倘若薪資成本上升並超出預算，福利成本通常也會跟著上升並超出預算；同樣地，倘若薪資成本下降並低於預算，則福利成本通常也會跟著下降並低於預算。

　　最後，當管理的支出帳戶較收益帳戶為多，這時候便需要旅館內每個部門的所有旅館經理投入心力，欲達成旅館利潤極大化需要每位經理有效地控管費用帳目，假使每位經理都能有效地控制他或她的部門費用，那麼旅館總費用將會在掌控之中，而旅館的總利潤目標也能夠達成。

三、部門利潤對於旅館總利潤的影響

　　一如我們先前所提及的，所有部門利潤金額並非公平的產生，這代表每個身為利潤中心的部門都有不同的費用結構。有些部門費用較高，因此產生的利潤便較低；而有些部門費用較低，產生的利潤便較高；較大型的會議型旅館與度假中心比起傳統的全服務型旅館擁有較多的利潤中心，因此也能產生更高的部門總利潤。

　　讓我們看看兩個全服務型旅館的例子並確定與每個營業部門相關的利潤，謹記收益中心與利潤中心這兩個名詞能夠交替使用。當收益中心只記錄營收時，相對應的利潤中心將記錄營收、費用與利潤，它們是描述產生營收與利潤的營業部門的兩個名詞；同時，也要記住部門利潤百分比顯示了一個部門的營收必須達到多少金額才算達到獲利的「下限」，下列的部門利潤百分比（又稱為獲利率）是假設總成本費用已平均分配給所有的餐飲營業部門。

利潤中心	全服務型旅館	會議型旅館
客房部	65%-75%	70%-80%
宴席部	25%-35%	30%-40%
全服務型餐廳	0%-10%	5%-15%
特色餐廳	無	10%-20%

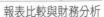
吧臺與會客室	30%-40%	30%-45%
禮品店	25%-30%	25%-35%
高爾夫球俱樂部	無	25%-35%
三溫暖	無	25%-35%

讓我們來檢視一下這些例子對於獲利率的影響：

1. 首先，因為客房部的銷售額沒有任何成本，而有最高的利潤百分比。這些客房每晚被重複租用，並未被消費（如同餐飲消費一般）或購買（如同紀念品與衣服一般）；所以銷售沒有任何成本，在其他的營收部門，食物的銷售成本可以從25%到35%，而衣服的成本可達50%，因此它是主要的支出種類，這是為什麼客房部門的利潤遠遠高於其他利潤部門的其中一個原因。

2. 客房部門的房價通常比餐廳部門的平均帳單金額或禮品店的平均銷售金額高出許多，較高的客房單價會使得客房部門的利潤百分比上升。

3. 會議型旅館與度假中心的平均房價與餐飲單價通常比傳統的公司簽約型旅館來的高，這點有助於增加部門利潤百分比。

4. 旅館的營收部門愈多，就有愈多的利潤來源來增加部門總利潤、建物利潤／淨營業利潤，以及建物毛利／調整後營業毛利，這點有助於度假中心及會議型旅館增加總收益與總利潤。

5. 餐廳部門的利潤百分比最低，因為準備與供應食物需要許多花費，食品與薪資成本都落於25%至35%之間，福利成本則在10%與15%之間，而其他的直接營業成本則介於10%至15%之間，因此餐廳如果想賺錢，那麼在管理成本上就不能出太多差錯。

6. 特色餐廳通常獲利率較高，因為它們的帳單金額通常較高，同時飲品的銷售額也較高。

7. 對餐廳而言，銷售酒精類飲料在銷售收入上是有助益的，因為酒精

類飲料的薪資成本與銷售成本都較低，進而產生較高的含酒精飲料的獲利率，這有助於整個餐飲銷售部門，包括宴席部的整體財務績效。

8. 宴席部門通常較之餐廳有較高的利潤百分比，因為宴會的供餐能夠針對顧客人數以獨特的價格來設計，用餐的時間也已確定，這使得運作上更有效率，獲利率也較高。舉例來說，一個與會人數500人的晚餐宴會能夠以平均30美元的價格提供設計好的餐點，比起經營一家餐廳在晚餐時刻等待未知數量的顧客蒞臨、點餐的內容未知、平均結帳金額未知，以及總營收也未知的情況之下，宴席部能更有效率、也更具獲利性的規劃它們的營運。

　　財務主任與全服務型旅館的總經理通常會為了兩個非常相異的理由而花很多的時間在客房及餐飲的營運上面。第一個理由是客房部因為產生了大部分的營收與利潤，因此該部門非常重要，一個運作良好的客房部門代表它擁有較高的銷售額與現金流動率，並因此製造了較多的財務來源以順利運作旅館的其他部門；客房部門是一個先將焦點關注於營收極大化，爾後再控制費用的營業部門的絕佳範例。第二個理由則是餐飲部門由於營運的複雜性與重視細節，因此該部門也很重要；餐飲的運作需要完好地控管各式各樣的費用以獲致利潤；倘若這些部門運作不完善，可能會造成營業額的虧損而無法獲利；餐廳部門是先將焦點關注於控制費用並將其極小化，爾後再將營收極大化的部門的絕佳範例。

　　這裡所討論的不同部門的利潤百分比是第二章所提到的綜合百分比的良好示範，上述各個部門所賺取的1元美金將製造不同金額的部門利潤。一間運作良好的旅館的管理團隊知道並理解這個道理，他們規劃每日營運以考量當週所有部門的部門預期營收所製造的利潤。欲達成旅館獲利率的極大化，費用必須極小化而營收必須極大化。

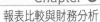
四、旅館總獲利率的極大化與計算方式

在旅館裡存在著一種合作關係，這種合作關係使得旅館能夠運用所有可得的營業與財務資源來將獲利率極大化，該合作關係存在於行政部門及營業部門之間，四個行政部門（行銷部門、維修部門、人力資源部門及會計部門）的目標是為營業部門（客房部門、餐飲部門、高爾夫球部門、三溫暖部門及零售部門）提供專門支援，營業部門負責照料顧客並為旅館製造營收與利潤，他們的焦點應該著眼於提供旅館顧客最佳的產品與服務，並且確保顧客還願意再度光顧。

會計室與財務經理提供給營業經理的支援及其間的合作關係對於旅館的順利運作特別重要，由於作帳與財務的程序可能會變得相當複雜且吃力，財務經理是否能有效地提供這些服務與知識給部門經理以及資深經理便顯得益發重要，部門經理能否提供正確的數目字給財務經理一樣很重要，如此一來兩方才能都具備所有需要的知識與資源，以鑑定問題與趨勢、發展修正的策略並決定最佳的修正採用方式，以改善營運並達成財務目標。這是一個正確的合作關係，每位經理與每個部門為這樣的關係提供專門的知識與經驗，一個強大的財務團隊與一個強大的營業團隊是旅館成功營運的不二法門。

暸解其他行政部門為旅館的成功營運所貢獻的服務與支援同樣也很重要。行銷部門致力於建立具有競爭性與獲利性的房價表、採用成功的銷售策略、招攬有利的團客業務，以及開發優良的行銷與宣傳計畫；維修部門則不斷努力維持旅館設備的有效運作，並且使旅館內外看起來皆賞心悅目，這是很大的工程！人力資源部門負責雇用適合的員工、提供訓練與發展、處理員工問題並管理敘薪與福利。倘若每個部門各司其職，那麼旅館將會以極高的效率運作，並且更有可能達成既定的目標與符合既定的預算，這些目標及預算都是為了評估旅館績效與獲利率而設立。

第二節　第二章複習：財務分析基礎

　　第二章介紹基本的會計概念，以及用來分析數字與成果的財務分析方法，現在我們即將運用這些工具以及方法來分析內部營運，包括營收、費用與利潤，我們同時也能運用這些資料來比較個別的公司表現與產業標準及外部報導。

　　在這個章節我們將針對公司表現，將焦點關注於第二章所介紹的財務分析基礎的應用，而變動分析利用了所有這些基本原則。讓我們再複習一次。

一、比較數字／結果以賦予其意義

　　數字必須經由與一個標準或與其他數字的比較之後才會具有意義。變動分析透過提供比率與公式的方式將這個觀念加以延伸，這些比率與公式在兩個方面協助比較公司每月、每季或每年的表現：第一方面考慮公司表現與去年、上個月或既定的目標，例如年度預算與當期預估的成果的內部比較；第二方面則考慮到公司表現與其他相似旅館的平均值、與產業標準及產業平均值，或是與外界報導例如史密斯旅遊研究（旅館業市調業者）所發行的史密斯旅遊住宿市場研究報告（the STAR Market Report）報導的外部比較。

二、衡量並評估財務分析的改變

　　一間公司營業成果的改變是藉由實際表現與先前表現，或是實際表現與一既定的目標或測量值之間的比較來鑑定，變動分析將這個定義加以延伸，將公司表現的差異以美元、單位或百分比的方式來判定，上一段所提到的比較，確認並計算了正向改變與負向改變的數量。公司每一年都計

畫透過增加營收與利潤的方式來改善其營運與財務績效，而實際的成果便被拿來與這些已計畫好的差異（預算與預估）相比較。

三、財務分析工具 ——百分比

　　百分比衡量營業表現的關聯性與變化，它們總是包含兩個數字，並針對財務分析提供除了金額或單位改變以外的另一種測量方式。百分比用來鑑定與標準之間差異的大小，這是非常重要的資訊；舉例來說，50,000美元的營收裡，每1,000美元的變化就相當於營收有2%的差異（$1,000÷$50,000），而同樣1,000美元的差異與200,000美元的營收相比較，則只有0.5%的改變（$1,000÷$200,000），這個百分比的結果告訴我們，第一個例子裡的1,000美元比起第二個例子裡的1,000美元，其變化要來得更為明顯。

　　在財務分析裡最常用到的四種百分比類型是成本百分比、利潤百分比、綜合百分比及百分比差異，每一種百分比都提供公司營運的特定資訊，同時也都是變動分析當中重要的一部分。

凱悅Scottsdale溫泉度假中心，Gainey Ranch Scottsdale，亞利桑那州

　　Scottsdale Gainey Ranch的凱悅溫泉度假中心是一間擁有四百九十二間客房位於亞利桑那州Scottsdale時尚商業鬧區的度假中心，每一間客房都包含能夠俯瞰度假中心庭院與戲水設施的陽臺或露臺，凱悅提供六處不同的用餐場所、27洞的高爾夫球場，及以十九間芳療室為號召的Aviana溫泉會館與一座占地2.5英畝的「水上遊樂園」，這座水上遊樂園以十座游泳池以及三層樓高的滑水道改寫國際級度假中心水上遊憩體驗的新紀錄，會議中心的設施則包含了超過70,000平方英尺的室內外會議空間，內有包含

沙漠與山景的度假中心獨特景致的三十三間休息室與準備室，欲瞭解更詳細的資料與感受度假中心氣氛者，請參考其網站：www.scottsdale.hyatt.com。

資料來源：感謝亞利桑那州Gainey Ranch Scottsdale的凱悅溫泉度假中心提供照片。

　　鳳凰城／Scottsdale的太陽谷區因為擁有許許多多的國際級度假中心而成為最著名的度假勝地之一，想想這些度假中心在奢華旅遊與休閒遊憩市場競爭時所面對的挑戰，在分析Scottsdale凱悅溫泉度假中心的財務表現時，請考慮下列問題：

1. 請列出五間您認為能與凱悅競爭的度假旅館，並說明原因。
2. 您認為在昂貴的Scottsdale，凱悅的所在地如何影響營業部門的薪資成本？請舉例說明之。
3. 您願意管理哪一個營收部門？請列出三個您會用來分析部門營收與利潤的重要因素。

四、財務分析走勢的重要性

　　走勢是重要的，因為它們顯示了商業活動、產業平均值與標準，以及顯示了國內外經濟的規模、方向或變動。

　　變動分析比較一間公司的營業與財務走勢與該公司其他旅館或餐廳、整個產業界、股票市場或是國內外經濟的走勢，變動分析同時也判斷該公司營業與財務走勢正向與反向的差異，尤其可貴的是它透過比較公司的營收、費用以及利潤走勢來尋找改善營業成果與財務績效的方法，2009年的經濟不景氣示範了趨勢如何變化，以及旅館與餐廳必須如何去認知過去的走勢可能不再適用於當前的市場環境與運作方式。

 第三節　變動分析

一、定義

　　變動分析（variation analysis）包括鑑定實際營業表現與既定標準之間的差異，這些標準可以是去年的實際表現、上個月的實際表現、今年的預算或是最當前的預測，變動分析仰賴準確的財務訊息來判斷營運活動的好壞變化，因此變動可以是正向的，反映出高於標準的表現，也可以是反向的，反映出低於標準的表現。

　　變動分析同時也包含了確認並檢視造成營運改變的原因，它判別每一個收支帳戶的變動，這些帳戶收集某一特定費用項目的所有財物資訊，一間旅館或餐廳營業成果上的變動被描述並計算於每個月或每個會計期間所產生的財務報表分類帳裡。

　　變動分析被用來判斷並分析營收、費用以及利潤帳目的營業成果，這些帳目裡有些擁有一個以上的變動因素，有些則只有一個。**變動因素**（variables）是包含在帳目裡的不同構成要素，它可能是營收帳戶或是費用帳戶，兩個變動因素代表有兩個組成要素能夠被管理與分析，變動分析顯示了每個構成要素對於所有各別帳目的影響；舉例來說，客房營收的兩個變動因素是平均房價及已售客房數，在薪資分析上，這兩個變動因素分別代表了平均薪資及人時數。同樣都包含兩個變數，現在讓我們來看看在分析營收與費用帳目時，會計算到的一些主要帳目以及其他變動因素。

收支分類帳項目	變動因素
客房營收	平均房價與已售客房數／入住百分比
	市場區隔——短期住宿旅客、團客或是簽約旅客
	平日與假日
餐廳營收	平均結帳金額與顧客數目

	用餐時段──早餐、午餐與晚餐
	平均留客率
薪資成本	平均薪資與工時
	管理部門、鐘點制以及加班費部分
	每間客房或是每位顧客工時

　　其餘的費用帳戶大部分都只包含一個變動因素，例如食物成本、餐具、玻璃杯、銀器、顧客備品、寢飾等等，在一個變動因素帳戶裡的總費用包含了採購數量、存貨變動數量以及帳目轉進轉出的數量，較大的分類帳如食物成本，因為擁有許多細部項目所以較為複雜，也因此可能會較難控管。舉例來說，為了要準確地確認一個月的食物總成本，分析一間餐廳當月的食物總成本可能會包含超過一百個帳目的分析，這其中包括了食品採購、部門轉換及存貨變動，而分析寢飾的成本則較不複雜，當月可能只包含五到十項帳目。

二、變動分析公式與比率的應用

　　比率（ratios）是定義數字之間關聯性的公式，它們被使用於財務分析當中，比率在財務分析裡被分類為五大類，每一個類別都包含來自於三種財務報表──損益表、資產負債表以及現金流量表其中一個或多個報表的財務資料，比率很少包含來自兩份財務報表的資料，這五種類別如下所述：

1.活動比率（activity ratios）：是一系列反映旅館業管理團隊運用公司資產與資源能力的比率，這些比率主要包括了損益表的金額與統計數據，細想下列範例：

(1)總入住百分比＝已入住客房數÷總客房間數

(2)可得入住百分比＝已入住客房數÷可銷售總客房數

(3)每間客房平均入住率＝入住旅客總人數÷已入住客房總數

(4)食品存貨周轉率＝已售出食品成本÷平均食品存貨量

2.營業比率（operating ratios）：是一系列協助旅館業各編制單位的營運分析的比率，這些比率同樣來自於損益表，範例如下：

(1)客房平均單價＝客房總營收÷已售客房總數

(2)每間客房營收＝客房總營收÷客房總間數，或是
　　客房平均單價×住房百分比

(3)食品平均結帳金額＝食品總營收÷顧客總數

(4)食品成本百分比＝食品總成本÷食品總營收

(5)薪資成本百分比＝部門薪資成本÷部門總營收

3.利潤比率（profitability ratios）：是一系列反映管理部門所有責任範圍總成果的比率，這些比率包含了來自於三個區塊的資料——損益表、資產負債表以及來自於股票公開交易的交易所資料，範例如下：

(1)利潤百分比＝利潤金額÷營收金額
　　　　　　　（這可以是一個部門或是整間旅館的百分比）

(2)自留額比率或是流動率＝利潤金額差異÷營收金額差異

(3)EBIDTA＝未計利息、折舊、稅項與攤提前的盈利

(4)資產報酬率＝淨利÷資產總平均

(5)股東權益報酬率＝淨利÷股東平均權益

(6)每股盈餘＝淨利÷流通在外的普通股平均股數

(7)本益比＝每股股價÷每股盈餘

4.流動百分比（liquidity ratios）：一系列敘述一個編制單位達成其短期目標能力的比率，這些比率來自於資產負債表與損益表，範例如下：

> (1)流動比率＝流動資產÷流動負債
>
> (2)速動比率＝現金與速動資產÷流動負債
>
> (3)應收帳款周轉率＝總營收÷平均應收帳款

5.償債能力比率（solvency ratios）：是一系列評估透過借款籌措資金經營旅館的限度，以及能夠達成旅館長期財務目標能力的比率，這些比率同樣來自於資產負債表，範例如下：

> (1)流動比率＝總資產÷總負債
>
> (2)負債權益比＝總負債÷總股東權益

三、衡量財務績效的主要旅館比率

有許多比率與公式被用來分析以及評估一間旅館的財務績效，最主要的比率將被區分成營收、利潤與支出種類，我們即將討論並按優先順序排列每個種類裡最重要的比率，請注意大部分這些比率在先前所討論的五大比率類別裡都已提及。

(一)營收

變動分析被用來檢視旅館所產生的實際營收的兩個不同部分，它尋求於發現差異發生的所在處以及是由什麼原因造成差異，首先分析房價與數量，接著比較實際表現與另一項諸如預算、預估、去年或上個月的標準，營收變動分析裡所使用的三項主要衡量工具是已售客房數或住房率、平均房價以及每間空房總營收，現在讓我們檢視房價與數量。

■已售客房數或住房率

這是營收等式裡計算數量的方法，營收＝房價×數量，變動分析衡量每晚與預算、預估或是去年的已售客房數相較之下的實際已售客房數。舉例來說，實際已售客房數以及預期的已售客房數之間的差異便是已售客房數的變動量，在有四百間客房的旅館內，假使預期的已售客房數為三百六十間，而實際的已售客房數為三百七十五間，那麼已售客房數的變動量便超過預算十五間，這間旅館比預期會售出的客房數多了十五間，這是一個正向的變動。

已售客房數同時也能夠以百分比的方式來說明，亦即入住百分比。在我們的例子裡，旅館預估的三百六十間已售客房數等同於90%的預期入住率，而三百七十五間實際已售客房數則等同於93.8%的入住率（請注意我們是將93.75%的小數點四捨五入進位）；現在我們針對已售客房數的變動分析有了第二項評估，也就是十五間多售出的客房數或者是入住率高出3.8%。我們現在可以確定數量以及售出更多客房數是造成一部分客房營收改變的原因。

■平均房價

營收等式裡計算房價的方式是：營收＝房價×數量，為變動分析計算與預算、預估或是去年的平均房價相較之下的實際平均房價。實際平均房價以及預期平均房價之間的差異便是房價變動量，在我們四百間客房的旅館裡，假使預期平均房價為175美元，而實際平均房價為174美元，那麼平均房價的變動量便是1.00美元，這間旅館的平均房價比預算低1美元，這是一個負向的變動——比預估房價更低的實際平均房價，我們現在可以確定平均房價是造成任一部分客房營收改變的原因。

■每間空房營收

每間空房營收（RevPAR）的計算方式同時結合了房價與數量，它是第一個檢視何時分析客房總營收的營業與財務統計數值，因為它同時包含

了房價與數量——平均房價以及已售客房數／入住百分比，每間空房實際營收以及每間空房預期營收之間的差異便是每間空房營收變動量。

　　經由上述例子，接下來讓我們利用平均房價以及入住百分比的資料繼續我們的分析。

	實際	預算	變動量
已售客房數／住房率	93.8%	90.0%	＋3.8%
平均房價	$　174	$　175	－$1.00
每間空房營收	$163.21	$157.50	＋$5.71

　　在我們例子當中的其中一項分析顯示163.21美元的每間空房實際營收高出於157.50美元的每間空房預期營收5.71美元，若以百分比來說明，5.71美元的變動量便是高於每間空房預期營收3.6%，這是一個正向的變動量，下一個步驟便是確定是否房價或是數量或是兩者同時為正向變動的產生因素；在我們的例子裡，住房率或是數量的變動都是正向的，但是平均房價變動是負向的，整體的每間空房營收呈現正向變動的事實告訴我們，3.8%的正向住房率變動比起1.00元美金的負向平均房價變動，對於每間空房營收造成更大的影響力。

　　第二個部分是實際表現與標準值的比較。在我們的例子裡已經開始比較程序。與標準值比較，實際的住房百分比、平均房價以及每間空房營收的重要性是——它敘述了實際表現的方向與強度，實際績效與去年做比較顯示了哪些營運部分較去年進步或是退步？又進步或退部的幅度為何？它逐年地比較實際的財務表現；與預算相較則顯示了實際績效與當年的營業計畫或預算相比較的成果，它也與未來所計畫或是所預估的效能相比較；將實際表現與預期相比較則包含了最當期的營運計畫，而營運計畫則包含了當前的趨勢與當前的經濟環境，預期的成果更新了預估的值，它同時也是最新的計畫，因此理當是最正確的計畫，在這個部分也將實際表

現與最近期的計畫相比較。

　　最佳的財務狀況是實際的營業成果所擁有的財務績效超越了全部的三項指標：去年度、預算及預期。次佳的狀況是實際成果超越去年的成果，但是卻未達到預算，這項比較顯示營運較去年的實際成果已獲得改善，這點絕對是重要的，但是並未如所計畫的改善或增加至足以達成預算值的幅度，這可能是因為預算值設定得較有挑戰性，或是有像2009年一樣艱困的市場出現。另一個好的狀況是達成或超越預期，這是因為預期展現了最當前的計畫或推測，達成或超越去年的表現，那麼所預期的便會是極佳的財務績效，即便未達到預估值，但至少一項比較之中顯示出進步是很重要的，因為那代表營運朝向正面的方向前進。

(二)利潤

　　變動分析被用來檢視旅館幾個不同層級的利潤，利潤的公式是營收扣除費用。營收在這個部分已經分析過，因此利潤變動分析的焦點將著眼於費用帳目。利潤變動分析分為三個步驟：第一步驟分析營收與費用對於利潤的影響；第二步驟定義分析的部分為哪一個利潤層級——部門利潤、建物利潤或是淨營業利潤，以及淨建物利潤或是稅後淨營業利潤；第三步驟比較實際利潤結果與另一項利潤標準，例如去年、預算或是預期的標準。

　　第一個步驟是檢視營收與利潤：

1. 營收（revenue）：這個部分的利潤分析，在先前段落檢視並比較房價、數量與每間空房營收時已完成，細節請參考營收那一個段落裡的第一項。
2. 費用（expenses）：利潤變動分析的下一個部分包括檢視不同的費用領域及分類帳，部門損益表包含營業費用的細節，其中包括了四項主要的成本範疇：銷售、薪資與福利成本，以及直接營業費用。

　　第二個步驟是定義哪一個利潤層級被分析，下列是被視為變動分析的一部分而經檢視的不同利潤層級：

1. 部門利潤（department profits）：這是營收／利潤中心的利潤金額，公式為部門營收扣除部門費用。
2. 總部門利潤（total department profits）：這是旅館內部所有營收／利潤中心的部門利潤總和，公式為將所有的各別部門利潤相加。
3. 建物利潤（house profit）或淨營業利潤（gross operating profit）：這是用來衡量管理部門控制旅館所有營業費用能力的利潤金額，公式為總部門利潤扣除總支援成本或是總費用中心成本。
4. 淨建物利潤（net house profit）：這是最終的利潤測量指標，包含旅館所有的營收與費用，唯一剩下的費用是稅款以及旅館股東與旅館管理公司之間的利潤分配，公式為建物利潤扣除固定或經常費用。

　　第三步驟是比較實際表現與標準值，這個階段的分析與營收部分所描述的相同。實際的利潤表現在每一個層級就利潤金額與利潤百分比而論，都被拿來與去年、預算以及預估做比較，接著確定任何的差異或變動，在營收分析裡已鑑定營收變動，所以焦點轉為檢視不同利潤層級的費用範疇的差異，以及每一種利潤衡量方式的影響。

(三) 費用

　　在「利潤」那個段落我們已經討論如何分析費用，管理費用對於任何一位旅館業經理人而言都是工作裡很關鍵的一部分，讓我們來看看他們如何被期待管理四項主要費用範疇裡的任一項：

1. 銷售成本（cost of sales）：餐廳與廚房經理人被期待每個月以及每年截至當日的食物成本金額與百分比都必須符合預算，而這需要他們有效地管理食物與飲料採購、協助精準的實地盤存並使得庫存總

數與帳面庫存一致、檢查儲藏室存貨的替換以確保品質與新鮮度、安排至其他食品部門的移交，以及與會計部門核對所有的數字與財務資料。對於飲料部門經理、零售部門經理，以及任何其他擁有待售出或是為顧客所消費的產品的營收中心經理而言，他們所負的職責都是相同的。

2.薪資成本（wage cost）：經理人將被期待能夠預期並控制時薪費用的變動，在每週的營收數量上做出增加與減少的預測，這其中包括維持生產力標準，以及持續傳遞可接受並符合期待的顧客服務。變動費用是時薪的最大部分，而有效控管時薪成本的能力對於達成預期的部門利潤率而言是非常重要的。加班在管理上同樣也是一項重要的變動薪資費用，加班若是因為員工短缺或是業務量無預期地增加所造成的結果，則它可以是一項必要的營業費用；然而，加班若是因為工作日程的錯誤安排、監督不當，或是員工無效率所引起的結果，則無法令人接受，應該盡量減少或消除。

3.福利成本（benefit cost）：經理人在控管這項主要費用的類別是以控制管理階層（全職）的薪水和時薪的薪資為主。大部分的福利成本同時依據管理與時薪制員工的薪資成本來計算。因此，假使一位經理人在控制時薪成本上表現良好，那麼該部門應該會有福利成本這個項目的存在。

4.直接營業費用（direct operating expenses）：這項成本會擁有許多經理人必須控制的明細分類帳。這些變動費用的控制包括採購適當數量、核對、批准並處理發票、進行實地盤存、處理移交以及評論與預算相較之下的月實際營業費用；這些帳戶的實例有瓷器、玻璃、銀器、寢飾、清潔備品、顧客備品、紙類備品、客房預訂成本與一般的費用帳目。

　　詳細瞭解如何控制所有的費用，以及針對各業務量上下調整這些費用的能力，對於任何一位旅館業經理人而言都是一項重要的管理技能，維

持生產力以及維持費用在預算範圍內隨時都會造成壓力，一位經理人巧妙地控管費用的能力，對於部門利潤以及他或她的職場晉升將會產生重大的影響。

　　利潤分析有另外兩個部分需要討論——利潤率以及自留額比率／流動性。既然利潤是以利潤金額及利潤百分比來描述，旅館業經理人對於利潤率便必須要有全盤的瞭解，同時也必須知道他們能夠如何改善獲利率。當利潤率以利潤百分比來衡量時，**利潤率**（profit margin）是利潤的百分比，它會隨著營收的上升或費用的下降而改善或增加；反之亦然，經理人透過他們每日在改善營收，以及降低費用上所採取的動作來影響利潤率，**自留額比率或流動性**（retention or flow-through）確定了營收增加或減少時，利潤增加或減少的數量。所以，評估一個經理人增加或減少變動費用的能力與營業額數量的改變有關，對於營業部經理而言，熟悉利潤率與自留額比率／流動率是必須要擁有的重要技能。

 第四節　史密斯旅遊住宿市場研究報告

一、定義

　　史密斯旅遊住宿市場研究報告（STAR Market Report）每個月由史密斯旅遊研究公司（Smith Travel Research Company）所發表，那是一間獨立的旅館產業研究公司，目前隸屬於STR市場調查機構，其他資料請參考他們的網站www.strglobal.com。STAR報告為某間特定旅館及其競爭市場提供房價、住房率，以及每間空房營收的資料，這些報告包含了一整個年度，它們提供旅館去年的成果及其競爭業者的成果資料，以便比較月結果，同時也提供了寶貴的趨勢情報，以及比較某間特定旅館及其競爭對手表現的機會。

競爭市場（competitive set）是四間或四間以上被旅館視為**主要競爭者**（primary competition）的旅館群集，這些旅館爭取相同的顧客並提供非常近似的房價、產品與服務；而提供不同房價、產品與服務的這些旅館則被視為**次要競爭者**（secondary competition）。

任何旅館或公司都能夠向史密斯旅遊研究公司訂閱，並選擇他們願意獲得的STAR報告類型，並且利用這些報告與其主要競爭者比較它的營業成果。

二、不同種類的史密斯旅遊住宿市場研究報告

史密斯旅遊住宿市場研究報告包含了與已售客房、入住百分比、房價，以及每間空房營收相關的機密情報，這些情報為了防止獨占及價格壟斷而無法直接在競爭者之間分享，史密斯旅遊研究每月為每間已訂閱的旅館收集其所認同的至少五間旅館的機密財務情報，並將這些情報轉換為平均值，對特定旅館而言，這份平均值的情報被稱為競爭市場，接著已訂閱報告的旅館便可將其營業成果與競爭市場的實際成果相比較，同時也能夠與競爭市場比較旅館的市場占有率、滲透率以及指數百分比等資料。**市場占有率**（market share）是一間旅館所擁有的整體客房供需，或是客房營收在某些較大的群組裡所占的百分比。

史密斯旅遊住宿市場研究報告			
旅館名稱			
報告名稱			
報告日期			
1月至12月	前十二個月	前三個月	截至今日
每個月的實際成果	平均	平均	
特定旅館			
住房率%			

平均房價

每間空房營收

客房供給占有率

客房需求占有率

已售客房占有率

與前年的百分比差異

住房率%

平均房價

每間空房營收

客房供給占有率

客房需求占有率

已售客房占有率

市場

住房率%

平均房價

每間空房營收

與前年的百分比差異

住房率%

平均房價

每間空房營收

　　任何一間旅館都能夠購買史密斯旅遊研究所提供的服務，訂閱某種報告類型的旅館會願意並確定將哪幾間旅館納入其競爭市場內，並且同意提供它本身的每月實際已售客房數、入住率、平均房價，以及每間空房營收給史密斯旅遊，以方便其建檔於史密斯旅遊研究的情報資料庫內；接著史密斯旅遊研究為所有的競爭市場旅館彙總資料並計算其平均值，傳送回旅館的資料將包含已訂閱報告的旅館所需的特定情報，以及競爭市場的平均值資料；接著旅館便能夠與競爭業者比較它自己的營業成果，以及它自己過去的表現。

　　我們接下來看到的是十二個月以來市場占有率的報告格式，這個格式將包含與損益表相同的三項領域：標題、水平欄位與垂直欄位。

　　這份格式範本顯示情報的數量以及情報的詳細資料，它為旅館經理在評估實際的客房營業表現時所用，請注意這只是一份客房營收報告，它並未包含任何餐飲或宴席的銷售額資料，它同時也未包含任何費用或利潤情報。

　　銷售策略團隊的成員將檢視這份報告並尋找趨勢與比較結果，這將有助於他們發展更佳的策略以及做出更佳的決定來達成客房總營收的極大化。

　　旅館將著重在兩項主要的區塊。首先，它會比較當月與上個月的結果，同時也與每季每年的平均值做比較，旅館將著眼於接連產生的變化大小與趨勢；其次，旅館將比較當月與競爭市場的結果，它將鑑定比較結果的哪些部分優於或劣於競爭市場，並同時判斷這個差異只發生於單一月份，亦或是一個趨勢，倘若旅館的表現較競爭市場為差，經理人將必須確認並且討論應採取哪些改善措施？是否有所進步？或是旅館與競爭市場相較仍表現欠佳？假使旅館成果優於競爭市場，那麼它是否有維持、增強或減弱它的優勢？旅館管理者會感興趣的部分是與競爭市場的比較成果，以及改善措施的有效與否，因為這兩個部分能夠反映出旅館在客房營收上的管理能力。

三、如何運用史密斯旅遊住宿市場研究報告

　　大量的營業情報會呈現在每個月的史密斯旅遊住宿市場研究報告之內，有許多不同類型與格式的報告提供非常獨特的每月，以及一整年度的營業資訊，這些包含了許多走勢，並且提供了極佳的比較資料，旅館管理團隊分析這些資料並與競爭市場比較其營運成果，運作良好的旅館會期待它的成果比競爭市場的成果為佳。

結語

對所有的旅館業經理人而言，有效管理並評斷營收與費用的能力是一項很重要的技能，對於一間企業的成功營運，創造或超越預估的利潤與維持顧客滿意度同等重要，兩者對於將利潤極大化都很重要。利潤是最常同時被公司內部的資深管理團隊與股東、外部投資者、開發者以及其他財務事務所用來檢視財務的衡量標準。

變動分析是檢視財務成果的過程，藉以鑑定與預期成果及表現之間的差異或變動，判斷變動發生於何處並確定變動量的大小及發生原因是財務分析的重要元素，特定的比率與公式被用來判定實際營運對於既定預算或預測的歷史表現的效力為何，比率能夠被區分為五個不同的領域：(1)活動比率；(2)營業比率；(3)利潤比率；(4)流動百分比；(5)償債能力比率。

變動分析將第二章所陳述的財務分析方法應用於分析公司的實際表現上，這些財務分析的主要方法如下所述：

1.比較數字並賦予其含意。
2.比較並評估數字及財務結果上的差異。
3.利用百分比作為描述財務績效的工具。
4.運用走勢來評估當前的財務績效。

管理者同樣被期待運用外部資料來評估財務績效，這包括了與集團裡其他相近的旅館或餐廳做比較、與產業平均值做比較，以及與競爭市場裡的競爭者做比較，由史密斯旅遊研究所編列的史密斯旅遊住宿市場研究報告便是外部財務報告的實例，它包含了幾個不同類型的營收管理報告，使公司能夠在他們的主力市場內，將其表現與競爭者的平均表現做比較，這被稱為競爭市場，同時為該市場裡的一群競爭者提供某間特定旅館的營運平均資料。

一、餐旅經理重點整理

1. 旅館業經理必須開發對於部門及旅館利潤的全盤瞭解，這其中包括管理營運以達利潤極大化的能力，以及確認並評斷與預算及預期之間變動量的能力。

2. 在變動分析時使用比率與公式的能力是一項非常重要的財務技術，能夠有效鑑定、解釋並修正營業成果的經理人將擁有主要的競爭優勢，同時也將擁有將利潤極大化的重要技能。

3. 經理人必須能夠理解不同類型的比率分類，並且知道何時以及如何運用它們。

4. 理解並應用外部報告對於旅館業經理人有效管理他們的營運而言是不可或缺的，而史密斯旅遊住宿市場研究提供了非常有價值的有關某一特定旅館的競爭市場營運的情報。

二、關鍵字

競爭市場（competitive set） 一群四間或四間以上由各別旅館管理者所選取的旅館，一個競爭市場使得旅館經理能夠將其實際成果與主要競爭者的平均成果做比較。

市場占有率（market share） 是一間旅館所擁有的整體客房供需，或是客房營收在某些較大的群組裡所占的百分比。

主要競爭者（primary competition） 是一群爭取相同顧客的相近旅館，造成公司營業額損失的旅館便是主要競爭者。

利潤率（proflt margin） 將利潤金額除以營收金額所計算出的百分比。

比率（ratios） 定義數字之間關聯性的公式，使用於財務分析。

自留額比率或流動性（retention or ‡ow-through） 用來判定在營收增加或減少的情況下，利潤增加或減少的幅度。

次要競爭者（secondary competition） 一群爭取相同顧客的旅館，但是提供不同的房價、服務與設施，所以不被視為直接或主要競爭者。

史密斯旅遊住宿市場研究報告（STAR Market Reports） 由史密斯旅遊研究（Smith Travel Research）所發行的月報，提供旅館本身及其競爭市場關於房價、入住率，以及每間空房營收的資料。

變動因素（variables） 包含在一個帳戶裡的不同組成要素，可以是營收帳戶或是費用帳戶，兩個變動因素代表有兩個組成要素能夠被管理與被分析，變動分析顯示每個要素對於每個帳戶整體所產生的影響。

變動分析（variation analysis） 包含確認實際營運表現與既定標準之間的差異，這些標準可以是去年的實際表現、上個月的實際表現、該年度的預算，或是最當前的預測。

三、章末習題

1. 列舉兩個營收極大化的重要變動因素。
2. 列舉兩個控制費用的重要變動因素。
3. 不同的部門利潤百分比對於旅館的總利潤產生何種影響？
4. 定義變動分析並說明為什麼它是財務分析的一項重要工具。
5. 從五種比率類別當中列舉其中一項重要的比率，並解釋為何你覺得它對於財務分析是重要的。
6. 討論組成財務分析基礎的四個要素之間的關聯性，以及為什麼它們是變動分析的重要部分？
7. 史密斯旅遊住宿市場研究報告最主要是提供什麼情報？
8. 史密斯旅遊住宿市場研究報告是如何被使用於旅館的營運及財務分析上？

四、活用練習

根據所附的資料表單與資產負債表計算出下列比率。

Flagstaff 旅館
資產負債表
6月30日，2008年
（000）

資產		負債	
流動		**流動**	
現金	$75	應付帳款	$60
應收帳款	40	應付薪資	40
存貨	90	應付稅款	25
流動總資產	$205	流動總負債	$215
長期		**長期**	
建築物	$125	銀行貸款	$150
廠房	200	信貸限額	50
設備	150	票據	25
最低折舊	50	其他長期債券	0
長期總資產	$525	長期總負債	$225
總資產	**$730**	**總負債**	$350
		股東權益	
		實收資本額	$200
		股本	100
		保留盈餘	80
		總股東權益	**$380**
總資產	**$730**	總負債與總股東權益	**$730**

Flagstaff旅館──600間客房
營業資訊
6月30日，2008年

1.總客房數：18,000＝600×30天（6月）

2.整修以及免費房間總數＝75

3.6月份已售總房間數＝15,300

4.顧客總人數＝18,360

5.客房總營收＝$1,185,000

6.餐廳顧客總數＝11,000

7.餐廳總營收＝$125,000

8.食品總成本＝$35,500

9.旅館總利潤（淨利）＝$550,000

10.普通股流通數量＝1,000,000

11.股價＝$12.00

12.旅館總營收＝$1,575,000

活動比率

＿＿＿＿＿＿總住房率%

＿＿＿＿＿＿可得住房率%

＿＿＿＿＿＿每間客房平均入住旅客數

營運比率

＿＿＿＿＿＿平均客房單價

＿＿＿＿＿＿平均食品結帳金額

＿＿＿＿＿＿每間空房營收

＿＿＿＿＿＿食物成本%

流動性比率

＿＿＿＿＿＿流動比率

＿＿＿＿＿＿應收帳款周轉率

利潤比率

＿＿＿＿＿＿利潤率%

＿＿＿＿＿＿資產報酬率（參考6月30日的資產負債表）

＿＿＿＿＿＿股東權益報酬率（參考6月30日的資產負債表）

＿＿＿＿＿＿每股盈餘

＿＿＿＿＿＿價格／盈餘比率（PE比率）

償債能力比率

＿＿＿＿＿＿償債能力比率

＿＿＿＿＿＿負債權益比率

9

預算

學習目標

■ 瞭解預算的四種類型

■ 瞭解營業預算之於分析一間公司財務績效的重要性

■ 學習編列預算所使用到的公式與步驟

■ 具備編列營業預算的能力

■ 瞭解資本支出預算如何影響旅館營運

前言

　　預算是一家公司財務管理不可或缺的一部分。對企業而言，**預算**（budget）是一整年度營業與財務的正式計畫；對公司而言，它是一份來年的詳細營運計畫，公司可將這份計畫的財務目標及衡量標準用於企業運作之上。結合前一年（去年）成果的預算，是與當前的實際財務成果比較，以評估財務是否成功的重要衡量工具。

　　部門經理所使用的主要預算是**年度營業預算**（annual operating budget），它包括特定的營收目標、特定的費用金額，以及每個部門當年度期待能夠達成的利潤目標。

　　預算另外還有三種類型：**資本支出預算**（capital expenditure budget）確認替換長期資產、更新企業零件，或是擴展業務所需的支出，它包括資本額。

　　建設預算（construction budget）制訂實際建設旅館所需的成本，它可能會同時包含土地成本。**開店前預算**（preopening budget）則制訂管理團隊在一間新旅館或新餐廳開幕之前預期會花費的金額數目，這個數目必須包含旅館或餐廳正式開張與開始記帳之前所帶來的所有費用。

　　營業部經理在管理他們的每日營運時，必須理解他或她的部門營業預算，這項預算同時也是一種管理工具，以及衡量財務績效的一種方法，經理人必須同時瞭解資本支出預算及其處理過程，使他們得以規劃並取得長期資產所需的財務資源，而這些長期資產為經理人營運所需。

第一節　企業運作預算的使用

　　預算的目的是為了為企業提供下一個會計年度的財務計畫。年度預算通常包括營業預算與資本支出預算。年度預算通常依據前一年的實際財

務成果來編列，因為企業營運的一項基本概念便是企業會逐年的增長，而年度預算便是為與前一年的財務成果相較之後的營收、利潤與現金流量的成長與改善做規劃，這些目標都包含於年度的營業預算之內。

一、定義

年度營業預算是一間企業一整年度的正式營運與財務計畫，營業預算包含了部門運作的細節，這些細節含括企業或部門在來年被期待能夠達成的各市場區塊的營收目標，它同時也包括企業為了達到來年的預算營收，也為了製造預期或預估的利潤與現金流動，所需要的必要或已計劃的費用金額。

二、預算的四種類型

一般說來，企業經營所使用到的預算有四種，年度營業預算是部門經理在每日營運當中會使用到的主要預算，它確定被用來支援或達成營收預算的預期營收目標與費用數目。營收與支出都是為了一整年度的營運而制訂，經理人利用這些預算數目作為每月部門運作的指導方針；資本支出預算則作為確定購買長期資產所需的支出，它是一種資本額的形式；資本支出隨著已購資產的使用年限而降價，而它們的價值有一部分被記錄於固定費用部門的折舊帳戶裡。

下一類預算是開店前預算，它被用來確定並規劃一間企業開幕之前所造成的必要支出，它與建設預算分割開來，通常在開始營運的第一年至第三年分期攤還。最後一類預算是建設預算，它估計建設該旅館的成本，包含了建築製圖、設計與室內裝潢詳細計畫書、工程費用以及所有實際的建設成本，例如許可證、執照、酬金、執法手則檢測、材料與員工。

年度營業預算，同時也稱為**部門預算**（department budget），包含了

一間企業及其營業部門一整年度的財務運作細節與特性，年度營業預算的
特徵如下：

1. 它是下一個年度的計畫，所以是為了未來營運而制訂的計畫。
2. 為一個會計年度的計畫。
3. 通常依據前一年的實際財務成果而制訂。
4. 包含過去一整年的預期成長數量及財務改進，也就是指增加營收及
   控制費用。
5. 包含金額數目、百分比、單位與統計數據。
6. 預算欄位被涵蓋於月損益表當中，而實際的財務成果被拿來與預算
   數目做比較。
7. 與旅館當前的行銷計畫同時進行。

營業預算為旅館裡的每一個部門所編列，包含了每個月或每個作帳
期間的細節。假使一間企業是根據月損益表來運作，則它必須為一年裡的
每個月份編列預算，再將十二個月份的部門預算相加，即得出一整年的營
業預算；倘若一間企業是依據十三個作帳期間來運作，則它每四個禮拜就
必須編列一份預算，然後再將這十三個作帳期間的部門預算相加，即得知
該年的年度營業預算。

一間旅館的財務經理對於編列年度營業預算應負全責，這是因為他
或她是這間旅館的財務專家，不但要編列月財務報告還要與營業部經理分
析並評論這些報告，當每一年的預算編列程序開始時，財務經理會與合適
的執行委員會委員以及部門經理們合作，一同為部門編列來年的預算，接
著這份預算會被呈遞至總經理處認可，最後再被往前呈送至中央辦公室或
是股東處做最終的批准。

將所有的部門年度營業預算相加總便得出**旅館綜合預算**（consolidated
hotel budget），或是旅館總預算，這份預算總結所有營收部門的營收、費
用與利潤，以及所有費用部門的總部門成本。

　　對於會計年度於12月31日終止的公司而言，預算程序通常於10月份開始，11月份結束，並應該於12月份獲得資深經理人與股東的最終批准；如此一來，當新的會計年度於1月1日開始時，預算才來得及上路。一旦年度營業預算被核准就不會再更改，它代表了一整年度的正式最終營業計畫，而每週或每個月的預測在預算年度期間被用來更新預算資料，當企業條件改變時，這些預測會反應出這些改變，預測能夠調升或調降營收、費用或利潤。因此，實際的月財務績效會被拿來與三個重要的衡量標準相比較：去年、預算以及最近期的預測。

　　資本支出預算同樣也是一年編列一次，它同時也確認企業長期資產替換、企業改革或企業擴張的需要，資本支出預算通常包含了計畫或設備，這些計畫或設備花費數量龐大的金額，使用時間也都超過一年，其中還包括資本額與非營運資金，資本支出預算的特徵如下所述：

1. 確定特定數量的設備採購，例如洗衣機、機場接駁車、廚房烤箱或是機械馬達。
2. 確定包含許多設備或活動的計畫，例如客房軟硬件設備的改裝以及餐廳的更新或擴張。
3. 預算項目必須有超過一年的使用年限。
4. 預算項目必須超過企業所制訂的最低成本。
5. 資本支出計畫必須包含完成計畫所需的所有費用的細節。
6. 資本支出項目與計畫擁有不同的認可層級。舉例來說，花費低於5,000美元的項目可能只需要總經理的認可，而花費高於5,000美元的可能需要董事會與股東的認可。
7. 小型的資本支出項目可以被包含在一張列表當中，被加總然後認可。
8. 大型的資本支出項目或計畫則被詳細列舉，並逐條認可。

　　資本支出預算資金的提供可來自於幾方面。首先，股東捐助需要的金

額作為購買資本支出設備,或是使用來完成資本支出計畫;其次,旅館捐助來自於年度營業額(通常是某一比率的總銷售額)的資金至資本支出的**託管(escrow)帳戶**,該帳戶能夠為資本支出計畫提供資金;最後,能夠利用外部籌資,例如取得銀行貸款、使用信用貸款,或是取得租賃契約。

開店前制訂預算是為了引導一間準備開張的新公司,這份預算包含了公司準備開幕所產生的所有成本,但是在任何營收被記錄或是顧客登記入住之前,開店前預算的特徵包括下列各項:

1. 在公司開幕前所有員工的薪資費用,包含訓練費用。
2. 廣告與宣傳支出。
3. 布置旅館或餐廳所需的所有裝備成本,例如客房家具與設施、餐廳家具與設施,以及廚房設備與備品。
4. 所有的費用成本都在開幕之前制訂。
5. 所有的開店前成本都在一個預先決定的期間內延長或償還。

「開店前預算」是依據預期開啟一項新事業所需要的營業與費用而編列,這可以是棘手或困難的,因為通常不會有先前或是具體的資料可供這些預算參考。開店前預算的編列是根據對於市場、競爭者以及預期的業務量的假設,這些預算是真正的估計值,並且經常會有額外費用產生,這些費用必須加入原始的開店前預算數目,特別是建設工程延後的時候。

建設預算是非常錯綜複雜且詳盡的,它們包含了設計與規劃建築的成本、建造建築物所需的原料與設備,以及建造旅館或餐廳所需的所有人力薪資成本,編列建築預算會牽涉到許多人,例如建築師、設計師、工程師、成本估算師、開發人員、視察人員及投資者,這些人是為了確保這個建設方案所需的原料與勞動力成本能夠盡可能地準確;編列這些預算通常包含了開發者、股東、管理合約裡涉及的經理人、合適的特許經營業者,以及任何其他與資金支援、開發與建設這個方案有關的團體,而營業部經理通常不會涉入這些預算的編列過程。

Radisson Fort McDowell Resort & Casino Fort McDowell，亞利桑那州

　　邁克道爾堡的酒店和賭場隱藏於原始的Sonoran沙漠裡，四周圍繞著正位於亞利桑那州Scottsdale東方的邁克道爾堡印地安原住民保留區，這間度假酒店提供二百四十六間寬敞的客房及套房，每間都根據美國原住民傳統加以完美地裝飾，餐廳以其道地的餐點為特色，客房服務一天24小時隨時供應，同時還有超過25,000平方英尺的室內外會議空間及十五間休息室，供度假酒店提供大型會議與活動膳宿所需。

資料來源：亞利桑那州Radisson Fort McDowell Resort & Casino Fort McDowell所提供的照片。

　　度假酒店的活動包括Wekopa 高爾夫俱樂部的高爾夫球運動，這個球場由於其美麗的天然景致及其提供予打者的獨特挑戰，因此經常是亞利桑那州排名前十名的球場，走幾步路便是邁克道爾堡賭場，它提供額外的餐

飲服務以及各式各樣的遊戲方式，而邁克道爾堡探險則提供特殊的西南部體驗，例如牛排佐炸薯條（一種傳統的德墨式菜餚）、騎馬以及在西南部大沙漠原始美景裡的越野行程，參觀網站www.fortmcdowelldestination.com 可感受此獨特的度假勝地。請以三項不同營運負責人的身分考慮下列邁克道爾堡的預算問題：

1.根據上述資料及網站，請列出您所認為的Radisson邁克道爾堡度假旅館每年所檢視的營收部門預算，請具體列示。

2.請開列一份清單，該份清單至少包含資本支出清單裡可能會出現的Radisson度假旅館，以及Wekopa高爾夫球場裡的五種設備項目，請謹記高爾夫球場區分為高爾夫球商店部門、餐飲部門以及球場維修部門。

3.您認為下列各部門的前三名最大支出帳戶可能為何？請列舉之：

(1)客房營業部

(2)餐飲營業部（包含宴席部）

(3)高爾夫會員俱樂部

(4)高爾夫球場維修部

 第二節　年度營業預算

一、旅館綜合預算

旅館綜合預算包括整間旅館的財務資料彙總，它的主要目的是係為所有的旅館部門呈現重要的財務成果，綜合預算的特徵如下：

1.包含旅館營業部門的總營收、總費用及總利潤。

2.包含旅館行政或支援部門的總費用。

3.包含旅館為部門利潤、部門總利潤、建物利潤，以及建物淨利所編
列的利潤預算金額。

4.包含部門所需的所有恰當的財務資料總結，這些資料以金額、百分
比或單位來描述。

5.對任何一個部門而言，它並未包含明細分類帳的詳細預算資料。

　　旅館綜合預算為資深管理團隊與股東所使用，他們通常從一個頁面
即可得知或可檢視一間企業所預計的財務成果總結，當預算被編列、檢視
與認可完成之後，它便成為來年的正式營業計畫，因此它所呈現的是下一
個年度的財務預期。實際的財務成果每個月都會與預算相比較，藉此判斷
預算所編列的營業與財務預期目標是否達成。

二、營收與費用部門預算

　　部門預算包含了某一特定部門明細分類帳的詳細預算資料，這些預
算金額提供營業經理特定的財務指引，這些指引能夠被作為營業部門每日
營運的管理工具，部門預算同時也能夠被視為部門營運該何去何從，及其
應製造出何種財務成果的準則，部門預算的特徵如下：

1.包含部門詳細的營收預算，包括市場區隔、平均房價，或是顧客平
均帳單金額，以及量的部分例如已售客房數及顧客數目。

2.包含每個明細分類帳的費用預算金額。

3.包含詳細的薪資預算指引，包括特定薪資部門的人時數、平均薪資
及總薪資成本。

4.提供被作為管理工具使用的詳細營業資訊。

5.特定部門預算為一位特定的執行委員會委員以及適當的部門首長所
負責。

6.部門首長對於達成每日的部門預算目標負有直接責任。

　　與綜合預算只有單一頁相比，部門預算包含了許多頁數，這是因為部門預算包含了相當數量的詳細營業與財務資料，接下來是在一份部門營業預算可能會出現的細節資料範例。

(一)營收預算──市場區隔或用餐時段

　　在客房部門預算裡，市場區隔提供平均房價、已售客房數，以及短期住宿旅客、團體住宿旅客與簽約旅客各市場區塊的總營收，而在餐廳部門預算裡，用餐時段包括平均帳單金額、來客數，以及早中晚三餐的總營收。在一間六百間客房的傳統全服務型旅館裡，客房營收預算及餐飲部門就各自占了好幾頁的篇幅。

(二)費用預算──薪資部門

　　在較大的營業部門，例如房務部與餐廳，為了更有效率的控制，時薪被區分至根據特定工作職責而分類的特定薪資次級部門或類別，每一個薪資類別都包含了預算與實際的平均薪資、人時數及總薪資成本。舉例來說，房務部包括下列的薪資類別：領班、督導長、管家與公共區域；薪資預算會包含平均薪資、人時數以及每個薪資類別的總薪資成本；在餐廳部分，薪資類別可能包括服務生、帶位侍者、碗盤收拾工及出納；在廚房部分，薪資類別則可能包括工作臺助手、廚師、主廚、洗碗工與催料人員。

(三)直接營業費用帳戶

　　這些明細分類帳登載的較不那麼詳細，因為它們未牽扯到價格或數量；或者說，它們為某一特定的分類帳，其含括、收集並記錄所有的採購成本、庫存消耗與花費及移轉成本。舉例來說，客房部門的顧客備品帳戶為了諸如肥皂、洗髮精、電容器、筆、文具以及衛生紙這些備品項目，該

總費用包含所有來自於外部廠商的採購、旅館庫存的所有流出，以及來自於其他部門的移轉，餐廳的瓷器製品帳戶、玻璃製品帳戶以及銀製品帳戶的總費用，將包含該月份或是該會計期間所有來自於外部賣主的採購成本、庫存流出成本以及來自於其他部門的移轉成本。

(四)利潤預算

利潤預算不同於營收與費用預算，它並未包含任何明細分類帳或細節資料，因為利潤帳戶是將總營收扣除總費用所計算出的金額，這項簡單的公式包含許多市場區隔以及費用明細分類帳，最終得出總部門利潤。部門利潤的預算普遍被認為是最重要的財務績效評量工具。

三、固定費用部門預算

這項預算通常只包含一個部門而所有旅館運作的固定費用都被記錄在個別的明細分類帳裡，費用經由明細分類帳確認，而該明細分類帳裡的每個項目記錄了該月或該會計期間所撥出的費用。舉例來說，每個月所支付的銀行貸款記錄在銀行貸款這項明細分類帳內，每個月的保險費用記錄在保險這項明細分類帳內，而每年執照與註冊費每個月所支付的費用則被記錄於執照與費用這項明細分類帳內，明細呈現於折舊帳戶當中，該帳戶在資產、工廠與設備這些特定明細分類帳裡，記錄了每個月固定的折舊成本，對每一項設備而言，都存在著一份折舊清單，這份清單顯示原始的購買價格每月的折舊金額與殘餘成本。

部門經理並未涉及固定費用的管理，因為這些成本是預先決定且尚未受到管理的，在月中也不得更改，會計部門通常記錄並檢視這些部門的成本。

第三節　編列預算的公式與步驟

對於旅館產業經理人而言，參與其部門年度營業預算的編列是很重要的，這需要對於他們的每日營運、記帳規定與概念，以及會被運用於評估該部門財務績效的財務分析方法，具有通盤的瞭解。

一、營業預算的目標

營業預算目標被視為是衡量財務績效的財務指導方針，提供了經理人一個有助於達成預期財務成果的管理工具，營業預算結合了前一年的成果，以及預計的成長與進步，藉以投射出對於來年的財務期待。營業預算目標實際上是一份為了來年而擬定的營運藍圖或戰略計畫，同時實際的營業成果與財務績效也與預算及前年的成果做比較，藉此確定並解釋兩者之間的任何變動。

當某個月份或會計期間的預算未被達成，營業部經理會分析營運以鑑定問題所在，並致力找出解決方案以改正這些問題，如此便可促成進步。預算的變動確定了問題所在，而營運與管理上的成功在適當時機能夠處理這些問題，若要藉由問題的鑑定，則管理團隊必須標記並檢視預算變動的示警區，若要藉由營運與管理上的成功，則正向的預算變動能夠增強造成表現進步或成長的運作上的改變。

二、編列預算的方法

編列預算的方法包含幾個程序，這些程序能夠被用來根據預算目標編列預算，一間企業通常會年復一年始終如一的使用相同的方法，選擇預算編列的重要考量為該項方法是否能提供製造預期財務成果所必須具備的準確性與細節資料？在該旅館或餐廳的市場環境、競爭者及現有條件

下，這是否是一份實際可行的預算？

零基預算制度（zero-based budgeting）是一種根據實際需求與成本編列每一年預算的預算編制方式，它未使用任何目標或歷史資料，編列方式由下而上，此種方式非常詳盡並且包含了許多特定的公式。舉例來說，為客房部門的顧客備品編制一份零基預算，將包含為顧客備品的明細分類帳裡每一項分類計算出每間已售出客房的歷史成本，接下來會考慮這些成本以及任何預期變化的檢視，每間入住客房的洗髮精成本、肥皂成本，以及文具成本全部乘以每個月與每一年的預定售出客房數，得出的結果便是顧客備品預算中每個月與每一年的預算金額數目。

歷史預算編列（historical budgeting）是一份依據前一年的實際費用所編制的預算，以前一年的實際費用為基礎，再根據數量、原料成本、通貨膨脹或是任何營業變化所產生的差異將預算調升或調降。舉例來說，為客房部門的顧客備品項目編制一份以歷史資料為基礎的預算，包含了確立前一年每個月份的實際成本，然後根據即將應用於明年成本的適切變動要素裡任何一項的差異，將成本調升至相當比例，譬如假設通貨膨脹預期會上升4%，而售出客房數預期會增加1%，那麼顧客備品預算將較前一年的實際費用增加5%。

目標導向預算編制（goal-based budgeting）是根據總部、資深管理團隊或是股東的決定所制訂的共同目標而加以編列的預算，編列方式是由上而下。公司得到一個來自於股東或總部的數目字或指標，接著填入預算細節以符合指標需求，倘若管理團隊希望營收上升5%，而利潤上升6%，那麼預算將會根據前一年的實際成果將營收增加5%、利潤增加6%來編列，這種編列方式雖然簡易且快速，卻也有可能無法準確地反應真實情況與公司目前所遭遇的狀況，以及當前的市場環境。

三、營收預算

　　營收預算的公式是將單位銷售金額乘上銷售數量，它是根據客房部門不同的顧客屬性，或是餐廳部門的不同用餐時段所編列。管理團隊將判斷如何達成客房營收增加的目的，是經由已售客房數或是顧客數目的提升，亦或是經由在需求旺季提高平均客房單價與顧客結帳金額，倘若需求處於非旺季，客房部門要提升售出客房數或是平均房價將會非常困難，而餐廳部門要提高顧客數目與平均結帳金額也絕非易事。管理團隊將決定售出客房數或是平均房價會在何時與何種程度真正達到任何增加的數目，並將其編制於明年的預算當中。

　　零基預算編制方式考量每一天並且決定每個市場區塊預期售出的客房數目，這些售出客房數接著被乘以每個市場區塊的平均房價預算。然後計算出客房營收的預算。所有市場區隔的營收預算總和便是當日的總客房營收預算，再將天數相加便得到每週與每月的預算，餐廳也使用相同的計算方式，將每個用餐時段相加以得到當日的餐廳總營收。

　　歷史預算編列方式將採用平均每日已售客房數的歷史資料，然後加上預期的增加百分比以得到當日的總客房售出間數的預算。一週的預算也可以利用同樣的方式一次算出，接著每週的加總將必須被拆成每日的售出客房數預算，然後平均房價的預算再乘以售出客房數的預算，便得到該日的總營收預算，相似的程序也運用於餐廳。

　　目標導向的預算編列方式將涉及股東或總部為來年預算所制訂的期望營收增加金額，然後客房營收預算透過填寫為了製造每日客房營收以達成既定的營收預算所需的售出客房數以及平均房價來編列；同樣地，餐廳營收預算為了達成既定的營收預算，則利用在每個用餐時段產生營收所需的顧客數與平均結帳金額來編列。

四、費用預算

　　費用預算是為了四個主要費用類別（銷售成本、薪資、福利與直接營業費用）所做出的不同的編制，牽涉歷史平均值以及數量之間的關聯性，這些數量可能以營收金額、單位，例如售出客房數或顧客數，或其他公式來表達。

　　銷售成本預算能夠利用上述三種編制方式的其中任何一種方式來編列，零基食物成本預算編制是計算每一份菜單上餐點項目的成本，然後再乘以餐點數量，以決定該份餐點的食物成本金額，將所有的菜單項目加總起來得出食物成本預算金額與百分比。歷史食物成本預算則以實際的食物成本為基礎，並透過任何預期的價格增加來做調整以決定最終的食物成本金額與百分比，這些預期的價格增加來自於通貨膨脹或是生產力的增加。目標導向的食物成本預算由股東或總部所制訂的食物成本百分比來決定。

　　薪資預算的編列最為複雜也最為詳細，時薪制員工的薪資成本預算通常以零基預算編制方式來編列，例如每間入住客房人時數或是每位顧客人時數的公式適用於售出客房預算或是顧客數目預算，接著這些人時數乘以預期的平均薪資價格，得出每項薪資分類的薪資成本預算金額，薪資預算同時也能利用歷史預算編制方式較快速地編列，透過採用平均人時數或是薪資成本的歷史資料，再根據通貨膨脹或薪資比率的提升以及任何數量上的變化，將這些歷史資料加以調整；舉例來說，假使營收增加5%，那麼歷史薪資成本將會增加5%。

　　福利預算的編列相對來講較為簡單，使用的公式是歷史福利成本相對於薪資成本的百分比，計算方式是將實際的福利費用除以實際的薪資成本，而歷史福利成本之於薪資成本的百分比結果再乘以薪資預算金額便得出新的福利預算金額。

　　直接營業費用預算利用許多不同的公式，並選擇最能表達費用成本與數量層級之間關聯性的那項公式來編列，這些預算編列公式包含以下各項：

1. 歷史平均值（historical average）：是指明細分類帳內所採用的（顧客寢飾備品與瓷器製品）前一年某一特定時段的平均成本，然後參考該數據編列預算。舉例來說，假使歷史平均寢飾成本每個月是7,000美元，那麼新的會計年度的寢飾預算將會是每個月7,000美元。

2. 歷史平均值加上通貨膨脹（historical average plus inflation）或是預期的成本增加：這牽涉到將預期的成本增加應用於歷史平均成本，假使在上一段的例子當中，寢飾的賣主增加了5%的布料成本，我們將7,000美元乘上5%，則新的會計年度的預算金額將達到每個月7,350美元，這考量了任何的成本增加。

3. 銷售百分比（percent of sales）：這牽涉到費用成本金額與營收金額之間關聯性的使用，舉例來說，前一年的清潔備品費用占客房銷售額的0.3%，這個百分比的計算方式是將去年的實際清潔備品費用金額除以前一年的實際客房銷售額，而新的清潔備品預算的計算方式則是將新的客房銷售預算金額乘以0.3%。舉例來說，客房總營收預算8,000,000美元乘以0.3%即得到該年度的清潔備品預算金額為24,000美元。

4. 每間入住客房成本或是每位顧客服務成本（cost per occupied room or cost per customer served）：這牽涉到費用成本與售出客房數之間關聯性的運用，這項近似於成本百分比，但是是運用費用金額除以總售出客房數的關係式。舉例來說，顧客備品總費用金額除以總售出客房數，產生每間入住客房實際顧客備品成本3.15美元，來年的顧客備品預算計算方式即為預計售出客房數乘以每間入住客房成本

3.15美元，倘若明年的預計售出客房數為10,000間，則顧客備品預算為31,500美元。

5.特定公式（specific formulas）：特定公式被運用在根據既定成本編列預算。舉例來說，中央訂房預算可能根據中央訂房中心所訂的每件預約成本5美元，訂房成本預算的計算方式為，將中央訂房中心所收到的預期預約件數乘以5美元。

6.配置（allocations）：指透過制訂配置百分比利用公式將成本分攤至幾個部門。舉例來說，根據每個單位已清洗的衣物件數或是寢飾的磅數，將洗衣部門的成本分配回客房部、餐廳部與宴席部；一般洗衣部門的配置可能是客房占70%、餐廳占10%、宴席占20%。

7.合約預算編制（contract budgeting）：包含將一年合約的簽約金額分攤至每個月份。舉例來說，清洗外部窗戶一年的合約為24,000美元，那麼每個月的合約預算即為2,000美元。

五、利潤預算

利潤的公式是營收扣除費用，所以利潤預算由這個公式的計算結果所決定，部門營收預算扣除所有的部門費用預算等於部門利潤預算，與營收及費用的預算相比較，這個計算式較為基本，所有的營收部門利潤加總之後產生部門總利潤，然後減去費用中心部門總費用得出建築物利潤，最後再將總固定成本部門費用扣除便得到建築物淨利。

就實際面而言，部門利潤是所有假設、算式、公式與比率應用於營收與費用預算編制的結果，化學家稱利潤為殘餘，什麼是殘餘！在利用營收支付所有費用之後所殘餘的利潤是任何企業的生存命脈，因此它在營業預算裡是最受到檢視、最具挑戰性也是最多文件證明的數字。

第四節　資本支出預算

　　旅館業經理人的主要考量是部門營業預算，因為這份財務報告將實際的月財務績效與預算及前一年的成果做比較，我們簡短地討論了其他為企業所使用而經理人應理解的預算，特別是本章先前所提到的開店前預算與建設預算，旅館的財務經理通常對於這些預算負有責任。

　　一位旅館業經理必須通盤瞭解本支出方案（CEP）的預算，因為這份預算是針對長期設備的採購與計畫的擬定，例如客房更新或餐廳更新，它同時也規劃了其他長期營業所需的財務需求，經理人必須籌備並想辦法取得必須的資本支出資金，以供採購長期設備及營運需求所需。

一、定義

　　資本支出預算是正式的預算，它鑑定企業長期資產替代、企業更新與企業擴張的需要，當一間企業開張時，資本額決定了企業開始所需的投資金額，並確定費用會被使用於資產、工廠與設備（PP&E）的哪一部分。**資產、工廠與設備**（Property, Plant, and Equipment, PP&E）是用來鑑定供企業使用超過一年的長期資產的長期投資專門術語。

　　這些支出在本質上屬於長期而PP&E則會維持一至三十年，資本額資金來自於實收資本（股東）、發行的普通股（投資人）或是外部的金援（長期負債），例如銀行貸款或是信用貸款。

二、特徵

　　現在讓我們複習一下本章先前所提到的資本支出預算的特徵。

1.確定某些特定設備的採購，例如洗衣機、機場接駁巴士、廚房烤

箱、廚房冷凍櫃、馬達或是吸塵器。

2.確定牽涉到許多設備、建築成本或是活動，例如客房布料製品更新、餐廳更新或是重要設備置換的計畫。

3.預算項目必須具備超過一年的有效期限。

4.預算項目必須有最低成本或價值。

5.預算必須包含完成計畫所需的所有費用明細。

6.計畫或是費用具有不同的認可層級。舉例來說，項目費用低於5,000美元可能由總經理認可，而花費高於5,000美元的項目則可能必須由總部或股東認可。

7.小筆的支出（例如20,000美元以下）可以列示於同一張清單、加總並認可。

8.大筆的支出（例如20,000美元以上的專案）則必須詳細列舉並逐條認可。

由於資本支出項目與PP&E非常不同於年度營業預算裡所編列的費用，因此資本支出預算（CEP）被以不同的方式編列與檢視。

三、編列資本支出預算

資本支出預算的編列依據旅館或餐廳的需求，重大設備的替換與重要更新的完成牽涉到大部分的營運及財務計畫，因為預算編列的結果將會影響營運好幾年，並且通常會牽扯到大筆的金額。

(一)確定資本支出計畫與需求

部門首長在年間會鑑定需要替換的設備以及旅館內需要升級或更新的區域，這些資金需求會被區分為容易取代的小筆費用，以及替代或完成費用較高的大筆費用，執行委員會委員會得到估價並檢視所有的計畫，接著將估價呈遞給財務總監。

　　財務總監將收集所有的資本支出需求並根據金額大小與支出類型將其分類，主要的類型可能包含下列幾種：

1.設備花費低於某一指定數目，例如低於2,500美元。
2.設備花費超過某一指定數目，例如高於2,500美元。
3.計畫花費低於某一指定數目，以我們的例子是低於20,000美元。
4.計畫花費超過某一指定數目，以我們的例子是超過20,000美元。

　　所有低於20,000美元的設備與計畫會被列在同一張資本支出清單上當作一個專案同時被認可，接著旅館的責任便是在認可清單上所包含的每個項目的預算金額內完成每個專案。

　　超過20,000美元的設備與計畫將會被分別開列清單，並且內含所有描述設備或計畫的必要資訊，以及完成此專案會牽涉到的成本金額，在這些計畫預算裡可能會有許多設備單位、建築類型與成本金額。舉例來說，一間餐廳的改裝可能包含了購買幾項設備的成本，例如新餐桌、新座椅、銷售時點系統裝備及地毯，同時它也將包含地毯鋪蓋、餐廳重新粉刷以及壁紙替換的成本。一個擁有十五個項目的計畫將包含每個項目的成本以及所有項目的加總，最後的計畫成本將包含例如材料與備品、勞工、許可證與註冊費以及稅金的支出成本。

　　下列是資本支出需求的部分範例：

低於$20,000的計畫

$3,000吸塵器——15@$200／個

$6,000服務台銅製行李推車——4@$1,500／個

$10,000廚房不銹鋼製流理台——2@$5,000／個

$16,000廚房恆溫烤箱——1@$16,000

$2,000銷售與行銷電腦——4@$500／個

$37,000總計（低於$20,000的計畫）

> **超過$20,000的計畫**
> $85,000機場接駁車
> $48,000餐廳升級
> $10,000地毯──材料與勞工
> $8,000桌椅更換
> $20,000粉刷、外牆材料與勞工
> $3,000藝術品
> $4,000註冊費與許可證
> $3,000偶發狀況
> $36,000烘衣機──2@$18,000／個
> **$169,000總計（超過$20,000的計畫）**
>
> **$206,000總計（資本支出預算）**

　　通常，資本支出（CEP）的需求會高於資本支出預算的履約信託保證或是**準備金（reserve）**帳戶裡的金額，總經理將會同他的執行委員會一同檢視財務總監所編制的資本支出，同時他們也將按照優先順序，處理並決定哪一項計畫繼續保留、哪一項計畫取消或延至下一個年度，一旦資本支出預算獲得認可，旅館便能夠進入採購程序或開始執行計畫，但必須控制在既定的預算之內，假使花費超出預算，那麼旅館便可能必須取消其他的計畫，然後利用這些計畫已核准的預算來支付超出的花費，旅館也必須確認現金帳戶或是託管的準備金帳戶裡有足夠的所需資金來支付計畫衍生的費用。

(二)資本支出計畫的資金提供

　　資本支出計畫的資金提供能夠取自於外部來源，例如銀行貸款或是股東捐贈，然而這些計畫的主要財務來源是來自於企業運作所產生的現金流量。

　　一間公司會決定銷售額裡挪至資本支出準備金或託管帳戶的百分比，一間新的旅館所挪用的金額會少於一間舊的旅館，因為舊的旅館會有設備破損與替換材料的問題。新旅館可能只會撥出年度總銷售額的3%，而舊旅館可能會撥出5%至資本支出的準備金帳戶。

　　讓我們利用一間舊旅館為例子，倘若旅館的年度總銷售額是2,000萬美元，它的5%也就是100萬美元，在該年度將被撥出至資本支出託管或準備金帳戶，它代表旅館在那一年將有100萬美元可供資本支出的計畫分配利用，每個月財務總監將設立一個會計項目，然後將資金從營業額現金帳戶移轉至資本支出信託或準備金帳戶，當設備已購買或是計畫已完成，便會從資本支出現金帳戶開立支票做付款動作。

　　營業部經理通常不會參與資本支出的作帳過程，因為這個部分已由財務總監完成，但是他們會參與設備的選擇、估算的編列，以確保其符合需要並在預算費用控制內，同時也參與計畫的監督，以確保工作如期完成，並在資本支出預算的控制之內，旅館部門之間為了取得所需設備及計畫的許可與資金，可能會變得非常競爭。在我們的例子當中，假使股東只同意一年內有175,000美元的資本支出，總經理將減少旅館需求31,000美元，這表示必須決定哪些資本支出計畫將從清單上被移除，這時一位旅館業經理人必須清楚地解釋，並有為其資本支出辯解的能力，這是確保這些計畫被認可，以及他或她的部門因取得所需而得以成功運作的重要因素。

結語

　　預算對於任何一間企業的成功都扮演著關鍵性的角色，預算將財務需求及成果與實際營運連結在一起，他們是來年營運的正式財務計畫，管理團隊的實際表現將透過預算來評估，藉此判斷是否達成預期成果。

　　年度營業預算被用來為來年做規劃，也被用來評估每個月以及當年的實際財務績效，旅館業經理人將參與其部門預算的編列，並且也將使用該預算來規劃部門營運，營業預算包含營收、費用與利潤的詳細財務計畫。

　　除了年度營業預算，企業也運用了其他幾種預算。資本支出預算為企業的長期需求做規劃，並對於企業運作具有多年的影響力，旅館業經理人必須理解並參與資本支出預算的編制，以擔保額外的投資與資本支出；其他包含開店前與建設預算的預算則由財務部經理負責管理。一般而言，旅館業經理人並不會參與這些預算的編列。

一、餐旅經理重點整理

1. 營業部經理人必須對於綜合營業預算以及其部門的年度營業預算具有全面的瞭解，並且有能力在部門的每日運作上使用它們。部門預算是主要的管理工具。
2. 營業部經理必須有能力編列他們的部門年度營業預算以及他們的資本支出預算，並且能積極地參與預算認可的過程。
3. 旅館業經理必須瞭解並有能力使用適當的編列營收、薪資與其他直接營業支出預算的公式。
4. 實際的部門財務結果將與預算及去年成果做比較，藉此評估營業結果的成就。
5. 資本支出預算非常重要，它提供長期的設備需求，並為維持部門運作所必要的更新方案做規劃。

二、關鍵字

預算（budget） 一間企業一整年度的正式營業與財務規劃。

年度營業預算（annual operating budget） 部門經理所使用的主要預算，包含特定的營收目標、特定的費用金額，以及每個部門被預期在當年度能夠達到的利潤目標。

旅館綜合預算（consolidated hotel budget） 整間旅館的預算總覽，包括營收、費用與利潤。

部門預算（department budget） 某一各別部門的特定預算細節，該部門提供所有分類帳內所有營收與費用的財務細節。

資本支出預算（capital expenditure budget） 公司在更新或擴張時，用來鑑定替換長期資產需求的正式預算。

建設預算（construction budget） 用來鑑定建造一間旅館或餐廳所有花費的預算。

託管（escrow） 設立一個帳戶用來收集與保留現金以作為日後所用，類同準備金帳戶。

開店前預算（preopening budget） 設立一個帳戶在一間新公司準備開張營業時，作為其新事業的指引。

資產、工廠與設備（Property, Plant, and Equipment, PP&E） 用來鑑定長期資產帳戶裡，長期投資的專門術語，該長期資產為企業所使用的時間超過一年。

準備金（reserve） 設立一個帳戶收集現金為日後所用，同託管帳戶。

三、章末習題

1.為什麼年度部門營業預算對於旅館業經理人而言，是必須認識、瞭解與使用的最重要財務報表？

2.請列出年度部門營業預算的五項特徵。

3.資本支出預算為什麼很重要？它如何為旅館業經理人在部門運作時所用？

4.請列出資本支出預算的五項特徵。

5.綜合營業預算與部門營業預算的差異為何？

6.編列直接營業費用的五種方式為何？

7.列舉並描述編列營業預算的三個主要方法。

8.一份預算如何被用來評估實際財務表現？

四、活用練習

　　請完成兩個預算問題。首先，根據實際資料與公式計算預算所使用到的數目，其次根據這些資料編制一份年度預算，Flagstaff旅館的客房部在該年度前六段時期的資料如下：

客房營收		$8,713,000
短期入住已售客房數	83,730	
團體入住已售客房數	16,270	
總售出客房數	100,000	
營業費用		
寢飾		$31,100
清潔備品		24,000
顧客備品		104,800
外部服務		24,000
代客洗衣		80,500
門房費用		60,000
辦公室備品		19,200
訂房費用		
訂房部門	$150,000	
訂房中心固定成本	180,000	
訂房中心變動成本	251,200	
訂房總費用		581,200
其他所有費用		120,000
營業總費用		$1,044,800
營業總費用百分比		12.0%

■問題1

利用下列的公式計算每一個分類項目（line items）：它們被用來編列來年的營業預算，四捨五入每段時期的平均成本至整數位數、每間入住客房成本至小數點以下第二位以及銷售額百分比至小數點一下第四位，請使用所提供的代客洗衣及訂房資料。

1.寢飾：計算每段時期的平均成本。

2.清潔備品：計算每間入住客房的平均成本。

3.顧客備品：計算每間入住客房的平均成本。

4.外部成本：計算每段時期的平均成本。

5.代客洗衣：計算每個時期70%的洗衣部門總費用，六個時期的洗衣部門費用為115,000美元。

6.門房費用：計算該費用占客房總銷售額的百分比。

7.辦公室備品：計算該費用占客房總銷售額的百分比。

8.訂房成本：

　(1)每個時期的訂房部門成本為25,000美元。

　(2)每個時期旅館每筆訂房的固定費用為50美元。

　(3)每筆訂房的變動費用為6美元，計算當短期入住客房售出50%時的訂房費用。

9.每段時期的其他所有費用為20,000美元。

■問題2

利用問題1的公式以及下列假設為明年編列年度營業費用預算：謹記一個會計年度有十三個作帳期間，每個時期有4週也就是28天。

客房營收	$19,184,000
短期入住售出客房數 184,000	
團體入住售出客房數 34,000	
總售出客房數 218,000	
每年營業費用預算	

寝飾

清潔備品

顧客備品

代客洗衣

門房費用

辦公室備品

訂房費用

   訂房部門成本

   訂房中心固定成本

   訂房中心變動成本

   訂房總費用

其他總費用

總營業費用（＄）

總營業費用（％）

10

預報：一項非常
重要的管理工具

學習目標

■ 瞭解企業預報的基本原則
■ 瞭解預報的不同用法
■ 瞭解不同類型及不同時期的預報
■ 具有制定營收預報的能力
■ 具有制定薪資預報及薪資日程表的能力

前言

　　預報為企業內部所使用，協助公司管理短期的運作。比其他財務文件占更多比重，預報是為旅館與餐廳規劃隔週每日營運細節的主要管理工具。如同營業預算一般，預報預測未來並且協助管理團隊規劃隔週或次月營業的細節部分，預報包含了最短的時間區段（每日與每週），並且是隔週每日營運預先編列的最後一份財務文件。舉例來說，每週的營收預報被用來發展每週的薪資排程，而每週的薪資排程又包含了作為企業隔週營運計畫的每日排程。

　　預報最主要的（資料）輸入首先是營收管理部門所提供的每日歷史平均值，或是其他的需求追蹤程式（demand tracking programs）；其次是已制訂的預算，最後則是影響當前企業運作環境的最新動態，營收管理部門回顧過去並提供各個市場區塊每日客房營收、已售出客房數，以及平均客房單價的歷史資料細節。營業預算是一間企業一年編列一次的年度財務計畫，隔年的預算通常在12月以前會被認可，然後在預算年度裡不會再被更改，而預報被用來更新預算。市場最新的動態與趨勢影響了企業環境，它們必須在年度的進展上被審慎的考量，一如2009年經濟衰退所呈現的，預報成為一項試圖確立新的營收層級並控制營業費用上相當重要的管理工具。預報是更新預算以反應這些變化的管理與財務工具。接著它們會被用來規劃每日營運的細節。根據歷史資料、最新的市場情報以及當前的走勢，預報可能會增加或減少原始的預算數字。

　　週預報（weekly forecasts）考量原始預算、當前的市場情況與走勢，並將它們與比率及公式相結合，藉以預測當前的營收或勞力成本，這有助於詳細計畫隔週的每日營運。下個月或下個會計期間的預報在本質上會較一般。**比率**（ratios）確立了兩項營收組成要素（價格與數量）、兩項薪資組成要素（價格與員工人時數），以及其他營業費用重要組成要素之間

的關係，比率與公式被用來計算關於不同營收層級的適當費用層級，而這些營收層級反映了當前的市場條件。

本章討論營收與薪資預報——如何編列與運用，這一章的內容建立在營收管理與預算章節所呈現的資料上。

第一節　預報基本原則

一、定義

預報（forecasts）是更新營業預算的財務文件，營業預算是一整年度的固定財務計畫，而預報是有彈性的，它為預算提供每週或每個月的調整以反應當前的走勢與經濟／市場狀況，明年度的預算通常在當年的第四季編列，第一季的預算是非常當前的，它只維持幾個月，但是第三和第四季的預算則超過八個月之久，而在這個階段市場可能會發生許多變化影響預算以及企業的運作，因此預報是用來更新預算的珍貴管理工具，如此使預算能夠反應當前的企業層級與狀況。

預報並不是精準科學，而預報的結果通常也不被寄望能夠與其他的財務數字平衡或相配，預報包含運用當前的資訊，並將這些資訊與既定的比率及公式做結合，藉以估計或推斷未來的企業層級與營運，這些比率是根據營收與費用之間現存的關係，它們根據當下營運管理哲學及企業策略，被大膽地或謹慎地應用於預報上。

二、去年、預算及預報

在經營一項事業體時，用來作為管理工具的財務文件的編制有一個邏輯上的發展，這當中包含兩個方向：第一個關於歷史的方向在本質上是

反映過去實際的成果；而第二個關於前瞻性的方向在本質上是思考對於未來成果的規劃或期待。

　　所有用於規劃企業營運的財務文件始於去年實際財務績效的檢視，而這是屬於財務計畫的歷史方向。這些數字是事實依據，也是前幾個月或前幾年的實際企業運作結果，它們成為為來年編列營業與資本支出預算的基礎，倘若去年的財務成果表現極佳，那麼企業在來年的預算將會持續採用產生這些成功財務成果的策略與運作，倘若去年的財務成果表現欠佳，那麼企業將鑑定問題點，並規劃必要的改善，以製造出預期的財務結果。在上述兩種情況下，年度預算將籌劃明年包含預期財務成果的營運細節，它是規劃未來最重要、也是最正式的財務文件。

　　一旦年度營業預算準備完成，下一個步驟便是編列預報來更新預算，這些預報反映了當前市場條件、經濟情況，或是其他企業數量與營收當前走勢的任何改變。未來的預報規劃在本質上是短期的，並且是有彈性的，它們是利用當前實際市場走勢與資訊所編列的最後一份財務與營業規劃文件。每週的營收預報與每週的薪資排程則被使用來規劃下一個星期每日營運的詳細情況，當該週結束之後，實際財務成果被用來與預報、預算以及去年的實際成果做比較，較大的變動會經過分析、做出財務評論，藉以說明原因，並討論能夠改善營運與達成財務目標的解決辦法。

　　在回顧的部分，用來規劃企業營運的財務預報的發展始於去年的實際成果，這份成果被使用來編制年度營業預算，接著在年中預算透過編列預報來更新。預報不僅更新預算，同時也提供管理團隊最當前的資訊以規劃來年的每日營運。

第二節　預報類型與用法

一、預報與去年及預算的關聯性

　　一如之前所討論的，數字與財務報告的主要用法是評估財務績效，並為營業部經理提供一項管理工具以為營運所用。損益表（P&L）是衡量營業表現的主要財務報表，資產負債表與現金流量表同時也提供了有用的財務資訊以衡量財務表現的其他部分，例如公司淨值與現金流量，預報最主要包含了損益表裡所記載的財務活動，因此本章的預報將著眼於損益表的部分。

　　為股東與經理人提供所需的現金流量預報以維持每日營運中有一項很重要的例外，即股東感興趣的是他們能獲得多少現金，以及有多少現金是他們所必須提供及何時提供的部分；而經理人感興趣的則是他們能夠獲得多少現金來運作部門；而此現金流量預報通常由會計室來負責執行。

　　去年實際成果及當年度預算的預報關聯性可以透過下列的時間活動排序來說明：

1.去年的實際成果將會一週一週地被編列與檢視。
2.管理團隊將為來年決定相較於去年的實際可行的改進程度或是可達成的成長目標。
3.管理團隊與會計部門將編列正式的營業預算，那是一份詳細的財務計畫，以週、月以及年為單位來概述來年的財務目標。
4.來年的最終營業預算將被認可，包括內含金額數目、百分比與統計結果的特定月份或會計期間的財務計畫，這份預算由資深管理團隊與股東核可，然後分配至所有部門為一整年度所使用。
5.在一個月份或會計期間開始之前，會計室將會經常提供各部門當週突破預算的最高或最低值。

6.每個部門接著將為下一週檢視預算,倘若沒有任何具有意義的變化,部門經理將使用該份週預算作為週預報,然後接著根據預算上的數字,一天接著一天地計畫下一個週次。

7.倘若有任何具有意義的變化產生——不論是增加或減少——部門經理都將在一份新的預報上更新運算,透過修正更精確地反映當前的商業環境,而這些更新預算的修正便成為每週的預報。

這份時間活動排序示範了如何利用實際的財務表現(去年),以一份正式年度財務營業計畫(亦即預算)的形式投射至未來規劃的流程,最後一個階段是檢視預算、做出任何修正或更新(預報)以及利用這個資訊來為隔週營運做細節的規劃。一份預報專欄可能會被包含在每月的損益表內。包含預報的內部管理報告通常每天或每週都會被檢視,這個過程包括了實際營收與勞動力成本的檢視,並將其與預報、預測以及去年相比較,任何的改變或差異都會在被稱為評論的變動報告裡說明。

每月或每段會計期間的損益表通常未包含每週預報,這項事實並不能表示這些損益表就不重要,它代表它們最主要是被作為規劃、運作以及分析每日及每週營運的內部管理工具。事實上,營業部經理將比損益表花費更多時間在每週的財務情報上,因為他們在每日營運都會使用預報、評論每日與每週的變動並採取任何即將改善業績的必要修正,有效運用這些週預報以及其他內部管理報告,通常使得每月或每期損益報表上能夠呈現較佳的財務績效。

二、每週、每月、每季及長期預報

週預報提供每個班制或部門一週內每一天的營運規劃與細節。在一週的開始,包含實際成果的每日營收報告與每日勞動生產力報告被分配至各部門,來自於這些報告的財務成果會被用來與每週預報相比較,同時也提供營業部門的管理者前一天的詳細結果,以及當週截至該日的營業成

果，這其中包括每日為了達到營收極大化與費用極小化所做的努力。輪班或部門經理必須直接負責根據最新的預報來運作部門，經理們會偕同其部屬透過提供顧客產品與服務所獲得的財務成果來運作部門，因此管理者會花費許多時間在檢視、分析、修正與預測這些評估營運表現的數字上。

週預報最重要的部分是分析上週成果的評論。公司擁有非常實用的週報表可以掌握實際、預報、預測以及去年的情報，最新的科技發展提供了大量且近乎即時的詳細資料供經理人使用。在任何企業裡，營業部經理都將同時擁有最強而有力的營運技巧與財務知識，如此一來，他們便能夠善盡利用每日與每週的營業情報之職。

週報告主要是內部的管理報告，它們提供衡量財務績效的資訊；但是，它們最主要的功用是作為管理工具。

月預報（monthly forecasts）或會計期間報告同樣被視為是推斷預期財務績效的管理工具；它們是正式的報告，散布於公司內外部以藉此吸引股東；它們不但提供營運的實際成果，同時也將該成果與預算及去年的成果相比較。有時候預報會包含在一份正式的損益表當中，評論同時也會為了這份正式的損益表而擬定，營業部經理與會計部經理便利用這些每週的評論來說明當月的營業成果。營業部經理應與他們的直屬主管（direct manager）或是與執行委員會委員一同擬定並檢視這些評論，然後這些評論便會被上呈至總經理處並予以討論，最後一個步驟則通常是將這些情報提供給區域或總部辦公室以及相關股東。

季預報（quarterly forecasts）最主要是用來規劃並推斷未來一季或兩季的財務績效。資深經理與股東會有興趣知道，並檢視在不久的將來，公司營運預期能夠達到何種程度。當營業部經理與會計部經理有能力編列這些長期預報時，他們便不會在季預報表上花費如同每日與每週預報表一樣長的時間了。

最終的預報是長期預報（long-term forecasts）。它們不像週預報及季預報那樣詳盡，但卻能為未來所期待的企業營運指引大方向。這些長期預

報在本質上較具普遍性，而它們有可能由會計室來編制。長期預報裡包括
銷售量、利潤、現金流量規劃、平均客房單價、入住率以及每間空房營收
規劃，公司在它們的長期預報表裡往往能夠含括不同的時間區段。觀察萬
豪集團接下來的六個會計期間，其中四季飯店包含了一份年底的預報，該
份預報結合了該年度開始至當日的實際表現與一份截至年底的預算，如此
一來集團的管理團隊將對於年底實際／預期表現與去年實際表現以及今年
預算相比較的結果能有所概念，這對於業主規劃現金流進或流出是非常重
要的。

三、營收、薪資及營業費用預報

　　週預報強調營業表現最重要的財務組成要素，在旅館產業界，這代
表主要著重在營收與勞動成本的部分。

　　一如先前章節所討論的，營收最大化牽涉到過去表現的分析，以及
未來預期表現的預測，營收預報對於任何企業的成功都是關鍵性的，因為
除了預測預期的營收之外，它們同時也被用來規劃並安排適當的費用額
度。營業部經理必須做出營業費用的調整以掌握預期的事業層級，倘若一
間企業未針對下週或下個月的營收做出預測，那麼它的管理便如同車子缺
乏後照鏡一般，可能會因為未能看見也未能隨著市場與其事業層級的變化
做出調整，因而陷入某些困難的局面動彈不得。

　　營收預報的主要組成要素是數量，更具體的說，是客房營收的已售
客房數、餐廳營收的已服務顧客數以及薪資日程表上的人時數。根據推
斷，到底會有多少顧客會進住旅館或是在餐廳用餐？營業部經理必須能預
定適切的勞動成本且訂購適當的材料與備品，然後提供正確的服務給預期
的已售客房數或顧客數，這些都是數量而非平均房價。舉例來說，假使一
間旅館預測一週會多出50,000美元的營收，而這全都是因為平均客房單價
提高的結果，那麼這間旅館便不會得到比預算還多的入住顧客數；一般說

來，薪資或是營業費用並不需要有任何改變，但是假使這多餘的50,000美
元是因為售出更多客房數（數量）的結果，那麼營業部經理便必須安排更
多的員工，特別是管家，以及購買更多的備品與材料，以便有能力為多餘
的顧客提供預期的產品與服務，倘若他們未能做出這些改變，它們可能會
面臨備品短缺的窘境，或是未能有足夠的員工為這些額外的顧客提供預期
的服務水準。

　　相同的例子也能被用來預測餐廳的營收，假使營收增加是因為平均
結帳金額提高的緣故，那麼或許不會造成任何費用的增加，但是假使營收
的增加是由於較多的顧客數（數量），那麼在薪資成本、食物成本以及其
他營業費用的部分，便有可能產生較高的費用，預報是在顧客及營收有所
變化的情況之下，協助營業部經理規劃並控制預算的管理工具。

　　所有部門營業經理的下一項重要職責便是控制勞動成本。在旅館產
業，旅館的薪資總成本通常占銷售額20%至25%，另外同時會衍生5%至
10%的福利成本，因為大部分的勞動成本都屬於時薪制，而這是一項變動
費用，所以經理人被期待或多或少能夠根據預測的數量水準來規劃薪資成
本。**變動費用**（variable expenses）是直接隨著事業層級與數量的變化而
波動或改變的費用，管家、門房以及服務生都是變動薪資職位的例子，這
些職位需要多少人力則根據營業額預報的高低。

　　經理人必須控制他們的時薪成本以維持生產力與獲利百分比，這代
表在淡季時提早讓員工下班，而在旺季增加員工工作時數以回應業務量的
短期改變（當下的營收預報），這同時也代表當生意較冷清或較熱絡的
時候，接下來幾天的工作排程必須有所改變，因為最新的週預報已經確
定。

　　薪資成本與控制變動時薪息息相關。在管理與將薪資及福利費用最
小化的過程當中，改變人時數以反映業務層級是必要的，這同時也包括控
管加班。加班所耗費的勞動力非常昂貴，因為加班通常必須多付一半的加
班費，管理成本通常是固定的，因此並不受類似時薪的事業層級的改變所

支配。**固定費用**（fixed expenses）是相對固定並且不會隨著不同的事業層級與營業額而改變的花費，銷售部門的秘書與會計部門管理薪資的記帳員是典型的固定薪資職位的例子。

最後一項根據事業層級來控制的費用是直接營運成本，這項成本主要包含管理餐廳與宴席部門的食物成本，加上薪資成本，這些都是餐飲部門最大的花費，並且都同時受到事業層級的變化所支配。管理食物庫存是非常重要的，因為大部分的食物都有時間限制與擔心腐壞的問題，其他的營業費用，例如清潔備品、顧客備品、瓷器製品、玻璃製品、銀製品以及布料製品等則無法如同控制薪資與食物成本一般，被快速或直接地管控，但是它們不會腐壞，而且可以使用好幾個月，甚至有時候會超過好幾年，為了控制這些費用，經理人必須密切注意購貨與收貨日期、發票開立、存量水平與實體庫存和內部部門之間的移轉，他們主要利用每月或每個會計期間所編列的預算金額來控制這些費用。

【佛羅里達州馬可島萬豪海灘度假、高爾夫球俱樂部與溫泉旅館 Marco Island Marriott Beach Resort Golf Club & Spa】

這間擁有七百二十七間客房、位於佛羅里達州墨西哥灣的度假中心，為度假旅客及參加會議的團體提供廣泛的度假中心活動，包括提供了在一片延伸3英哩長的白沙灘上的海灘活動與水上運動、三座饒富熱帶島嶼氣圍的游泳池、能夠感受沼澤地的高爾夫球場，以及巴里島風格的新的溫泉療法。進住這裡的旅客們能夠在這八座位於沙灘上的從休閒到高級餐館裡的任何一間餐廳用餐至夕陽西下。這間度假中心共有二十七間會議室，包括一間19,000平方英尺的舞廳，室內室外的會議空間總共占225,000平方英尺，提供旅客許多享受南佛羅里達州氣氛的機會，請參考該網站www.marcoislandmarriott.com。

資料來源：感謝馬可島萬豪海灘溫泉度假旅館與高爾夫球俱樂部所
提供的照片。

　　請思考在這間大型海灘度假旅館裡週預報的重要性與複雜性。如營收
管理部門經理必須對於旅館短期入住旅客與團客的售出客房數的預測負
責，它會是所有部門每週營收預報的基礎；餐飲部門的經理則單獨對超過
一打以上的營收部門的預報編列負責，思考週預報之於大型團客業務以及
短期入住旅客業務兩者之間的差異，同時也考慮每週所編制的每週薪資日
程表上的數字！

　　接下來請回答下列問題：

1.參考第3章所提到的旅館組織圖，為馬可島萬豪海灘度假旅館編制
　一份組織圖，內含所有不同的營收部門（提示：超過一打以上）

2.假使你即將與餐廳部經理以及宴席部經理開會，請提出三項在籌備
　週預報時會討論到的事項。

3.討論每週售出客房數的預報對於高爾夫、溫泉以及餐廳營收預報的
　重要性。

🔲 第三節　營收預報

一、客房營收預報的重要性

　　客房營收預報（room revenue forecast）是將所有旅館營收極大化，以及控制所有旅館支出的起始點，這兩項對於任何一位營業部經理而言，都是將利潤與現金流量最佳化的最重要財務目標。確定造成實際業務層級增加或減少的原因、瞭解營收預報所使用到的財務比率與公式，以及擬定準確且實用的預報，對於任何一個部門或企業的成功都是必要的。

　　客房營收預報同時也被使用來編列餐廳及宴席部門的營收預報。為了預測餐廳營收，餐廳部經理須考量下列包含於客房營收預報之內的細節：

　　1.每日的總售出或總入住客房數。

　　2.每間客房的顧客數。

　　3.已入住的團體客房數以及短期入住客房數。

　　然後他們將檢查宴席部的每週預報以決定多少百分比或多少數量的來賓將參加宴席部所承辦的餐會，這項數據將影響在旅館餐廳用餐的顧客數目。

　　為了預測宴席營收，宴席部經理會參考宴會流程表（Banquet Event Orders, BEOs）裡確定的顧客數目，以及為某些特定企業所保留的團體客房。營收預報將包含一個團體所訂購的實際客房數，並使宴席部經理得以預估餐會是否能夠滿足合約上的顧客數目。

　　大部分的其他營收部門，包括飲料部、禮品部、電話部與遊戲部將根據售出客房數或客房銷售額來預測他們的營收，這些部門能夠利用每間已入住客房的銷售額來預測他們的部門銷售額。舉例來說，禮品部會有每

間已入住客房的歷史平均銷售額，經理人將利用這個金額再乘上當日或當週已入住客房的數目來擬定每週及每月的預報。

二、數量：預報的關鍵

我們將再次強調所有的預報都是以商業活動的數量為基礎。**數量**（volume）是營收等式裡的一部分，它提供顧客所消費的產品或服務的數量。每一個營收部門應用已售出客房數或是旅館入住顧客數（數量）為基礎的公式來計算並預測它的部門營收，所應用的公式範例如下：

1.已入住客房數×每間客房平均銷售額＝部門銷售額
2.已入住客房數×每間客房平均入住顧客數＝旅館總顧客數
3.旅館總顧客數×每位顧客平均結帳金額＝部門銷售額

上述任何一項公式都能夠被用來為某一特定部門計算並預測營收，請注意這些公式需要一個類似總入住客房數或是總顧客數的預測數量層級，這個數目字接著會被應用在平均客房單價、平均顧客結帳金額、每間客房平均費用或是其他公式上，藉以計算一份部門銷售額預報的金額。**價格**（rate）也是營收等式的一部分，它提供了顧客或消費者為了確保一間客房或是一頓餐點而願意支付的金額。下一個段落提供更多的細節與範例，用來說明入住客房數及顧客數是如何被用來編列薪資清單以及其他成本控制計畫與清單。

客房營收的公式為：

價格×數量，更具體的說是：
平均客房單價×已入住客房數

　　客房營收預測應用這些公式以及當前的實際資訊來決定下一週的營收預報，編列週客房營收預報的程序當中的第一個步驟便是預測數量層級，接著運用客房平均單價來計算或預測總客房營收金額：

1. 歷史平均值為預測提供了一個起始值，它可以是計算客房營收所需的一週內每日的平均售出客房數，也可以是為計算餐廳營收所需的每日及每一個用餐時段的平均來客數。

2. 接下來當前的走勢與市場狀況會被應用於這些平均值。倘若一間旅館在過去幾週較平時更加忙碌，營收預報的編列便可能比歷史平均值來得高，倘若旅館在過去幾週生意較為冷清，則週預報的編列便可能將歷史平均值向下修正。在這兩個例子當中的任何一個，營業部經理都將增加或減少歷史平均值5、10、20或是任何其他客房數，以反映當下的需求與市場情況。

3. 通常預報分別為每個市場區塊編列，然後相加總以得出總客房營收預報。舉例來說，短期入住已售客房數是根據營收管理計畫的資料做出預測，團客入住客房數則是根據已保留的客房——不論肯定或不肯定——以及保留客房當中實際入住的客房數來做出預測，這兩個市場區塊相加之後便是總客房營收預報。

4. 最後一個步驟是決定適當的房價以應用於每間售出客房，或是一個適合的平均結帳金額以應用於餐廳的每一位顧客。以歷史房價及餐廳歷史平均結帳金額為基準點，然後再依據任何房價的上升或是菜單金額的上升做出調整，以獲得當前的房價或平均結帳金額，這個程序也能夠由市場區隔（短期入住、團體入住或是簽約入住）或是用餐時段（早、午、晚餐）來完成。售出客房數與顧客數目的預測愈詳細，預報就會愈準確，僅僅只預測一週的總售出客房數以及只參考一週的平均客房單價將產生一份非常籠統的預報，而透過市場區隔及用餐時段來預測數量與平均價格則會使得預報更加詳細與精確。

為了協助理解預測，並瞭解一位營業部經理在擬定預報時所能使用的要素，請參考**表10.1**與**表10.2**，他們包含了產生週預報所需的個別要素與步驟。

在編列預報所使用的這些要素或步驟將被用於編列客房營收、客房服務營收，以及餐廳營收的週預報時預測所可能遇到的種種問題。它們以順序性的方式呈現，藉以考量能夠影響一週營收預報的所有變數，為了說明這點，讓我們來探討產生一份週客房營收預報的過程，並觀察這個過程是這些客房營收預測兩個一組的要素成分之間的行進方式。

首先，我們將已售客房預報切割成主要的客房市場區隔——短期入住旅客（商務及休閒旅客）以及團體入住旅客，接下來我們將考慮兩個不同

表10.1　客房營收預測兩項一組

市場區隔	短期入住
	團體入住
一週7天	平日：星期一至星期四
	週末：星期五至星期日
訂房狀態	已預約訂房
	即將預約訂房（零散客房）
團客狀態	已確認的／肯定的
	未肯定的
客房營收	已售客房數×平均客房單價

表10.2　客房服務與餐廳預測三項一組

客房服務	早餐、午餐及晚餐
	每間入住客房顧客數
	換桌率
	顧客數目×平均結帳金額
餐廳	早餐、午餐及晚餐
	旅館顧客增減修正
	外來顧客增減修正
	顧客數目×平均結帳金額

的時間區塊——短期入住與團體入住旅客平日與週末的售出客房數。在短期入住的市場區隔這部分，我們將觀察已預約的實際訂房數，然後預測從今天至該週我們所預測的當天會多出多少訂房——零散客房數（rooms pickup），將這兩個數字相加便產生短期入住客房售出數的預報。

在團體入住的市場區隔這部分，我們將觀察已確認的合約或團體客房的肯定入住數目，然後預測會有多少尚在猶豫的團體單位會簽下合約成為確定入住團客，將這兩個數字相加便產生團客入住客房售出數的預報。

下一個步驟是將售出客房數轉換為客房營收，這一組包含了將每日的短期入住客房售出數乘以每日的短期入住客房平均單價，得到的是短期入住旅客的每日營收，再將一週七天的每日營收相加便得知當週的短期入住旅客客房總營收預報，再重複一次這個步驟，將每日的團體入住客房售出數乘以每日的團體客房平均單價，再將每日的營收相加便得到當週的團體客房總營收預報。

最後一個步驟是將短期入住的數字加上團體入住的數字，產生的便是每週已售客房數預報以及每週客房營收預報。

預測客房服務與餐廳營收的過程相同，唯一不同的是以顧客數目取代售出客房數，以平均結帳金額取代平均客房單價。

 ## 第四節　薪資預報與排程

一、薪資預報基本原則

管理及控制薪資成本是旅館業經理在維持部門生產力以及利潤率時的主要職責。**利潤率**（profit margin）是支付所有費用之後所剩下的利潤金額百分比，原因如下：

1.薪資通常是旅館產業的營運過程中，每個營收部門的最大費用。唯一的例外是零售商，他們所售出的商品成本通常較薪資成本為高。一間全服務型的旅館薪資總成本大約介於20%至30%之間。

2.時薪是變動的，因此時薪的日程表能夠依據當前營收預報的數量層級向上或向下調整與編列。

3.每一項薪資都會產生一份相關聯的福利成本，通常占總薪資成本的25%至40%。舉例來說，薪資成本的每一塊錢都會產生25至35分的福利成本，所以控制薪資費用便能控制福利費用。假使一個部門有薪資成本的問題，通常他們的福利成本也會有問題。

營收部門的經理人花費很多時間檢查營收預報，然後編列能夠恰好支持數量水準的薪資清單，這是部門勞動生產力能夠獲得控制，而利潤率得以維持的主要方法。

二、員工標準、預報及比率

許多比率與公式都能夠被應用於薪資日程表的編列，這些日程表維持預算與預期的生產力，旅館所使用的主要預測公式也被應用於客房部門及餐飲部門。

(一)客房部門公式

■生產力公式

每間已入住客房的總人時數＝部門總人時數÷已入住客房總數
基於每八小時輪班的已清潔客房數的管家人時數
基於每八小時輪班的入住手續的服務台職員人時數
基於每八小時輪班的退房手續的服務台出納人時數

■成本百分比公式

> 每間已入住客房的薪資成本＝部門薪資成本總金額÷已入住客房總數
> 薪資成本百分比＝部門薪資成本總金額÷部門營收總金額

(二)餐廳部門公式

■生產力公式

> 每位來店顧客總人時數＝部門總人時數÷總餐席／總顧客數目
> 基於每個輪班桌數的服務生人時數或是每個輪班的餐席／顧客數

■成本百分比公式

> 每位來店顧客的薪資成本＝部門薪資成本總金額÷顧客總數
> 薪資成本百分比＝部門薪資成本總金額÷部門總營收金額

　　這些比率應用在產生客房部門及所有餐飲部門每週營收預報的數量預測上，它們對於確保已排定的薪資成本與直接營業成本能夠符合當前的營收預報而言，是非常重要的。

結語

　　預測對任何企業而言，都是一項重要的管理工具。它的過程包括檢視過去的財務資訊，並將其結合當前的走勢及市場狀況，以推斷下一週或下個月的業務數量。對一間企業而言，知道所在市場的經濟條件及其主要競爭對手所採取的行動與作為是很重要的，如此一來他們便能編列準確的週預報。

　　預測包含推斷未來的營收與安排未來的費用，藉此以維持預算的生產力及利潤率。預測始於數量，例如售出客房數或是顧客數，一間旅館或餐廳的業務活動量將需要一份已制訂的薪資清單，以及其它的營業費用以傳遞顧客預期的產品與服務，同時也藉此維持預期的利潤率與生產力。當業務量增加時，為了適當地傳遞預期的服務層級，額外的薪資與營業支出變成不可或缺；同樣地，當業務量萎縮時，為了維持生產力以及避免在薪資與營業成本上徒勞的浪費，這些薪資與營業費用同樣必須降低。

　　對於任何企業的營業部經理而言，擁有足夠的預測技能使他們能夠在每週的預報裡，隨著預期的事業層級調整營業費用是非常重要的。

一、餐旅經理重點整理

1. 下一週營收與薪資成本的週預報對於將營收最大化、控制費用以及維持部門生產力與利潤而言是一個關鍵因素。
2. 數量——指已售客房及顧客數目——是所有預報的起始點。
3. 營收數量與變動費用之間存在著直接的關聯性。
4. 預報是對於財務績效極大化具有重大影響的主要管理工具。

二、關鍵字

固定費用（fixed expenses）　　固定費用不會隨著不同的事業層級與數量而改變，如銷售部門的秘書與會計部門的記帳員便是屬於固定薪資的

職位。

預報（forecast） 更新預算的一種報告。

月預報（monthly forecast） 下一個月的營收預報，包括特定市場區隔、部門或是用餐時段的平均價格與數量。

利潤率（profit margin） 在支付所有費用之後所剩下的作為利潤的營收金額百分比。

季預報（quarterly forecast） 一份推斷較長時間營收的預報，將一季內的每個月份的預報相加所完成。

價格（rate） 營收等式的一部分，提供顧客或消費者為了確保一間客房或一頓餐點所願意支付的金額。一般來說，平均房價以及平均顧客結帳金額被用來計算客房或餐廳總營收，它同時也為薪資預測及排程提供時薪的價格。

比率（ratios） 用來計算與不同營收層級相稱的費用層級的公式。

變動費用（variable expenses） 直接隨著業務層級與數量的改變而波動或變化的費用，管家、門房或服務生都屬於變動薪資職位。

數量（volume） 營收等式的一部分，提供顧客所消費的產品或服務數量。一般來說，售出或已入住客房數以及顧客數目被用來計算客房或餐廳總營收，它同時也提供薪資預測與排程所需的人時數。

週預報（weekly forecasts） 隔週的預報，包含營收與費用，著眼於薪資預測的部分，並提供每日或每個輪班的細節，提供顧客預期的實際產品與服務的成本。

三、章末習題

1. 列舉兩項週預報不同於月預報或季預報的部分。

2. 為何數量對於預測如此重要？

3. 定義固定與變動薪資費用，並針對該費用分別舉例兩項薪資職位。

4. 列舉預測時間排序的七個步驟。

5. 客房營收預報以及餐廳營收預報的公式為何？

6. 預測時薪費用的公式為何？

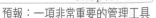
7.列出三種重要的薪資比率。

8.為何週預報對於管理一間企業的獲利率如此重要？

四、活用練習

(一)營收預報問題集

這個部分包含了客房、餐廳與客房服務部門的營收預測流程。本流程首先呈現第一週的預報以解釋並說明如何編列，以及如何使用一份週預報；接著會提供編列第二週預報的資料，包括增加或減少第一週數量與營收的修正，學生將練習編列第二週的預報，可於課堂上討論，課本內附有答案，學生可採個人練習或分組練習的方式。

第三週的預報將包含針對已售客房數較第一週預報增加或減少所做的預報修正，學生將以問題集的方式編列並繳交第三週的預報，這個部分將被評分，總分為25分。學生可以個別或分組完成第三週預報。第四週的預報將是另外25分的課堂測驗，學生預計將自行完成第四週預報。

本流程將重複應用於客房營收預報、餐廳與客房服務營收預報，以及服務台與房務薪資預報。

(二)客房營收預報

研擬客房部門營收預報包含兩個步驟：第一步是預測已售客房數；第二步則是預測客房營收。已售客房數預報牽涉到下列矩陣內所顯示的幾種變數：

客房預測矩陣		
短期入住客房數	團體入住客房數	總客房數
已確認短期入住訂房數		
預計「散客」訂房數		
已售短期入住客房總間數預測		
確定團體入住客房數		
待確定團體入住客房數		
已售團體入住客房總間數預測		
已售客房總間數預測		

預測客房總營收的重要因素能夠與幾組資訊相結合，每一組資訊或是「每一對」資訊對於客房營收預報的編列而言都是很重要的，現在讓我們再複習一次。

客房營收預測兩個項目一組	
預測要素	預測項目組
市場區隔	短期入住與團體入住客房數
一週7天	平日：星期一至星期四
	週末：星期五至星期日
訂房狀態	已確認訂房
	即將預約訂房（散客訂房）
團客狀態	已肯定的，已簽訂合約的團體
	未肯定的，等待訂房的團體
客房營收計算	每個市場區塊的已售客房數乘上每個區塊的平均客房單價

每個市場區塊的預報編列都有不同的方式。已確認或已繳定金的短期入住訂房數，每日由旅館的營收管理部門或是需求追蹤系統所產生，接下來由旅館營收管理部門的經理或是訂房部門的經理推斷或預測額外的訂房數目，這些預測的訂房數介於當日至抵達日之間，包含抵達日當天隨機入住的旅客，這些散客的訂房被加入已確認的訂房數當中，並藉此預測當日的已售客房總間數。

團體客房預測來自於團客的預約表，該預約表根據已保留的團體客房提供了每日肯定的團體訂房數目，接下來銷售與行銷部門經理決定待確認或預期的尚在協商當中但極有可能成功訂房的團體客房數量，然後這些預期會肯定入住的待確認團體客房便被加入現有的肯定入住客房數當中，成為當週預測的已售團體客房數。

當當週的已售客房總間數預報完成之後，接著推斷每日每個市場區隔的平均房價，然後將每個市場區隔的已售客房數乘以平均客房單價以計算出客房總營收，再將每個市場區塊的客房總營收相加便得到隔週的每日客房總營收預報，週預報將包括當週每日以及一整週的已售客房數、入住百

分比、平均房價與總客房營收，接下來旅館的行銷策略小組將檢視、認可並分配週營收預報。

編列一份客房營收預報的步驟如下：

1. 收集來自於營收管理報告與團體客房報告當週每日已確認的短期入住訂房數及團體訂房數。

2. 推斷每日預期的額外短期入住散客的訂房數，以及尚待確認的團體訂房數。

3. 為售出的短期入住及團體客房決定每日平均房價。

4. 為短期入住與團體客房計算每日客房營收，亦即每日售出客房數乘以每日平均房價等於每日客房營收。

5. 將當週的每日售出總客房數相加，以得到當週的售出總客房數。

6. 將當週的每日總營收相加，以得到當週的客房總營收。

7. 將當週的客房總營收除以當週的總售出客房數，以計算出每週平均房價。

8. 將每日售出客房數除以每日與每週的旅館客房總間數，以計算出每日與每週的入住百分比。

9. 將一週七天的每日售出客房數以及每日客房營收加總，得出的數字與短期入住與團體入住兩項市場區隔相加總的數字相比較，再次確認兩者得出的當週售出客房總間數以及客房總營收是相同的數字。

將這些步驟應用於每週的練習測驗當中，以計算每週客房總營收。接下來是編列週客房營收預報所使用到的試算表與週預報：第一週是範例，說明如何編列週客房營收預報；第二週與第一週相較之下在售出客房數的部分將有所改變，課本提供該週練習編列之後的解答，學生們應透過第二週學習預測過程，並且著手準備第三週的預報；第三週將再度修正第一週的預測，它是一份總分25分的練習測驗，要求學生們計算並編列第三週的客房營收預報，完成後繳交並接受評分；第四週同樣會修正第一週短期入住與團體入住售出客房數的資料，並且它是一份必須在課堂上完成的測驗，總分一樣是25分。

售出客房數預報試算表
第 ＿＿＿ 週，第 ＿＿＿ 期
修正

市場區隔	星期五／	星期六	星期日	星期一	星期二	星期三	星期四	星期五	加總
短期入住客房數									
已預約訂房									
散客訂房									
短期入住總訂房數									
團體入住客房數									
肯定入住團體									
尚待確認／預期入住團體									
團體入住總訂房數									
總訂房數									
入住百分比									
抵達／辦理入住筆數									
離開／辦理退房筆數									

客房營收預報試算表
第 ＿＿ 週，第 ＿＿ 期

市場區隔	星期五／	星期六	星期日	星期一	星期二	星期三	星期四	星期五	加總
短期入住營收									
已售客房數									
平均房價									
短期入住總營收									
團體入住營收									
已售客房數									
平均房價									
團體入住總營收									
總營收									
售出客房總間數									
入住百分比									
平均房價									
客房總營收									

售出客房數預報試算表——600間客房
第 1 週，第 1 期

市場區隔	修正星期五／	星期六	星期日	星期一	星期二	星期三	星期四	星期五	加總
短期入住客房數									
已預約訂房		150	120	300	400	400	350	180	1,900
臨時訂房		10	10	30	50	40	40	20	200
短期入住總訂房數		160	130	330	450	440	390	200	2,100
團體入住客房數									
團體編號1		30	20	20	10				80
團體編號2				70	80	80	80	10	320
團體編號3					40	40	20	20	120
團體編號4					20	20	20	20	80
團體入住總訂房數		30	20	90	150	140	120	50	600
總訂房數	300/	190	150	420	600	580	510	250	2,700
入住百分比		31.7%	25.0%	70.0%	100%	96.7%	85.0%	41.7%	64.3%

客房營收預報試算表
第 1 週，第 1 期

市場區隔	星期五/星期六	星期日	星期一	星期二	星期三	星期四	星期五	加總
短期入住營收								
已售客房數	160	130	330	450	440	390	200	2,100
平均房價	$ 110	$ 110	$ 130	$ 145	$ 145	$ 140	$ 110	$ 133.55
短期入住總營收	$17,600	$14,300	$42,900	$65,250	$63,800	$54,600	$22,000	$280,450
團體入住營收								
已售客房數	30	20	90	150	140	120	50	600
平均房價	$ 100	$ 100	$ 120	$ 125	$ 125	$ 125	$ 100	$ 120.08
團體入住總營收	$ 3,000	$ 2,000	$10,800	$18,750	$17,500	$15,000	$ 5,000	$ 72,050
總營收								
售出客房總數	190	150	420	600	580	510	250	2,700
入住百分比	31.7%	25.0%	70.0%	100%	96.7%	85.0%	41.7%	64.3%
平均房價	$108.42	$108.67	$127.86	$140.00	$140.17	$136.47	$108.00	$130.56
客房總營收	$20,600	$16,300	$53,700	$84,000	$81,300	$69,600	$27,000	$352,500

(三)活用練習1

■第一期，第二週／較為忙碌的一週

在第二個星期，旅館預計會是比較忙碌的一週，比起第一週的預報會有更多的客房售出，為了完成第二週的售出客房預報，請遵循下列步驟：

1. 從第一週的售出客房數預報開始，全面調整第一週的短期入住客房售出數目。

2. 增加第二週的售出客房數預報如下（平日是指星期一至星期四，週末是指星期五至星期日）：

   (1)每日增加十五間平日與假日的短期入住訂房數。

   (2)平日每日增加十間、週末每日增加五間的短期入住臨時訂房數。

   (3)結算每日的短期入住售出客房數，並將七天的數目相加總得出當週的已售客房總間數，檢查這個每週已售客房總間數的數字是否等同於每週訂房數加上每週臨時訂房數。

   (4)將所有團體客房保留間數的每日團體入住已售客房數目相加總，以得出每日團體客房數預報。

   (5)加總七天的每日團體客房總間數，以得出當週的團體客房總間數。

   (6)將每日的短期入住與團體入住售出客房數相加，以得出每日售出客房總間數預報。

   (7)將七日的售出客房總間數相加得出當週的售出客房總間數，檢查該數目字是否等於該週的短期入住售出客房總間數加上團體入住售出客房總間數。

3. 將售出客房總間數除以旅館總客房數，每日六百間、每週四千二百間，計算結果等於每日與每週的入住百分比。

4. 忽略抵達與離開的項目列，它們在預測以及編列服務台薪資日程表時才會使用到。

5. 計算時使用接下來的第二週預報表格：檢查你的預報，答案在空白預報表後面的第二週預報內，在檢查正確答案之前先確定並完成你的預報。

為了預測第二週的客房總營收，利用與第一週相同的短期入住與團體入住的每日客房單價來計算客房營收預測試算表，將售出客房數預測試算表裡的每日售出客房數填入客房營收預測試算表當中，這張試算表在售出客房數預算試算表之後，請記住你將必須為每週預測計算位於試算表最底端的新的每日平均房價，以及位於右側的新的每週平均房價。

售出客房數預報試算表
第 2 週，第 1 期
較為忙碌的一週

市場區隔	修正 星期五／	星期六	星期日	星期一	星期二	星期三	星期四	星期五	加總
短期入住客房數									
已預約訂房									
平日與週末每日＋15									
散客訂房									
平日每日＋10									
週末每日＋5									
短期入住總訂房數									
團體入住客房數									
肯定入住團體									
團體編號1			20	30	30	30			110
團體編號2			30	30	30				90
團體編號3					40	40	40	20	140
尚待確認／預期入住團體編號1						50	50		100
團體入住總訂房數									
總訂房數									
入住百分比									
抵達／辦理入住筆數									
離開／辦理退房筆數									

售出客房數預報試算表

解答

第 2 週，第 1 期

較為忙碌的一週

市場區隔	修正／星期五	星期六	星期日	星期一	星期二	星期三	星期四	星期五	加總
短期入住客房數									
已預約訂房　平日每日＋15　週日與週末每日＋15		165	135	315	415	415	365	195	2,005
散客訂房　平日每日＋10　週日與週末每日＋5		15	15	40	60	50	50	25	255
短期入住總訂房數		180	150	355	475	465	415	220	2,260
團體入住客房數									
肯定入住團體									
團體編號1			20	30	30	30			110
團體編號2			30	30	30				90
團體編號3					40	40	40	20	140
尚待確認／預期入住團體編號1						50	50		100
團體入住總訂房數		-0-	50	60	100	120	90	20	440
總訂房數		180	200	415	575	585	505	240	2,700
入住百分比		30.3%	33.3%	69.2%	95.8%	97.5%	84.2%	40.0%	64.3%
抵達／辦理入住筆數									
離開／辦理退房筆數									

客房營收預報試算表
每日平均房價同第1週
第 2 週，第 1 期

市場區隔	星期五／	星期六	星期日	星期一	星期二	星期三	星期四	星期五	加總
短期入住營收									
已售客房數									
平均房價									
短期入住總營收									
團體入住營收									
已售客房數									
平均房價									
團體入住總營收									
總營收									
售出客房總間數									
入住百分比									
平均房價									
客房總營收									

Accounting and Financial Analysis in the Hospitality Industry

客房營收預報試算表
解答
第 2 週，第 1 期

市場區隔	星期六	星期日	星期一	星期二	星期三	星期四	星期五	加總
短期入住營收								
已售客房數	180	150	355	475	465	415	220	2,260
平均房價	$ 110	$ 110	$ 130	$ 145	$ 145	$ 140	$ 110	$ 133.21
短期入住營收總	$19,800	$16,500	$46,150	$68,875	$67,425	$58,100	$24,200	$301,050
團體入住營收								
已售客房數	-0-	50	60	100	120	90	20	440
平均房價	-	$ 100	$ 120	$ 125	$ 125	$ 125	$ 100	$ 120.34
團體入住營收總	$ -0-	$ 5,000	$ 7,200	$12,500	$15,000	$11,250	$ 2,000	$ 52,950
總營收								
售出客房總間數	180	200	415	575	585	505	240	2,700
入住百分比	30.3%	33.3%	69.2%	95.8%	97.5%	84.2%	40.0%	64.3%
平均房價	$110.00	$107.50	$128.55	$141.52	$140.90	$137.33	$109.17	$131.11
客房總營收	$19,800	$21,500	$53,350	$81,375	$82,425	$69,350	$26,200	$354,000

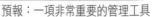
(四)問題集2

25分／第一期，第三週／另一個忙碌的週次

　　這個問題集總分25分，能夠個別或分組完成，依循與第二週相同的預測步驟，下列是在預測第三週時所做的修正：

　　1.從第一週的售出客房數預報開始，預報內的數字將全盤修正。

　　2.第三週售出客房數預報的增加數目如下：

　　　(1)平日短期入住訂房數每日增加三十間。

　　　(2)平日短期入住臨時訂房數每日增加十五間。

　　　(3)週末短期入住訂房數每日增加二十間。

　　　(4)週末短期入住臨時訂房數每日增加十間。

　　3.第三週的團體客房保留間數如下：

	星期六	星期日	星期一	星期二	星期三	星期四	星期五	合計
肯定入住團體編號1	20	40	40	40				140
編號2		30	30	20				80
待確認入住團體編號1				40	40	40	20	140
編號2					70	70	40	180

　　4.完成售出客房總間數預測試算表。

　　5.將第三週售出客房數試算表裡的售出客房數填入第三週的客房營收預測試算表。

　　6.套用與第一週相同每日平均房價於短期入住與團體入住的售出客房。

　　7.計算第三週每日的客房總營收，並完成第三週客房營收預測試算表。

　　25分的總分將用來為客房營收預測試算表的每日與每週的合計評分，因此必須繳交兩份預測試算表以供評分之用。

售出客房數預報試算表

25分問題集

第 3 週，第 1 期

市場區隔	修正 星期五／	星期六	星期日	星期一	星期二	星期三	星期四	星期五	加總
短期入住客房數									
已預約訂房									
散客訂房									
短期入住總訂房數									
團體入住客房數									
肯定入住團體編號1									
肯定入住團體編號2									
尚待確認入住團體編號1									
尚待確認入住團體編號2									
團體入住總訂房數									
總訂房數									
入住百分比									
辦理入住筆數									
辦理退房筆數									

客房營收預報試算表
25分問題集
第 3 週，第 1 期

市場區隔	星期五／	星期六	星期日	星期一	星期二	星期三	星期四	星期五	加總
短期入住營收									
已售客房數									
平均房價									
短期入住總營收									
團體入住營收									
已售客房數									
平均房價									
團體入住總營收									
總營收									
售出客房總間數									
入住百分比									
平均房價									
客房總營收									

　　客房營收預測的最後一個部分是編列第四週的預報，這個部分將成為總分25分的測驗，學生預計將獨力完成這項測驗。

(五)餐廳與客房服務預報

　　這個段落將包含餐廳與客服部門的營收預測過程。旅館的售出客房數預報為旅館內所有部門的預測所使用，因為它是旅館商業活動的最佳指標，我們將使用相同於前一段落所編列的第一期售出客房數的預報來編列餐廳與客房服務的營收預報，預測餐飲部門營收的許多步驟皆與預測客房營收的步驟相同。

　　我們將遵循客房營收預報所使用的相同格式來開始討論第一份週客房服務與餐廳預報該如何編列，然後接著研擬並討論第二週的預報，同樣地第三週是一份25分的活用練習，而第四週預報也是25分的課堂測驗。

　　請注意餐廳與客房服務預測的過程與客房預測過程相似的程度，這其中包括了預測試算表的格式，預測過程包含預測顧客數與平均結帳金額，以藉此結算餐廳與客房服務的營收，逐日編列週預報之後將其加總便得到每週的總顧客數、平均結帳金額及總營收，餐廳的早午晚餐三個用餐時段將取代客房預報裡的短期入住與團體入住的市場區隔。

　　在我們進一步編制餐廳與客房服務報表時，請參考下列的預測試算表，我們將從客房服務預報開始，然後接下來再討論餐廳預報。

■客房服務顧客數目預報

1. 將先前客房預測部分所使用到的每週已售客房數預報相對應的值，填入該週每日的短期入住、團體入住及售出總客房數。

2. 利用旅館每間入住客房的歷史平均入住旅客數，將每日售出客房數轉換為每日旅館顧客數，在我們的預報範例當中，將使用每間客房1.2人次的歷史平均值。

3. 確定每個用餐時段的客房服務歷史所計算出的使用率百分比。使用率是旅館顧客在每個用餐時段使用客房服務的歷史百分比，在我們的預報範例當中，將旅館使用早餐客房服務的使用率訂為25%的旅館顧客總人數、8%使用午餐而15%則使用晚餐，這個步驟將旅館顧客轉換為用餐時段顧客。

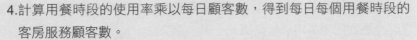

4.計算用餐時段的使用率乘以每日顧客數，得到每日每個用餐時段的客房服務顧客數。

5.將七日的每日客房服務顧客數相加得到每週總顧客數，檢查當週七日總和相加的數值，並與當週三個用餐時段的總和相比較，這兩個數值應該相同。

6.將每個用餐時段與每日的客房服務顧客數及其加總轉移填入客房服務營收試算表。

■ 餐廳顧客數目預報

1.在餐廳預測試算表當中，填入每日每個用餐時段的每日顧客數的歷史平均值，加總該週每日的數值。

2.根據旅館客房數預報以及外部的活動，填入適當的顧客數調整值，反映出對於每日顧客數歷史數據的修正，出自於對於該餐廳在該週的營業層級的期待。

3.將每日顧客數的歷史值加上或減去調整值以計算出每日新預測的預期顧客數總和，倘若無修正歷史平均值的必要，那麼這項調整值可以為零。由這個計算可以得知當日的總顧客數，將七日的總顧客數相加便得到每週的總顧客數，將三餐的總顧客數加總以檢查兩個數值是否相同。

4.將餐廳顧客數轉移填入餐廳營收試算表。

■ 客房服務與餐廳營收預報

1.再次檢查每間餐廳的顧客數目，比較顧客數預測試算表所計算出的顧客數目，以及營收預測試算表所填入的顧客數目，這兩個值應該是相同的。

2.填入每日每個用餐時段的日平均結帳金額，這些金額可從餐廳以及客房服務每個用餐時段的歷史週平均結帳金額得知。

3.計算每日與每個用餐時段的用餐時段營收，將用餐時段顧客數乘以用餐時段平均結帳金額。

4.將七日的營收相加以得到當週每個用餐時段的總營收，再將三個用餐時段的週營收相加，得到的總和應該相同。

5. 將當週總銷售額除以當週總顧客數以計算每個用餐時段，以及整個週次的週平均結帳金額。

6. 檢查將七日的日顧客數與七日的營收加總所得出的當週合計，再將當週三個用餐時段的顧客數與營收加總，兩個合計值應該相同。

7. 你將會有一份餐廳與客房服務顧客數的預測試算表，以及兩份分開的營收預測試算表——一份是客房服務營收，而另一份是餐廳營收。

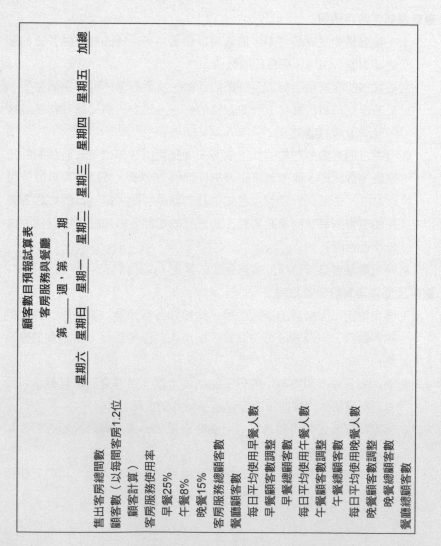

顧客數目預報試算表
客房服務與餐廳
第＿＿＿週，第＿＿＿期

	星期日	星期一	星期二	星期三	星期四	星期五	加總	星期六
售出客房總間數								
顧客數（以每間客房1.2位顧客計算）								
客房服務使用率								
早餐25%								
午餐8%								
晚餐15%								
客房服務總顧客數								
餐廳顧客數								
每日平均使用早餐人數								
早餐顧客數調整								
早餐總顧客數								
每日平均使用午餐人數								
午餐顧客數調整								
午餐總顧客數								
每日平均使用晚餐人數								
晚餐顧客數調整								
晚餐總顧客數								
餐廳總顧客數								

客房服務營收預報試算表
第 ___ 週，第 ___ 期

	星期日	星期一	星期二	星期三	星期四	星期五	星期六	加總
早餐								
顧客數								
平均結帳金額								
營收								
午餐								
顧客數								
平均結帳金額								
營收								
晚餐								
顧客數								
平均結帳金額								
營收								
客房服務合計								
顧客數								
平均結帳金額								
總客房服務營收								

餐廳營收預報試算表

第 ___ 週，第 ___ 期

	星期六	星期日	星期一	星期二	星期三	星期四	星期五	加總
早餐								
顧客數								
平均結帳金額								
營收								
午餐								
顧客數								
平均結帳金額								
營收								
晚餐								
顧客數								
平均結帳金額								
營收								
整間餐廳合計								
顧客數								
平均結帳金額								
餐廳總營收								

顧客數目預報試算表
客房服務與餐廳

	第 1 週，第 1 期							
	星期六	星期日	星期一	星期二	星期三	星期四	星期五	加總
售出客房總間數	190	150	420	600	580	510	250	2,700
顧客數（以每間客房1.2位顧客計算）	228	180	504	720	696	612	300	3,240
客房服務使用率								
早餐25%	57	45	126	180	174	153	75	810
午餐8%	19	15	41	58	56	49	24	262
晚餐15%	35	27	76	108	105	92	45	488
客房服務總顧客數	111	87	243	346	335	294	144	1,560
餐廳顧客數								
每日平均使用早餐人數	100	100	75	125	150	150	125	825
早餐顧客數調整								
早餐總顧客數								
每日平均使用午餐人數	40	30	30	60	80	80	50	370
午餐顧客數調整								
午餐總顧客數								
每日平均使用晚餐人數	60	50	100	120	140	120	80	670
晚餐顧客數調整								
晚餐總顧客數								
餐廳總顧客數	200	180	205	305	370	350	255	1,865

客房服務營收預報試算表
第 1 週，第 1 期

	星期六	星期日	星期一	星期二	星期三	星期四	星期五	加總
早餐								
顧客數	57	45	126	180	174	153	75	810
平均結帳金額	$ 10	$ 10	$ 12	$ 12	$ 12	$ 12	$ 10	$ 11.56
營收	$ 570	$ 450	$1,512	$2,160	$2,088	$1,836	$ 750	$ 9,366
午餐								
顧客數	19	15	41	58	56	49	24	262
平均結帳金額	$ 12	$ 12	$ 14	$ 15	$ 15	$ 15	$ 12	$ 14.18
營收	$ 228	$ 180	$ 574	$ 870	$ 840	$ 735	$ 288	$ 3,715
晚餐								
顧客數	35	27	76	108	105	92	45	488
平均結帳金額	$ 14	$ 14	$ 16	$ 18	$ 18	$ 16	$ 14	$ 16.43
營收	$ 490	$ 378	$1,216	$1,944	$1,890	$1,472	$ 630	$ 8,020
客房服務合計								
顧客數	111	87	243	346	335	294	144	1,560
平均結帳金額	$11.60	$11.59	$13.59	$14.38	$14.38	$13.75	$11.58	$ 13.53
總營收	$1,288	$1,008	$3,302	$4,974	$4,818	$4,043	$1,668	$21,101

餐廳營收預報試算表
第 1 週，第 1 期

	星期六	星期日	星期一	星期二	星期三	星期四	星期五	加總
早餐								
顧客數	100	100	75	125	150	150	125	825
平均結帳金額	$ 9	$ 9	$ 10	$ 11	$ 11	$ 10	$ 9	$ 9.94
營收	$ 900	$900	$ 750	$1,375	$1,650	$1,500	$1,125	$ 8,200
午餐								
顧客數	40	30	30	60	80	80	50	370
平均結帳金額	$ 11	$ 11	$ 12	$ 13	$ 13	$ 13	$ 11	$ 12.27
營收	$ 440	$ 330	$ 360	$ 780	$1,040	$1,040	$ 550	$ 4,540
晚餐								
顧客數	60	50	100	120	140	120	80	670
平均結帳金額	$ 13	$ 13	$ 15	$ 16	$ 16	$ 15	$ 13	$ 14.82
營收	$ 780	$ 650	$1,500	$1,920	$2,240	$1,800	$1,040	$ 9,930
整間餐廳合計								
顧客數	200	180	205	305	370	350	255	1,865
平均結帳金額	$10.60	$10.44	$12.73	$13.36	$13.32	$12.40	$10.65	$ 12.16
總營收	$2,120	$1,880	$2,610	$4,075	$4,930	$4,340	$2,715	$22,670

顧客數目預報試算表
客房服務與餐廳練習週
第 2 週，第 1 期

	星期六	星期日	星期一	星期二	星期三	星期四	星期五	加總
售出客房總間數	180	200	415	575	585	505	260	2,720
顧客總數（以每間客房1.2位顧客計算）								
客房服務使用率								
早餐25%								
午餐8%								
晚餐15%								
客房服務總顧客數								
餐廳顧客數								
每日平均使用早餐人數								
早餐顧客數平日調整＋10								
早餐總顧客數								
每日平均使用午餐人數								
午餐顧客數全部調整＋5								
午餐總顧客數								
每日平均使用晚餐人數								
晚餐顧客數全部調整＋5								
晚餐總顧客數								
餐廳總顧客數								

客房服務營收預報試算表

第 __2__ 週，第 __1__ 期

練習週

	星期六	星期日	星期一	星期二	星期三	星期四	星期五	加總
早餐								
顧客數								
平均結帳金額（相同）								
營收								
午餐								
顧客數								
平均結帳金額（相同）								
營收								
晚餐								
顧客數								
平均結帳金額（全部均增加50美分）								
營收								
客房服務合計								
顧客數								
平均結帳金額								
總客房服務營收								

餐廳營收預報試算表
第 ___ 2 ___ 週．第 ___ 1 ___ 期
練習週

	星期六	星期日	星期一	星期二	星期三	星期四	星期五	加總
早餐								
顧客數								
平均結帳金額全部＋50美分								
營收								
午餐								
顧客數								
平均結帳金額（相同）								
營收								
晚餐								
顧客數								
平均結帳金額（相同）								
營收								
整間餐廳合計								
顧客數								
平均結帳金額								
餐廳總營收								

顧客數目預報試算表
客房服務與餐廳
練習週解答
第 1 週，第 1 期

	星期六	星期日	星期一	星期二	星期三	星期四	星期五	加總
售出客房總間數	180	200	415	575	585	505	260	2,720
顧客數（以每間客房1.2位顧客計算）	216	240	498	690	702	606	312	3,264
客房服務使用率								
早餐25%	54	60	125	173	176	152	78	818
午餐8%	17	19	40	55	56	48	25	260
晚餐15%	32	36	75	104	105	91	47	490
客房服務總顧客數	103	115	240	332	337	291	150	1,568
餐廳顧客數								
每日平均使用早餐人數	100	100	75	125	150	150	125	825
早餐顧客數調整平日+10	--	--	10	10	10	10	--	40
早餐總顧客數	100	100	85	135	160	160	125	865
每日平均使用午餐人數	40	30	30	60	80	80	50	370
午餐顧客數調整全部+5	5	5	5	5	5	5	5	35
午餐總顧客數	45	35	35	65	85	85	55	405
每日平均使用晚餐人數	60	50	100	120	140	120	80	670
晚餐顧客數調整全部+15	15	15	15	15	15	15	15	105
晚餐總顧客數	75	65	115	135	155	135	95	775
餐廳總顧客數	220	200	235	335	400	380	275	2,045

客房服務營收預報試算表
第 2 週，第 1 期
練習題調解答

	星期六	星期日	星期一	星期二	星期三	星期四	星期五	加總
早餐								
顧客數	54	60	125	173	176	152	78	818
平均結帳金額—同第1週	$ 10	$ 10	$ 12	$ 12	$ 12	$ 12	$ 10	$ 11.53
營收	$ 540	$ 600	$1,500	$2,076	$2,112	$1,824	$ 780	$ 9,432
午餐								
顧客數	17	19	40	55	56	48	25	260
平均結帳金額—同第1週	$ 12	$ 12	$ 14	$ 15	$ 15	$ 15	$ 12	$ 14.14
營收	$ 204	$ 228	$ 560	$ 825	$ 840	$ 720	$ 300	$ 3,677
晚餐								
顧客數	32	36	75	104	105	91	47	490
平均結帳金額+50美分	$14.50	$14.50	$16.50	$18.50	$18.50	$16.50	$14.50	$ 16.89
營收	$ 464	$ 522	$1,238	$1,924	$1,943	$1,502	$ 682	$ 8,275
客房服務合計								
顧客數	103	115	240	332	337	291	150	1,568
平均結帳金額	$11.73	$11.74	$13.74	$14.53	$14.53	$13.90	$11.75	$ 13.64
總營收	$1,208	$1,350	$3,298	$4,824	$4,895	$4,046	$1,762	$21,383

餐廳營收預報試算表
第 2 週，第 1 期
練習週解答

	星期六	星期日	星期一	星期二	星期三	星期四	星期五	加總
早餐								
顧客數	100	100	85	135	160	160	125	865
平均結帳金額全部+50美分	$ 9.50	$ 9.50	$10.50	$11.50	$11.50	$10.50	$ 9.50	$ 10.47
營收	$ 950	$ 950	$ 893	$1,553	$1,840	$1,680	$1,188	$ 9,054
午餐								
顧客數	45	35	35	65	85	85	55	405
平均結帳金額——同第1週	$ 11	$ 11	$ 12	$ 13	$ 13	$ 13	$ 11	$ 12.25
營收	$ 495	$ 385	$ 420	$ 845	$1,105	$1,105	$ 605	$ 4,960
晚餐								
顧客數	75	65	115	135	155	135	95	775
平均結帳金額——同第1週	$ 13	$ 13	$ 15	$ 16	$ 16	$ 15	$ 13	$ 14.77
營收	$ 975	$ 845	$1,725	$2,160	$2,480	$2,025	$1,235	$11,445
整間餐廳合計								
顧客數	220	200	235	335	400	380	275	2,045
平均結帳金額	$11.00	$10.90	$12.93	$13.61	$13.56	$12.66	$11.01	$ 12.45
總營收	$2,420	$2,180	$3,038	$4,558	$5,425	$4,810	$3,028	$25,459

顧客數目預報試算表
客房服務與餐廳
問題集，總分25分
第 3 週，第 1 期

	星期六	星期日	星期一	星期二	星期三	星期四	星期五	加總
	210	230	445	595	595	545	290	2,910
售出客房總間數——來自於第3週的客房預報								
顧客數（以每間客房1.2位顧客計算）								
客房服務使用率								
早餐25%								
午餐8%								
晚餐15%								
客房服務總顧客數								
餐廳顧客總客數								
每日平均使用早餐人數								
早餐顧客數週末調整＋20								
早餐總顧客數								
每日平均使用午餐人數								
午餐顧客數週末調整＋10								
午餐總顧客數								
每日平均使用晚餐人數								
晚餐顧客數週末調整＋15								
晚餐總顧客數								
餐廳總顧客數								

客房服務營收預報試算表
第 3 週，第 1 期
問題集

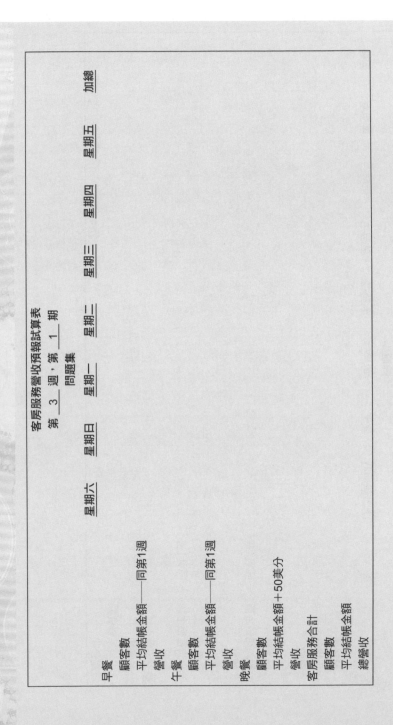

	星期六	星期日	星期一	星期二	星期三	星期四	星期五	加總
早餐								
顧客數								
平均結帳金額──同第1週								
營收								
午餐								
顧客數								
平均結帳金額──同第1週								
營收								
晚餐								
顧客數								
平均結帳金額＋50美分								
營收								
客房服務合計								
顧客數								
平均結帳金額								
總營收								

餐廳營收預收預報試算表
第 _3_ 週，第 _1_ 期
問題集

	星期六	星期日	星期一	星期二	星期三	星期四	星期五	加總
早餐								
顧客數								
平均結帳金額──同第1週								
營收								
午餐								
顧客數								
平均結帳金額──同第1週								
營收								
晚餐								
顧客數								
平均結帳金額──同第1週								
營收								
整間餐廳合計								
顧客數								
平均結帳金額								
總營收								

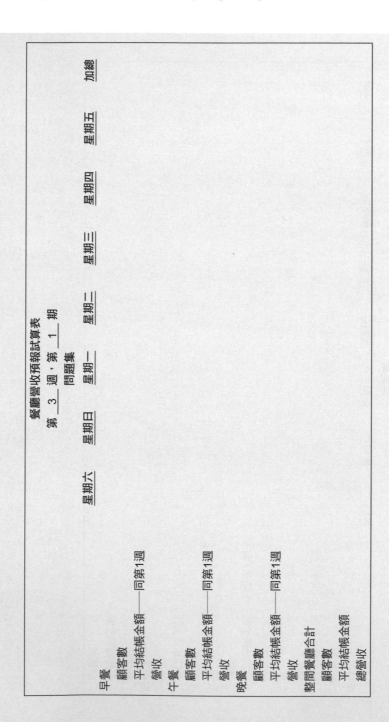

顧客數目預報試算表
客房服務與餐廳
第 ___ 週，第 ___ 期

	星期六	星期日	星期一	星期二	星期三	星期四	星期五	加總
售出客房總間數								
顧客數（以每間客房1.2位顧客計算）								
客房服務使用率								
早餐25%								
午餐8%								
晚餐15%								
客房服務總顧客數								
餐廳顧客數								
每日平均使用早餐人數								
早餐顧客數調整								
早餐總顧客數								
每日平均使用午餐人數								
午餐顧客數調整								
午餐總顧客數								
每日平均使用晚餐人數								
晚餐顧客數調整								
晚餐總顧客數								
餐廳總顧客數								

客房服務營收預報試算表
第 ___ 週，第 ___ 期

	星期六	星期日	星期一	星期二	星期三	星期四	星期五	加總
早餐								
顧客數								
平均結帳金額								
營收								
午餐								
顧客數								
平均結帳金額								
營收								
晚餐								
顧客數								
平均結帳金額								
營收								
客房服務合計								
顧客數								
平均結帳金額								
總營收								

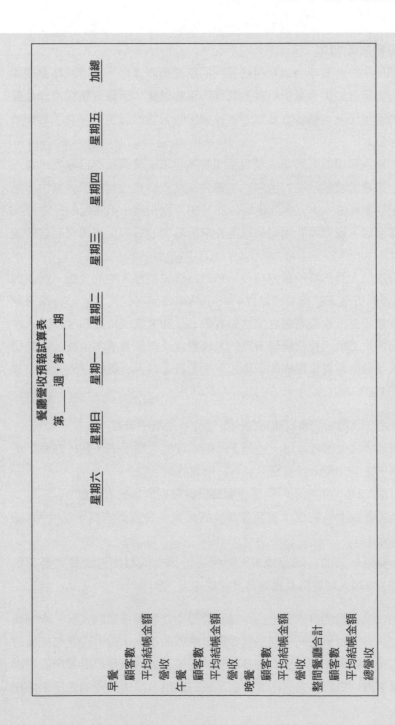

餐廳營收預報試算表
第____週，第____期

	星期六	星期日	星期一	星期二	星期三	星期四	星期五	加總
早餐								
顧客數								
平均結帳金額								
營收								
午餐								
顧客數								
平均結帳金額								
營收								
晚餐								
顧客數								
平均結帳金額								
營收								
整間餐廳合計								
顧客數								
平均結帳金額								
總營收								

(六)薪資預報問題集

　　這個段落包含服務台以及房務部門的薪資預測流程，在控制薪資成本以及確認與當週業務量層級相關的薪資排程的時候，週薪資預報可能是最有價值的管理工具，週薪資日程表根據週營收預報的調整，確立了當週所需的人時數。

　　我們將利用與編列週營收預報相同的流程來研擬週薪資日程表，第一期的第一週將呈現並示範如何將比率與公式納入薪資預報的編列當中，第二週將是課堂練習，第三週則是總分25分的家庭作業，第四週則是總分25分的隨堂測驗，我們將利用這個段落先前所編列的週客房預報來完成薪資日程表。

　　櫃檯服務人員的排班是根據晚班預計抵達或辦理入住的人數，員工能夠以8小時輪班制來排班，或是以4到6小時或任何其他適當的部分輪班制來排班，週薪資日程表將包含抵達顧客數、足夠幫這些抵達顧客辦理入住手續的所需員工數、每個輪班所需的人時數以及總薪資成本金額，編列櫃檯服務人員每週薪資日程表的步驟如下：（員工與人時數四捨五入至小數點以下第1位）

1. 從週營收預報的資料確認每天辦理住房手續的筆數。
2. 將筆數除以每個輪班一位員工所能處理的住房手續筆數，在我們的例子裡是50筆，計算結果為每日所需的員工數。
3. 再乘以8小時的輪班時數便得到每日與每週所需的人時數。
4. 接著再乘上時薪便得到薪資成本的金額，在我們的例子裡時薪為9美元。
5. 計算每一天的日薪資成本，然後將一週七天相加得到每週員工數目、每週人時數以及每週薪資總成本。

　　櫃檯出納人員的排班是根據早班預計離開或辦理退房的人數，步驟與櫃檯服務人員的排班相同，但是當中仍有些微的不同，我們設定每個輪班的辦理退房筆數為75筆，因為許多顧客使用快速退房或是自動退房服務而無需至櫃檯辦理退房手續，因此一位早班的出納人員所處理的退房手續比

起處理顧客抵達的入住手續要來得多，時薪的部分也較高，為10美元，因為出納人員通常對於現金存款負有更多的職責，他們通常也是較有經驗的員工，其他的程序則與櫃檯服務人員相同。

管家的排班則是根據每日每個輪班所清掃的客房數目，最主要的差別在於管家清掃的是前一天的客房，因此管家的日程表是依據前一晚的入住客房數，我們將這些客房數歸類在修正的部分，如星期六管家將清掃星期五晚上有旅客入住的客房。

1. 確定前一晚的入住客房數。
2. 將前一晚的入住客房數除以每日每位管家所清掃的客房數，在我們的例子當中為十六間，得到的結果便是必須安排的員工數。
3. 將員工數乘以8小時的輪班得到每日的人時數。
4. 再乘以平均時薪（在我們的例子當中時薪為8美元）以得到每日薪資總成本。
5. 計算每日的總人時數以及日薪資總成本，再將七日的結果相加得到每週的員工數、每週的人時數以及每週的薪資成本。

薪資安排的整個過程始於每週對於每日售出客房數的預測，這項預測確定了旅館的生意好壞，以及應該安排多少員工處理每日預期的旅館顧客。每位部門總管都負責編排週薪資日程表；櫃檯經理則負責兩份，一份為早班，一份為晚班；房務部經理則只需編列一份，因為管家的工作時間通常是早上8:00至下午4:30，中間有半個小時的午餐時間。

現在我們將編列第一期的週預報，請記住櫃檯服務人員的排班是根據每日抵達或辦理入住的人數，櫃檯出納人員的排班是根據每日離開或辦理退房的人數，而管家的排班則是根據售出房間的修正數，或者換句話說，即是前一晚旅客入住的客房數，在所有的例子當中，一般週次都是從星期六至星期五，對管家而言，排班仍然是從星期六至星期五，但是是根據星期五至星期四的售出客房數——修正客房數來安排。

薪資預算試算表

第 1 週，第 1 期

領域	修正 星期五/	星期六	星期日	星期一	星期二	星期三	星期四	星期五	加總
離開		160	140	50	100	140	200	350	1,140
抵達		50	100	320	280	120	130	90	1,090
已售客房數	300/	190	150	420	600	580	510	250	2,700/2,750*
入住百分比（%）		31.7%	25.0%	70.0%	100%	96.7%	85.0%	41.7%	64.3%
櫃檯服務人員——抵達									
每個輪班為50位員工		1.0	2.0	6.4	5.6	2.4	2.6	1.8	21.8
×8小時輪班		8.0	16.0	51.2	44.8	19.2	20.8	14.4	174.4
×時薪$9		$ 72	$144	$461	$ 403	$ 173	$ 187	$ 130	$ 1,570
出納——離開									
每個輪班為75位員工		2.1	1.9	0.7	1.3	1.9	2.7	4.7	15.3
×8小時輪班		17.1	14.9	5.3	10.7	14.9	21.3	37.3	121.5
×時薪$10		$ 171	$149	$ 53	$ 107	$ 149	$ 213	$ 373	$ 1,213
管家/一天有16間房									
員工數目		18.8	11.9	9.4	26.3	37.5	36.3	31.9	172.1
×8小時輪班		150	95	75	210	300	290	255	1,375
×時薪$8		$1,200	$760	$600	$1,680	$2,400	$2,320	$2,040	$11,000

* 等於星期五至星期四的售出客房數。

提醒：請將星期五至星期四工作的員工的工作時數四捨五入至小數點以下一位，薪資成本則取至整數位數。

薪資預報試算表

第 2 週，第 1 期

練習週

領域	修正 星期五/	星期六	星期日	星期一	星期二	星期三	星期四	星期五	加總
離開		140	105	60	150	135	190	405	1,185
抵達		60	125	275	310	145	110	140	1,165
已售客房數	260/	180	200	415	575	585	505	240	2,700/2,720*
入住百分比（%）		30.0%	33.3%	69.2%	95.8%	97.5%	84.2%	40.0%	64.3%

櫃檯服務人員——抵達
每個輪班為50位員工
×8小時輪班
×時薪$9

出納——離開
每個輪班為75位員工
×8小時輪班
×時薪$10

管家/一天有16間房
員工數目
×8小時輪班
×時薪$8

* 等於星期五至星期四的售出客房數。

提醒：請將員工的工作時數四捨五入至小數點以下第一位，薪資成本則取至整數位數。

新資預報試算表
第 2 週，第 1 期
練習週解答

領域	修正 星期五/	星期六	星期日	星期一	星期二	星期三	星期四	星期五	加總
離開		140	105	60	150	135	190	405	1,185
抵達		60	125	275	310	145	110	140	1,165
已售客房數	260/	180	200	415	575	585	505	240	2,700/2,720*
入住百分比（%）		30.0%	33.3%	69.2%	95.8%	97.5%	84.2%	40.0%	64.3%
櫃檯服務人員——抵達									
每個輪班為50位員工		1.2	2.5	5.5	6.2	2.9	2.2	2.8	23.3
×8小時輪班		9.6	20.0	44.0	49.6	23.2	17.6	22.4	186.4
×時薪$9		$ 86	$180	$396	$ 446	$ 209	$ 158	$ 202	$ 1,677
出納——離開									
每個輪班為75位員工		1.9	1.4	0.8	2.0	1.8	2.5	5.4	15.8
×8小時輪班		15.2	11.2	6.4	16.0	14.4	20.0	43.2	126.4
×時薪$10		$ 152	$112	$ 64	$ 160	$ 144	$ 200	$ 432	$ 1,264
管家/一天有16間房									
員工數目		16.3	11.3	12.5	25.9	35.9	36.6	31.6	170.1
×8小時輪班		130.4	90.4	100.0	207.2	287.2	292.8	252.8	1,360.8
×時薪$8		$1,043	$723	$800	$1,658	$2,298	$2,342	$2,022	$10,886

* 等於星期五至星期四的售出客房數。

提醒：請將員工的工作時數四捨五入至小數點以下第一位，薪資成本則取至整數位數。

薪資預報試算表
第 __3__ 週，第 __1__ 期
總分25分活用練習

領域	修正 星期五/	星期六	星期日	星期一	星期二	星期三	星期四	星期五	加總
離開		125	200	75	70	250	225	275	1,220
抵達		100	100	200	225	300	200	100	1,225
已售客房數	360/	335	235	360	515	565	540	365	2,915/2,910*
入住百分比（%）		55.8%	39.2%	60.0%	85.8%	94.2%	90.0%	60.8%	69.4%

櫃檯服務人員——抵達
每個輪班為50位員工
×8小時輪班
×時薪____

出納——離開
每個輪班為75位員工
×8小時輪班
×時薪____

管家/一天有16間房
員工數目
×8小時輪班
×時薪____

＊等於星期五至星期四的售出客房數總和。

提醒：請將員工工作時時數四捨五入至小數點以下第一位，薪資成本則取至整數位數。

薪資預報試算表
第 4 週，第 1 期
總分25分隨堂測驗

領域	修正／星期五	星期六	星期日	星期一	星期二	星期三	星期四	星期五	加總
離開									
抵達									
已售客房數									
入住百分比（%）									
櫃檯服務人員——抵達									
每個輪班為50位員工									
×8小時輪班									
×時薪									
出納——離開									
每個輪班為75位員工									
×8小時輪班									
×時薪									
管家／一天有16間房									
員工數目									
×8小時輪班									
×時薪									

企業年報

學習目標

- 瞭解企業年報的目的
- 瞭解企業年報的「致股東報告書」
- 瞭解企業年報的要旨
- 具備詮釋並分析企業年報所包含的財務與營運資訊的能力

前言

　　企業年報是一間公司一整個會計年度的營業與財務表現的正式文件，它包含了一系列的資料，個人與公共團體投資者能夠閱讀這些資料以瞭解公司近幾年的表現。儘管年報所記錄的都是歷史營運及財務成果，但同時也被用來討論未來營運的運作策略與方向，這些「前瞻性報表」一再提到市場以及全球經濟的不確定性，對於未來的財務績效是無法擔保的。

　　企業年報對於投資者而言，會如此深具價值的原因之一是因為它所呈現的財務情報受到嚴格的會計報表規定與執行標準所影響。每一間公司在年報裡都必須擁有一間獨立的會計公司，審核該公司是否遵從必要的會計法規、原則與流程所需的財務資訊。**會計事務所**（Certified Public Accounting, CPAs）是獨立的公司，它們審核並檢查所有包含於企業年報內的財務資訊，並證實這些資訊是正確且精準的。**證實**（attest）的意思是確認或核對資料的準確性與完整性，獨立稽核員的觀點存在的必要性是為了給予投資者信心，使其相信企業年報裡所呈現的財務資訊是準確的、一致的，並且是符合公認會計原則（GAAP）的。

　　起初企業年報主要是包含與企業營業成果相關的財務情報，幾年過去，年報已經成長至除了整間企業的財務績效外，還包含其他不同營業區域的情報，它同時也包含了企業的部門、文化與核心價值、未來的成長策略，以及突顯企業優勢與成功的大量公共關係。

　　企業年報同樣可由公司網站得知，公司的首頁通常會有「公司資訊」的連結，在同一頁上也會有財務情報與企業年報的連結，提醒讀者要小心：請勿在您的個人電腦上下載年報，因為大部分的旅館與餐廳包含許多彩色圖片，它將花費您許多時間來下載或列印，倘若您的電腦速度較快，那麼下載的速度自然也較快，下列是一些大型旅館與餐廳集團的網站，至少參觀其中兩間並瀏覽其年報，瞭解年報的格式以及它們所包含的

資訊，在電腦上閱讀並瀏覽年報比將它們下載或列印要來得容易，因為年報頁數繁多：

www.marriott.com

www.starwood.com

www.whitelodging.com

www.fairmont.com

www.hosthotels.com

www.brinker.com

www.darden.com

雖然大部分的旅館及餐廳集團都屬於（股票）公開上市公司（publicly traded companies），仍有許多大型的旅館企業是私人擁有的，因此它們並不需要公開報告或揭露它們的財務情報，不過它們也有其他包含相關企業資料的網站，例如：

www.fourseasons.com

www.hyatt.com

www.pappas.com

 第二節　企業年報的目的

一、定義

一間公司的企業年報（Corporate Annual Report）是報導公司最近一個會計年度的營業與財務成果的正式文件，一間企業的會計年度是企業營運的一整個年度。會計年度（fiscal year）通常於12月31日結束，與日曆上的日期同一天，但是它們也可能於其他時間結束，特別是任何一季的尾

聲。較簡要的小型季營業報告能夠於第一季於3月31日、第二季於6月30日、第三季於9月30日，以及第四季於12月31日發佈。一間企業能夠選擇何時結束它的會計年度，但是為了便利性及一致性，大部分的會計年度會如同日曆上的12月31日一般，於同一個時間點結束。不論會計年度於何日結束，年報通常包含365天的企業營運時間。

　　股東通常遴選六至十五位的成員組成董事會。**董事會**（Board of Directors）是一個負責審查公司所有營業方面事務的團體，董事會會長被遴選出來帶領這個團體，這通常是公司組織裡權力最大的職位。董事會同時也負責選出公司的董事長或**執行長**（Chief Executive Officer, CEO），這個職位對於公司的每日營運將負有直接的權責。

二、規定與獨立核數師

　　為了確保企業年報所包含的所有財務資訊都是正確、可靠，並且是根據公認的會計常規所編列的，幾項重要的規定與要求已經為所有的上市公司及它們所公佈的企業年報所使用。

　　首先，任何於股票市場公開發行股票交易的上市公司都必須符合**證券交易委員會**（Securities and Exchange Commission, SEC）所制訂的規則，SEC是負責規範上市公司在類似紐約證券交易所或是那斯達克等主要股票交易市場的公開交易行為的政府機構，這些規定在編列與分配財務報表，以及在企業年報所包含的數據或是財務資訊的準確度或可信度上，都必須具備一致性、適法性及可靠性。

　　假使一間公司屬於私人企業，且並未發行任何形式的股票，那麼它便不需要公佈任何年報，這是因為沒有任何外部的投資者，因此無須提供大眾任何財務資料，私人企業並不受制於證券交易委員會，因為它們並未公開發行任何公司股票，也並無任何股票交易行為產生。

　　其次，公司財務情報準確及一致的收集與報告標準必須符合會計準

則委員會所制訂的標準、流程與規定，會計準則委員會已經發佈所謂的GAAP（一般公認會計原則），這些是公司用來執行會計任務以及編列財務報表的政策與指導方針，這個階段的檢查是為了確認公司的財務資訊被適當地編列，並與既定的及核可的會計政策與規定彼此一致互相符合。

第三，**獨立核數師報告**（Independent Audit Report）提供一間外部獨立會計公司的「審計意見」，這份意見證實財務情報是正確且精準的。任何一位閱報者皆可以信任已呈現的財務情報的準確性來做出與公司相關的投資決定，大部分的意見都是適用的，但是審計意見也可能是「有保留的」，這表示有一小部分已被發現的問題必須被註記，而部分的財務情報也可能是不確定的。有保留的意見使得閱報者注意到這些不確定的問題，在某些情況，審計意見是持反對立場的，它們並不認可或支持年報裡所報導的財務情報，這是在警告閱報者這份財務資料是不可靠的，可能不夠準確，而它的編列與報導過程並未遵守GAAP或是SEC的標準。

接下來是一份審計意見的範例，這份審計意見包含於萬豪國際集團最近的企業年報當中，由萬豪國際集團的獨立審計公司Ernst & Young所提供，在財務報導內部控制之獨立註冊會計師事務所審查報告中的其中一個段落：

> 根據我們的觀察，萬豪國際集團於2006年12月29日的管理評價中，關於其維持有效率的內部財務控制報導部分，就COSO委員會（全美反舞弊性財務報告委員會發起組織）的標準而言，所有重要部分皆為公正敘述。同時就我們的判斷，依據COSO的標準，萬豪集團在所有重大部分，皆維持如2006年12月29日所述之有效率的內部控制財務報導。

接下來的這一份正式的審計意見詳述了萬豪集團的獨立註冊會計師事務所審查報告裡的企業年報段落：

> 就我們的判斷，與上述有關的財務報表公正顯示了，在所有重要部分，萬豪集團於2006年12月29日及2005年12月30日公布的

綜合財務狀況，以及於2006年12月29日會計年度結束時，所公佈的三個會計年度各自的營運與現金流動綜合成果，皆符合美國公認會計原則。

三、公共關係

　　企業年報為公司提供一個能夠突顯過去幾年成就與結果的絕佳機會，裡面關於「戰利品」或是新旅館或新餐廳、滿面笑容地與新產品及開心的顧客合照的員工，以及公司成就與表彰的列表的照片滿滿皆是。

　　這份年報同時為公司提供一個表揚重要成就與成果的機會，重要的營運成果可能是新增一間公司、新產品或新製程的開發，或是超越一項重要的組織目標，重要的財務成果可能包括公司達成史上最高的營收或是獲利層級、增升最高的營收或利潤百分比，或者是股價或每股盈餘的大幅增加。

　　公共關係（public relations）是由公司所準備發佈的消息或新聞稿，它強調一間公司的正面成就，並且確定這些成就與結果能夠透過報導、媒體或網路發佈，為潛在的投資人以及其他對公司有興趣的對象所知。企業年報經常是一整年公共關係最重要的部分，它的主要作用在於提供一個機會公佈公司的正面情報資料，以吸引閱報者及投資人。

四、企業年報的使用方式

　　一間公司企業年報的主要用途在於呈現最近一年的實際以及查核過的財務結果與其他財務資料，財務資訊將同時包含三或四年的財務摘要，如此一來閱報者便能看清楚公司希望呈現出財務表現的進步與成長的歷史走勢，它使得閱報者能夠從不同的時間區段比較結果，焦點集中在三項主要的財務報表：損益表、資產負債表及現金流量表。《旅館產業會計

準則》第10版修訂版同樣包含了股東權益修正的綜合報表，這份報表強調各類型公司股的財務修正、保留盈餘以及任何其他會影響公司股東權益帳戶的修正。

　　還有許多為重要的財務數據提供更多細節與解釋的附帶文件，稱為綜合財務報表附註，其中可能包含財務圖表與敘述，更詳細地解釋這些帳戶、帳戶結餘的變動以及其他重要財務情報。

　　自2002年起，查核或確認財務結果以確保其正確性與可靠性的公司資深職員愈來愈受重視，除了獨立核數師的「審計意見」之外，證券交易委員會現在也需要公司的執行長及財務長為年報所呈現的財務資訊背書或「簽署」，這代表他們知道並瞭解年報裡所包含的財務資訊，並證實或確認這些財務資訊擬定過程的正當性，以及這些成果據他們所知是確實並公正地呈現了公司在上個會計年度的營運表現。

　　許多公司除了報導最近一年的財務績效之外，還選擇在年報當中強調公司的文化與核心價值。他們花費時間詳述欲灌輸於所有員工的公司願景、優先順序及核心價值，同時希望閱報者能夠明白公司如何運作？他們的優先順序集中於哪些部分？以及公司期待如何達成營運及財務目標。

　　通用電器（General Electric, GE）便是在年報當中首先強調其企業文化，接下來才是公司的財務績效，參觀它們的網站www.ge.com，瞭解其年報的編列方式，以及公司管理者希望閱報者能夠得知的GE願景。

　　年報的第三種用途便是提供公司不同區域、品牌或是組成的詳細營業資訊，旅館企業現在包含不同品牌的營收情報，包括近幾年客房平均單價、住房率以及每間空房營收與前一年的比較，這個部分同時也詳述新的收購案件或是新產品開發，並呈現每個區域營運的突出表現。它簡略地檢視了機會、挑戰，以及各區域、品牌或概念的營業成果。

第二節　致股東報告書

一、年度表現

致股東報告書對於一間公司的資深管理者而言，是傳遞包含所有重要觀念與當年度公司成就的信息的一個機會。一般而言，這份報告書是由董事長、公司總裁或是公司執行長所撰寫，通常每個職位皆由一位經理人負責，但是有時候也會有一位經理人身兼全部三項頭銜與職位的情況發生。通常報告書會附帶一張他們三位的合照使其專屬於個人。看得見你已投資金額的公司負責人的照片令人感覺良好。

致股東報告書將包含公司營運、財務成果以及未來目標與策略，雖然報告書內大部分的評論都是正面並且顯示前景看好，他們仍然應該提出任何令人失望且負面的成果。股東們會想知道好消息也會想知道令人沮喪的壞消息。儘管營業及財務資訊強調的是公司過去的表現，公司的策略與既定目標還是為公司的未來鋪好了道路以克服阻礙、迎接新挑戰、成長並擴張，以及達成既定的營業與財務目標。

提出一間公司如何計畫成長並改善營業與財務績效是重要的，兩個主要檢查的部分是比較財務績效（原始單位），以及來自於新增單位或店家的財務績效。**原始單位**（comp unit）的成長是比較現存旅館、餐廳或商店的表現，這是指逐年比較現存旅館、餐廳或商店的營業與財務績效，瞭解這些現存單位的銷售額與利潤是否提升是重要的。**新增單位成長**（new unit growth）則是指新單位開張的成果，假使一間公司是成功的，而顧客不斷購買它的產品與服務，那麼將有機會增開新的單位並保持成長。一間強壯的公司在現有單位以及額外的新單位的營收與利潤應該都同時呈現成長的現象。對投資者而言，瞭解企業長短期在哪些部分，以及如何增加營收與利潤是非常重要的一件事。

二、公司文化

一如先前所提及的，許多公司現在選擇將集中於財務結果的相同注意力集中於公司願景、文化與核心價值，這些公司試圖強調其公司文化與核心價值的力量、流暢的程序與有利的工作環境，以及所有對於公司營業與財務表現有正向幫助的競爭力所帶來的正面影響。公司重視並認同員工達成傑出的營業與財務績效，它們顯示了優秀的營業與財務成果之所以能夠達成是因為傑出且全力投入的員工。

參觀萬豪國際集團的網站www.marriott.com以及達登餐飲公司的網站www.darden.com並閱覽其致股東報告書，你將不難看出這兩間公司覺得他們的員工（萬豪的夥伴與達登的工作團隊）是如何的重要，認為他們的員工是公司最有價值的資產，同時也是公司能夠成功的主要原因。

三、未來策略

致股東報告書的最後一項重要的任務是對於公司的未來給予評價，所有有興趣的股東，包含銀行業者、個人與機構投資者、員工及顧客都想要知道公司對於未來所規劃的計畫與方向，這些將包含討論公司期待、對產業狀態的評論、提出已顯露出來的重大正面及負面議題，並討論公司正在探索的新的良機。

現在讓我們概述萬豪集團最新企業年報裡的致股東報告書的主要論題與對策，主要的段落為簡介、營收產生、新發明與新制度、社會責任以及對未來的樂觀預期，接下來是來自於兩個段落的引述：

社會責任：「我們一直堅信除了要讓公司運作獲利，還必須要負起社會責任，我們強調五項招牌議題，利用我們的專業與資源來維持列於事業版圖的社區的永續發展：避難所與食物、環境、旅館職業的生涯規劃、兒童的健康成長以及擁抱多元性與包容。」

對未來的樂觀預期：「儘管企業近期的前景尚未明朗，我們對於公司及企業的未來仍然深具信心，八十年的企業歷史，其中有五十年專注於旅館產業，我們已經經歷了許多艱困的經濟景氣循環週期，每一次我們都擺脫困境成為更強更優質的公司，擁有最佳的團隊、全球最佳的地點以及強烈的目的性，我們興奮地持續促進這些我們稱之為家園的社區的經濟繁榮。」

達登餐飲公司是世界上最大的休閒餐飲公司，達登餐廳致股東報告書以他們的「熱情」為起點，建立一間優秀的公司，而他們為優秀公司所下的定義為：「在財務上致勝的組織——將在我們的產業占有競爭優勢的銷售額與盈餘成長，移轉至標準普爾500指數（S&P 500）裡股東總回報前25%的部分以及一個特殊的地方——一個大家都想成為其中一員的地方，因為在那裡有機會實現工作上與個人的夢想。」致股東報告書其餘的內容區分為目標與策略、2008會計年度精彩要事、財務重點、2009會計年度概述，以及結論等幾個部分。

其他的論題包含改變的需要、創新及持續地進步，以及產業轉型與建立更強、更具競爭力的品牌，達登尋求「建立一個多品牌成長的公司——以相同的文化結合在一起，分享專業技術以及一個共同的達成業務的方法——這使得現有品牌的運作維持在一個高績效層級並且能夠成功地加入新品牌。」

Host旅館與度假中心在十個國家與超過五十個市場區塊，擁有一百二十七間品牌優質的旅館以及度假中心，「我們將是第一間旅館業的房地產業公司，我們將擁有最佳品質的資產，位於一流的城鎮、機場以及度假中心／會議中心的地點，經由積極的資產管理與訓練完善的資本配置創造價值，以產生優秀的表現，我們透過結合紅利、營業資金的成長，以及每股資產淨值的增加，將股東回報極大化。」

致股東報告書跟隨於使命宣言之後，在一段簡介之後便區分成下列幾個不同段落：管理明天、投資未來、建立強壯根基以及更耀眼的明

天，在體認到動盪的經濟環境以及信貸市場的混亂之後，Host的管理團隊將焦點著眼於他們旅館投資組合的效力與定位，以及積極地營收成長與成本削減計畫，這些計畫始於上半年度，藉以維持利潤率與現金流量的最佳化。

致股東報告書是年報具有價值的一部分，它提供一個架構與基礎，使閱報者能更加瞭解公司的營運與財務成果，在看完摘錄自萬豪集團達登餐飲以及Host旅館與度假中心的三份年報之後，我們不難理解核心價值、使命宣言及企業文化，對於產生成功營運與財務成果的優良產品與服務的製造而言是多麼的重要。

第三節　企業年報的要旨

一、品牌、概念或區域的營運與財務結果

企業年報的下一個段落提供營業成果與財務成果的綜合，這將包含更詳細地描述成功、成長、新產品或新服務的開發，以及任何其他重要的營業成就，通常以這樣的照片作號召：快樂且產出豐富的員工服務著快樂且滿意的客戶，再搭配明亮友善的背景，也會呈獻某特定旅館品牌、餐廳概念或是產業區域的財務耀眼表現。**品牌**（brand）是旅館業術語，用來鑑定服務特定旅館產業市場區塊的各個不同類型的旅館；**概念**（concept）是餐飲業術語，用來鑑定提供特定用餐經驗與服務特定市場區塊的各個不同類型餐廳的營運方式；**區域**（division）則是製造業術語，用來鑑定產業以及一間公司所製造的不同類型的產品，包含它們提供服務的市場。

我們將再看一次萬豪、達登及Host年報這個段落的編列。

(一)萬豪

在致股東報告書之後是一段風險因素與前景說明的簡短段落，接著是財務狀況與營運成果的管理評論與分析，這個段落以不同的格式同時呈現營運與財務資訊，協助閱報者瞭解當年度與去年度比較的結果，萬豪同時也以不同市場區隔來呈現住宿產品於下列矩陣圖之中：

	住宿產品			總房間數		
	美籍	非美籍	總計	美籍	非美籍	總計
北美全服務型						
北美有限服務型						
國際						
貴賓						
分時						
總計						

矩陣圖之後是一張顯示過去三年每項住宿產品市場的營收、所得與參股收益。

下一個段落是非常有幫助的，它呈現每個住宿市場區塊的詳細資料，包括過去兩年的入住百分比、平均房價以及每間空房營收，進一步地將北美洲的營運與全球或全系統營運區分開來，透過這個段落的研讀，閱報者能夠評估每個品牌的營運表現，以確定走勢與營運的優劣勢。

接下來幾頁對於非營業性質的活動提供更詳細且更複雜的說明，這些說明通常只吸引會計人員、財政顧問、銀行業者與機構投資人。假使你願意花時間閱讀並理解這幾頁，除了萬豪的財務績效以外，你還能夠對於萬豪的財政活動有完整的認識。財政活動與財務績效是有所差別的；財政活動是指資本額或是萬豪增加或獲得金錢、資金來幫助公司成長的方式（投資與貸款）；財務績效則是指萬豪所有營運活動所產生的營收、所得／利潤與現金流量。

　　此時此刻倘若你能夠瞭解企業年報所呈現的營業與財務成果，那麼你學得很好，務必將學習焦點集中於這個目的，因為這是這本書的要旨；同時，年報也是你所應該能夠理解與應用的，餐旅業經理將在他們的旅館或餐廳的每日營運當中使用這些財務概念，考量所有其他如上所述的資訊，甚至考慮得更長遠——樂於知道但是卻可能很難理解。

(二)達登

　　達登（Darden Restaurants, Inc.）年報裡的下一個段落提供每間餐廳概念的簡短介紹：

1. 紅龍蝦餐廳（Red Lobster）：一個清涼的海邊用餐體驗
2. 橄欖花園（Olive Garden）：一個理想化的義大利家庭式用餐
3. 長角牛排館（Longhorn Steakhouse）：一個友善的西部用餐體驗
4. 首都燒烤（The Capital Grill）：一個客製化體驗
5. 巴哈馬微風（Bahama Breeze）：遠離塵囂的加勒比海體驗
6. 季節52（Seasons 52）：季節的啟發

　　跟隨在後的段落描述達登公司的價值與優勢，以及它如何能夠成功的經營與穩定的成長，它以「我們還為餐桌帶來什麼？」這句引言來表達：

專業	等級
方向	信心
責任	

　　在這必要的格式之後接著是幾個段落，它非常詳盡地提出管理者對於財務狀況與營業成果的討論與分析，在這個部分閱報者能夠找到銷售額與利潤走勢、會計政策、稅金以及資本與財務活動。

【達登餐飲總公司】

　　達登餐飲公司的總部設於佛羅里達州奧蘭多市，這間公司由Bill Darden在二次世界大戰之後所創立。今日的達登是全球最大的休閒餐飲公司，擁有六個不同的餐廳概念以及一千七百間餐廳，總公司透過諸如開發新菜單、廚藝測驗、餐廳設計與開發、人員配備、市場與行銷等支援功能，全力支持在這些餐廳工作的許多工作夥伴。達登的企業文化強調公司員工如何協助所有的餐廳傳遞核心任務——「懷抱並取悅每一位顧客」。

　　在2009年的秋天，達登啟用他們的新公司——總部大樓，該大樓的設計與設備皆秉持高度的永續性——「達登的新家將是榮耀之家，同時也是對產業先驅傳統致敬的表現，我們致力取得能源與環境先導設計（LEED）認證」。

1.列出達登公司的研究設計部門為現有餐廳所提供的三項支援服務。

2.研究設計部門與菜單設計與發展部門的差異為何？

3.列出公司會計與財務部門為達登餐廳所提供的三項活動。

資料來源：感謝佛羅里達州奧蘭多市的達登餐飲公司所提供的商標。

(三)Royal Host Hotels & Resorts（REIT）

　　Host採不動產證券化的經營方式，所有持有的股份都是旅館及度假中心的產權，它先買下旅館然後再租借給萬豪、凱悅、四季以及其他全服務型旅館的品牌來管理這些旅館。因此，它的年報討論了許多與在萬豪年報裡所討論到的相同的營業走勢、經濟挑戰及成長機會；同時它也增加信貸市場、融資管道、資產負債表優勢的資訊，以及其他財務資訊。這些財務資訊描述Host協助旅館管理公司，盡可能達成其公司的最佳營運與財務成果的能力，他們加強對於長久未來的承諾、使命宣示及其旅館投資組合的優勢，作為在困頓的經濟環境以及具挑戰性的旅館產業裡航行的方式。

　　這三間公司為公司如何報導及討論他們的營運與成就提供了大量的實例。每一間公司都擁有其各自的文化、遠景及焦點，這些焦點是企業文化與核心價值的成果，這些圖片與資訊為閱報者提供一個瞭解與學習公司營運的機會，這些公司營運包含製造產品與服務的員工，以及購買享用這些產品與服務的顧客。

二、其他企業主旨與情報

　　年報的這個段落為公司提供了展示並突顯其他公司重視的部分與活動的機會。這些可能被置於年報敘述部分的一開始、中間或結尾，突顯公司文化、核心價值、首創精神、表彰及進展。這些資訊是為了為閱報者塑造對公司的某種感覺——它重視的是哪些部分、它所尋求創造的氣氛與工作環境、對於表現與成長的期待，以及公司所參與的計畫與活動回饋給社區及其員工的實例。

第四節　年度財務成果

　　年報的最後一個段落包含了所有的財務數據或成果，成果包括特定的財務活動或是結果，以及對於這些活動的說明。

一、獨立核數師報告與管理職責報告

　　年度財務成果可能是任何一份企業年報最重要的部分，一間獨立會計事務所檢查所有用來編列公司報告的財務報表與流程，然後確認它們遵照GAAP以及SEC的指導方針，這個事實是為了賦予這些數字有效性，以及相信這些數字能夠被用來準確地描述與分析公司營運。

　　近來資深管理者被要求要為這些數字及其產生流程與過程「證實」或是畫押。企業年報當中的**管理職責報告**（Management Responsibility Report）包含了資深管理者的觀點。根據其觀點，年報裡所包含的營業與財務資訊是準確的，同時也正確地描寫了公司的財務狀況。

　　董事長以及執行長現在也必須簽名認可，以表示他們贊成財務成果裡所報導的公司所有營運活動與財務狀況都是準確的，並且也都正確地呈現了公司該年度的資本額以及營運與財務成果。

二、三份主要的財務報表

　　呈現公司財務成果的段落包含了官方以及稽核過的損益報表、該年度的現金流動表，以及去年整個會計年度的資產負債表，近期加入正式財務報表行列的是股東權益更正的綜合報表，以及其他全面收益或虧損累計，這個部分顯示了公司在股票買賣盤活動、保留盈餘、遞延酬勞補償金，以及其他全面收益或虧損累計上年復一年的改變。

　　損益表裡包含了與去年度的財務結果相較的當年度財務結果，公司

可能同時包括三年或四年的比較，如此一來閱報者便能逐年看到財務表現的走勢與變化。損益表來自於公司營運的財務表現的摘要，內含主要營收與費用帳戶，以及不同利潤帳戶的總結，損益部分能夠同時包含將部分損益結果切割成更細部的細節，或是依照區域、品牌或概念來分割的證明文件。

　　資產負債表包括當年度以及前一年度的資產、負債以及股東權益報表。這使得閱報者能夠鑑定並比較資產、負債以及股東權益的變化，經常帳——資產與負債——的變化代表了在該年公司如何利用營運資金來製造產品與服務，長期帳戶——資產、負債及股東權益——的變化代表公司如何經由銀行貸款或是資金的取得，透過增加股票價值的方式運用這些借款，以及如何運用這些借款購買長期資產，資產負債表提供了許多數據，這些數據被用來計算財務分析所需的重要百分比。

　　現金流量表顯示當年度的現金如何產生，以及如何被應用於公司的營運當中，它起始於當年度營運所產生的現金流量，而這些數目會透過營運活動做出增加或減少的調整，結果便是該年的營運現金流量淨值；接下來兩個段落是投資以及財政活動所產生的現金流量結果；最後一個段落比較年初與年尾的現金，所有這些改變都會被確認，同時也會顯示當年度現金是如何產生與如何被運用於公司營運當中。

三、綜合財務報表附註

　　綜合財務報表附註（Notes to Consolidated Financial Statements）也是年報的一部分，它呈現年報所包含的關於會計以及財務資訊的詳細財務說明，營運過程存在著許多複雜的交易及活動，而附註被寄望能夠清楚地說明這些複雜交易的細節，它的方式是解釋每一筆交易，並確保這些交易是合法的，同時也遵行必要且公認的會計規定與流程。由於附註所包含的內容非常詳細，它們可能會很難被理解，並且會需要特定的知識與經驗者才有能力去分析與評估。

結語

　　企業年報是公司提供給所有個人或機構投資者最重要的報告或刊物。年報於每一年發行並包含前一年的詳細營業與財務資訊，內容牽涉三大主要財務報表——損益表、資產負債表與現金流動表；年報同時包含許多其他的財務證明文件、日程表以及說明財務交易或帳戶結餘的附註。

　　年報其中一項最重要的部分是由獨立會計事務所所公佈的審計意見，它證實並核對年報裡財務資訊的編列符合GAAP的規定、財務情報都是正確的，以及公司財務狀況的描述是準確的。現在一間公司的董事長或是執行長與財務總監都必須透過簽名認可年報裡財務資訊的部分，以確認財務情報是準確無誤的。

　　年報同時包含了致股東報告書。報告書是董事長、執行長與總裁報導公司該年度活動與成就的段落，在另一個重要的段落描述了每個營業區域、品牌或概念，並且提供前一年營運與成就的簡短評論。

　　公司利用年報的好處是使其成為一份重要的公共關係文件，它是刊載與表彰認真員工、滿意顧客、新產品或服務，以及任何公司得到的獎項與功績，企業年報是一份非常周密的文件，而公司也費盡心思使其更為完善與詳盡。

一、餐旅經理重點整理

1.企業年報是公司最近一個會計年度營運以及財務成果的正式年度報告，它包含了損益表、資產負債表與現金流量表。

2.財務結果包括公司所有區域、品牌以及概念的綜合結果。

3.企業年報必須包含評論財務資料的正確性與準確性的審計意見，它是由獨立會計事務所所呈現。

4.致股東報告書是年報重要的組成要素，它提供公司董事長或執行長展現與討論公司表現及未來計畫的機會。

二、關鍵字

證實（attest） 確認或核對營運及財務資訊的準確性。

董事會（Board of Directors） 負責監督公司所有營業部分的團體，公司的執行長向董事會報告，而他本身也是董事會的成員之一。

品牌（brand） 住宿業術語，用來識別為特定旅館業的市場區隔提供服務的不同類型旅館。

會計事務所（Certified Public Accounting, CPAs） 一間獨立的會計師樓，有責任檢查並核對公司財務情報的正確性與準確度，它在年報裡發佈審計意見，聲明公司符合或未符合既定的報告與會計指導方針。

執行長（Chief Executive Offlcer, CEO） 這個職位對於公司的每日營運負有直接責任，並且須向董事會報告。

原始單位（comp unit） 在一間公司裡已經營業超過兩年的商店、單位、旅館或餐廳。

概念（concept） 餐飲業術語，用來識別不同類型的餐廳營運方式，提供獨特的用餐經驗並服務特定的市場區隔。

企業年報（Corporate Annual Report） 正式的公司文件，報導公司最近一個會計年度的營運及財務成果。

區域（division） 製造業術語，用來識別公司所製造的不同類型產品，包含該公司所在的產業以及他們所服務的市場。

會計年度（fiscal year） 用來報導一間公司財務成果的財務年度，它可能會與日曆所列的結束日期12月31日同一天或不同天。

獨立核數師報告（Independent Audit Report） 企業年報的一個段落，包含一間獨立會計事務所呈現的審計意見。

管理職責報告（Management Responsibility Report） 企業年報的一個段落，包含資深管理者對於年報裡營運或財務資訊的準確性，及其是否正確描述公司財務狀況的意見。

新增單位成長（new unit growth） 來自於新開幕單位的成長。

綜合財務報表附註（Notes to Consolidated Financial Statements） 年報的一個段落，呈現關於年報裡會計與財務資訊的詳細財務説明。

公共關係（public relations） 由公司所發佈的資訊及新聞稿。

（股票）公開上市公司（publicly traded companies） 是指提供機會予社會大眾透過購買公司股票的方式投資該公司的任何企業，而股票的買賣是在證券交易所公開進行。

證券交易委員會（Securities and Exchange Commission, SEC） 有責任制訂公開股票市場規則的政府機構，如紐約證券交易所、那斯達克交易所以及幾種其他的交易機構。

三、章末習題

1. 列出兩種負責監督企業年報所包含之財務資訊的不同類型政府機構或組織。
2. 公司財務資訊是由內外部單位來查核屬實，請列出這些單位的名稱。
3. 定義區域、品牌與概念，並説明在討論公司營運時它們的重要性。
4. 為什麼一間公司在它的年報當中提到願景、核心價值以及文化會如此的重要？
5. 當年度與當下的損益資料相比較的對象為何？
6. 當年度與資產負債表相比較的對象為何？
7. 與現金流量表資料相比較的對象為何？
8. 綜合財務報表的附註為何會如此重要？

四、活用練習

1. 至少參觀兩個旅館產業集團的網站並完成下列事項：
   (1) 列印致股東報告書。
   (2) 列印三份主要的財務報表。
   (3) 列印至少一份其他的財務文件，例如三年或四年的營收與利潤摘要，

或是重要的財務資訊總覽。

2.選擇一間你會建議購買其股票或是會願意為它工作的公司，並解釋原因。利用財務報表並引用至少三項顯示財務成長或穩定性的統計數據或範疇。

3.你認為哪一間公司擁有最有利的策略、文化與願景，能夠在未來幫助該公司成功？請説明原因。

12 個人理財能力

學習目標

- 瞭解個人理財的重要觀念
- 具備應用商業會計概念於個人理財的能力
- 學習利用資產製造收入，以及瞭解創造個人權益與淨值的不同方式
- 瞭解在年輕的時候規劃退休的重要性
- 建立並具備發展個人理財規劃的能力

前言

　　許多本書所討論到的財務分析作帳概念與方式包含了能夠應用於管理個人財務的部分，本章將探討這些概念如何幫助個人瞭解並管理他們的個人財務。如果父母親不知如何理財，那麼他們不會也不能教導他們的孩子有效地管理金錢，這是經常發生的現象；同樣地，學校也未教導學生認識、賺取以及管理金錢的基本概念，結果便是社會新鮮人經常在具備極少或根本沒有任何有效賺錢以及理財能力的情況下開始他的第一份工作；更常看到的是，最近的大學畢業生積欠一屁股債務（包括低利率的學生貸款以及高利率的信用卡債），這些債務製造了主要的財務問題並且要花費數年的時間才得以清償。

　　理財能力（financial literacy）是指認識金錢的能力——如何得到、如何使用以及如何增加。很不幸地，大部分的人都不願意花時間或是未能有機會學習管理他們自己的金錢，管理金錢需要理財知識、訓練、策略及目標，以及一個達成這些目標的理財規劃。任何人都能改善他們的財務狀況假使他們獲得需要的知識與技巧，並且受過如何使用金錢的訓練，趁年輕的時候即開始養成發展並運用基本的理財訓練是很重要的。就長遠來看，這使得個人有能力管理他們對財務的持續需求，並為退休製造**權益**（equity）與**淨值**（net worth），年輕的優勢便是擁有充裕的時間增長個人淨值。

　　本章包括了來自於對於財務管理與投資具有卓越成就的作者群以及企業計畫的資訊，其中包含學習理財與投資的基本概念，以及如何開發讀者自己的個人理財規劃。本章有兩個重要的目標：首先，產生為你生活所夠用（目前）的月收入或現金流量；其次，逐漸養成理財知識並制訂目標來增加你自己的權益或淨值（這裡是指長期淨值）。這個資訊的絕佳消息來源是來自於一本由羅伯特清崎（Robert Kiyosaki）所著的書《富爸爸窮爸

爸》（*Rich Dad, Poor Dad*）——什麼是有錢人教導他們的小孩而窮人與中產階級的人所沒有教導的金錢概念（華納商業書局於1997年出版）。

 ## 第一節　個人理財能力

一、定義

　　個人理財能力是知道並理解金錢管理以達成個人財務與投資目標的能力。理財能力並非只為富者、長者或有能力做大量投資的人所需要，同時也為年輕人以及也許只有能力做小金額投資的一般人所需要。在這裡每一種情況的知識與訓練都是相同的，而這些知識與訓練能夠帶給每位願意學習並應用這些基本理財原則的人極佳的財務結果。

　　清崎先生（Kiyosaki）提出一個關於理財能力的規則：「你必須知道資產與負債之間的差別，然後買進資產，假如你想變有錢，這便是你應該知道的全部，這是第一條規則，也是唯一的一條規則。」（p.58）。這個規則也許聽起來非常簡單，但是大部分的人都不知道其實這個規則有多深奧，大部分的人遭遇經濟困難都是因為分不清楚資產與負債的差別；同樣地，清崎先生的定義還是很簡單：「資產把錢放進你的口袋，而負債把錢掏出你的口袋」。

　　大部分的人工作是為了獲取薪資，而薪資通常於星期五每隔兩週領一次，退休人士以及某些其他員工於每個月的第一天一個月領一次，他們對於薪資的處理方式與他們對於理財基本原則的認識有直接的關聯。

　　一個人運用薪資的方式顯示了另一個重要的財務概念。這個概念是指認識現金充分流動而資產負債表呈現負債，或是現金不太流動而資產負債表資產豐厚這兩者之間的關聯性。為了示範這個概念，試想一下一週薪資的運用方式，倘若它花費在既有的開銷以及支付信用卡費用上面，那麼

這個人缺乏現金流量，沒有剩餘的金錢用於投資、存款或是從事新的或重要的活動，倘若這筆錢花費在必要的開銷，並且一部分用來投資、一部分用來作為存款，那麼這個人同樣被認為缺乏現金流量。

接下來讓我們想想這兩種人對於資產負債表產生的影響，在第一個例子當中，這個人受制於他或她的開銷，只足夠支付帳單，並且有可能在當週因為刷卡而透支，這個行為在資產負債表上會產生負債，因此這個人現在不但缺乏現金流量，資產負債表也呈現負債狀態，他們帶來了負債更甚於資產。

在第二個例子當中，這個人仍然花光或用完他所有的薪資，但是他們選擇不但購買資產同時也支付開銷，這是一種投資。舉例來說，這個人撥出6%的金額當作公司的退休基金，並且撥出5%作為存款，他可能仍然被認為缺乏現金流量，但是荷包卻漸漸得變有錢，因為這個人除了必要的負債之外還投資於資產。

二、個人損益表

我們已經討論過旅館內個別部門的公司損益表與整間旅館的綜合損益表，以及包含整個企業綜合損益表的企業年報。損益表還用來衡量一間公司為達成利潤極大化而將營收極大化、費用極小化的能力。

這些相同的會計概念適用於個人理財及金錢管理，一間公司的營收極大化與個人所得極大化是相同的。很遺憾地，大部分的人對於所得都只聯想到每週或是每隔週的星期五所領取的公司薪資，這些人完全忽略了一個重要的觀點，那就是他們依賴唯一的所得來源，也就是依賴他們的薪資來認識並管理金錢。有理財素養的人會找到額外的收入來源，而不會只依賴公司薪資，他們透過投資資產，開發其他除了薪資以外的所得來源，進而使其收入增加或成長。更具體地說，這代表他們將部分所得儲存起來，並投資於存款或其它會為他們賺取利息、股息的投資，或是能夠增加

他或她的資產的投資項目。

對個人而言，管理開銷或是將開銷極小化就如同公司欲將獲利極大化一般重要。這是指管理所得與支出以讓你在支付完所有的開銷之後仍有餘額留存下來。當今社會對個人來說，花費手邊沒有的金錢太容易了，特別是使用信用卡，意圖先消費後付費，常常使得個人把所有的薪資花費在開銷與債務上，但是卻未曾用於資產投資，使得接下來的情況更形惡化。他或她的信用卡費用愈積愈多，要清償卡債更加困難，這是非常糟糕的理財方式，想想下面幾個重點：首先，這些人花光了所有的收入，未曾留下任何積蓄也未做任何投資；第二點，他們的花費比每隔兩週賺得的薪資還多；第三點，他們還必須支付額外的信用卡費用，包含利息、最低應繳金額以及預期還款費用。記得我們的企業利潤公式：營收扣除費用等於利潤。對個人而言，利潤公式是將所得（一般來自於每月的薪資）扣除開銷等於可用來儲蓄或投資以增加個人權益或淨值的金額，假使個人花的比賺的還多，他們將不會有任何存款，個人權益與淨值將會降低，最終成為負數，這近似於一間公司的營業損失而非利潤。

第四點，今天個人不只是花的比賺的多，還同時必須支付信用卡的額外支出，這給了他們將欠債記在塑膠卡上面的機會，結果便是債款未減反增，這些人經常只繳信用卡每月最低應繳金額的利息部分，而並未降低任何未償金額；最後第五點，許多人的下場便是為信用卡支付高額的循環利息，他或她的財務狀況整個失控！每個人花的比賺的還多，並揹負很難清償的高循環利率的超額信用卡費用，這個現象常常導致兩個人都必須工作或是一個人必須身兼數職，如此才能如期償付每個月的開銷以及信用卡的最低應繳金額。請注意我們並不是指他們能夠清償信用卡債，而是指大部分的人都只能支付通常只是利息部分的最低應繳金額，他們從來未能降低本金並清償信用卡債款，這個現象造成了清崎所指的「永無止境的追逐」現象。

三、個人現金流量

現金流量（cash flow）是在你的存摺帳戶裡維持或增加足夠現金以支付所有生活開銷的能力，這主要是指個人活期存款的戶頭，但是同時也包含定存的部分。

正向現金流量（positive cash flow）代表個人在他或她的活期存款帳戶裡保有足夠的金額以支付每月的全部開銷，而無須從定存或投資帳戶裡提款，這表示他們賺得的收入比花費的支出還多。現金帳戶的增加或成長給了他們能夠運用活期存款與定存帳戶積蓄的彈性與選擇。

負向現金流量（negative cash flow）代表個人在他或她的活期存款帳戶裡未保有足夠的金額以支付每月開銷。這些人必須從定存或投資帳戶裡提款，或是他們將額外的支出交付給信用卡以管理每月的花費，這表示他們花費的支出比賺得的薪資還多；同樣的再一次，我們並不是指他們有多餘的金錢能夠清償信用卡費用，通常每月應繳最低金額將先支付利息費用，然後再分期攤還剩下未清償的信用卡款項，此外逾期還款或是刷卡超出授權額度經常還會衍生出額外的費用。

一般而言，個人無法維持每月的正向現金流量主要有三個原因：首先，他們只有一個收入來源——每隔兩週於週五領到的薪資；其次，他們不瞭解將錢花在開銷與債款，以及將錢投資在能夠製造所得的資產上的差異；最後，他們不具備理財知識也未曾有過訓練來使每月的開銷低於每月的所得與積蓄。

四、個人資產負債表

個人就如同企業一般也擁有資產、負債及業主權益。以公司這個角度看起來可能不太一樣，但是它們包含了相同的理財能力與金錢管理的概念，同時牽涉到當前的以及長期的資產與負債，通常個人不會將他們的金

錢與財務視為是一項事業，而只是會關心每次薪水領多少以及要如何花用，或是試著讓收支平衡。

清崎先生以非常基本的方式形容資產與負債，謹記這句話！

資產（assets）將錢放進你的口袋
負債（liabilities）將錢掏出你的口袋（Kiyosaki, 1997, p.61）

我們全都對於如何運用我們所賺得的金錢做出了選擇，很遺憾地，許多人陷於永無止境的追逐當中，最後嘗試將他們的收入用來攤還每月租金、水電、雜貨、瓦斯以及信用卡的每月最低應繳金額，他們實際上並沒有任何財務選擇──因為他們欠每個人債務。他們必須先支付開銷，之後便沒有多餘的金錢供積蓄或投資，這是依賴一筆筆的薪資過活，陷於永無止境的追逐當中。因此，我們對於永無止境的追逐（rat race）的定義為：「不具備理財能力、花費比收入還多、濫用信用卡以及依賴一筆筆的薪資過活。」

清崎先生的第一條規則是：「認識資產與負債之間的差異並且投資資產」，這表示個人必須瞭解儲蓄存款與投資的重要性，並且分配他或她每個月的部分所得於定存與投資（資產）上面，這需要理財的知識與訓練。資產賺得收入。舉例來說，定存帳戶支付每日、每月或每年的利息，包含股票與共同基金的投資帳戶則支付股息以及希望在價值上能夠有所增值，如不動產產生正向的現金流量，但同時也希望在價值上能夠有所增值。

定存單（Certificates of Deposit, CDs）同樣也會依照特定的定存期間支付利息。定存單通常為三個月、六個月、一年或是更長的存放時間，在股票市場的投資通常每季或每年支付股息，並且具有股價上揚的潛力（增值）；當然，也會存在著股價下跌的風險，重點是具有理財能力的個人訓練，能投資他們所得當中的某些部分於資產上，即便只是每月薪資所得的5%或10%，這些資產以利息與股息的方式為他們帶來收入，這給了他們開始建立權益或淨值並且控制花費的機會，也代表了他們所擁有的終

於超過他們所積欠的。

　　任何定存或投資的報酬率都與該投資所伴隨的風險相關，風險愈低報酬率就愈低，增值或貶值的風險愈高，可能的利潤或虧損就愈高，**表12.1**說明了定存與投資報酬率的一般範圍。

　　表12.2與**表12.3**說明了一位大學生在他或她大四那一年的資產負債表，這裡我們以3月31日作為資產負債表的日期。

　　由於總資產必須等於總負債與權益，那麼11,100美元的總資產以及26,000美元的總負債與權益之間的差異為負的14,900美元，所以這位學生積欠的比他或她所掙得的多出14,900美元；也就是說，他的淨值為負數或是沒有任何淨權益。

　　因為總資產必須等於總負債加上權益，所以23,500美元的總資產以及16,700美元的總負債與權益之間的差異為正的6,800美元，這位學生掙得的

表12.1　風險與報酬率

活儲帳戶	風險最低	利息1%至2%
定存	低度風險、固定期間	利息2%至5%
債券	部分風險、債券憑證	利息3%至7%
共同基金	中度風險，可能增值或貶值	獲利率0%至6%
個人股票	高度風險，可能增值或貶值	股利0%至6%

表12.2　無理財能力

資產		負債	
現金—活存帳戶	$ 100	車貸@9%	$ 6,000
現金—定存帳戶	-0-	助學貸款@4%	$10,000
投資	-0-	信用卡債@16%	$ 5,000
目前總資產	$ 100	信用卡費@9%	$ 2,000
車子	$ 8,000	總負債	$23,000
家具	2,000	**權益**	
保單	-0-	車子	$ 2,000
儲蓄債券	1,000	祖父母禮物（儲蓄債券）	1,000
長期總資產	$ 11,100	總權益	$ 3,000
總資產合計	$ 11,100	總負債與權益	$26,000
		登錄結果為負淨值	$14,900

表12.3　基本理財能力

資產		負債	
現金—活存帳戶	$ 500	車貸@9%	$ 1,000
現金—定存帳戶	2,000	助學貸款@4%	10,000
投資	3,000	信用卡債@16%	500
目前總資產	$ 5,500	信用卡費@9%	200
車子	$ 5,000	總負債	$11,700
家具	2,000	權益	
保單	10,000	車子	$ 4,000
儲蓄債券	1,000	祖父母禮物（儲蓄債券）	1,000
長期總資產	$ 18,000	總權益	$ 5,000
總資產合計	$ 23,500	總負債與權益	$16,700
		登錄結果為正淨值	$ 6,800

比他或她所積欠的多；因此，他的淨值為正數或是擁有淨權益。

　　讓我們來看看這兩個例子的相似與相異點，這兩位學生都有10,000美元的學生貸款，2,000美元的家具費用，以及四項不同的債款，而相異點是具有理財能力的這位學生有較少的車貸、較少的信用卡費以及積欠較少的信用卡債，這位學生顯然購買了較低價的車子，並且支付較多的頭期款，因此他的車貸與月開銷自然較低，他或她較為精明也較為訓練有素，因此活存與定存帳戶裡的結餘較多；同時，他或她也有能力保有3,000美元的投資以及6,800美元的正淨值。這位學生正在投資資產！

　　另外一位學生花費在信用卡消費，以及可能購買他或她無法支付或不需要的產品上面的金額已經超過他或她的存款，這位學生得到的結果便是負債高於資產；活存與定存帳戶裡只剩極少或沒有結餘、大筆的債款以及14,900美金的負淨值。這位學生正在為債款花錢！

　　這些例子包含了大大小小的差異，但是全部加起來其實只有一個大差別，那便是表12.2的學生有負淨值14,900美元，而表12.3的學生有正淨值6,800美元，這之間的差異是21,700美元。表12.3的這位學生同樣背負許多相同的債款，但是因為具備理財能力，所以能有儲蓄及投資以及聰明地消費，將負債與開銷極小化，這位學生已經實踐了規則一：「投資資

產，儘管這些投資一開始都是小投資，它們也是一個起點，並且為學生帶來了正淨值而非負淨值，這位學生的資產項目正在往上成長。」

另外一個資產管理的重要概念是建立本金。**本金**（principal）是帳戶裡的金額數目，它掙得利息或是報酬，並且可能會增加也會減少，它是投資在能夠產生所得的資產上的金額，也是以利息、股利或是增值來掙錢的金額；**利息**（interest）是定存帳戶裡本金的報酬；**股利**（dividend）是投資於公司股票或共同基金的本金的報酬。舉例來說，投資1,000美元於定存帳戶，那麼這1,000美元便是能夠掙得利息或股利的本金，假設每年利率是3%，那麼這1,000美元的本金每年將賺得30美元的利息，在年終的時候，賺得的利息將會被加入本金，所以第二年的本金將會變成1,030美元，利息一樣是3%；第二年掙得的利息將會是30.90美元。這個過程顯示了將掙得的利息與股利重複投資於本金使其逐漸增加的價值。

有三個主要的方式能夠使本金成長。首先，個人能夠經由每月固定撥款的方式從他們的薪資或是其他所得來源挪用一筆金額作為本金，這個動作示範了規則一：投資資產；其次，公司或雇主會為其員工撥出一部分款項至退休金或是養老金帳戶，故本金因此而增加了，這是瞭解創造個人財富及淨值最重要的概念——占挪用公司金錢的便宜以增加本金而非挪用個人所得；第三，經由重複投資本金所賺得的利息與股利能夠使得本金成長，本金愈多或是利息或報酬率愈高，本金因為投資的金額數目較大所以將成長得愈快。

第二節　管理個人財務

一、永無止境的追逐

永無止境的追逐是指當個人的花費比收入來得多的時候，他們沒有能

力控制或儲存金錢，因為他們不斷地超支導致每個月的費用都高於每個月
的所得。然後他們可能會尋求第二份工作來清償債務，但是經常發生的狀
況是，他們將利用額外的收入繼續消費而不是利用這些收入來繳清信用卡
費用，雖然這個才是他們的本意。因此，永無止境的追逐是指——無法控
制金錢的使用、持續地過度消費、未訂定還債進度也沒有能力投資資產。

這些人不是不知道羅伯特清崎（Robert Kiyosaki）的金錢法則第一
條，便是未受到足夠的訓練來遵循這條規則。他們要跳脫永無止境的追逐
所必須採取的第一個步驟，便是要領悟到他們已陷入其中，而且花費總是
多於收入，他們必須改變他們的理財習慣以及他們使用和管理金錢的方
式，否則，他們將持續追逐並且有可能會越陷越深。

二、評估您個人的財務狀況

每一個人都會建立他自己的收支模式。除非他開始學習管理金錢以
及發展理財能力與訓練，不然他或她將不斷地賺錢及花錢，完全不會察覺
到儲蓄以及投資資產的重要性。培養理財能力的第一步便是改變這樣的模
式，將之轉換為理解、賺取、投資然後花費的模式，一旦投資的部分較花
費的部分來得早，經由理財能力的訓練，支出會降低，同時也能學習靠儲
蓄或投資之後所剩下來的金額生活。

觀察一下你自身管理金錢的模式，你每個月的開銷是否多於所得？
是否沒有能力儲蓄或投資？你的債務是否逐月增加而未減少？你是否繼續
使用信用卡購買你並不真的需要或是無法支付的東西？假使你對部分或全
部問題的答案都是肯定的，那麼你正陷於永無止境地追逐當中！

這個時候應該瞭解的最重要的觀念便是學習並開始管理您的金錢永
遠不嫌太晚，無論你的年紀多大、所賺的錢有多少、或是所揹負的債務有
多重，你永遠能夠學著如何理財、學習改變你的消費習慣，同時也學到開
始管理金錢，用對的方式使自己有能力投資、籌建本金以及能夠支付所有

開銷的重要性，這些學習始於個人為自己的理財方式負責，並保證會控制開銷、開始儲蓄與投資以及改善他或她的財務狀況。

三、逐漸培養理財能力

個人努力分析他們當前的財務情況，然後學習並運用聰明的理財原則是很重要的。這個過程需要訓練以及個人習慣與生活方式的改變，但是這樣的改變是值得的，因為個人能夠重獲他或她的財務控制權，並且能夠隨心所欲地選擇投資與消費的方式，不受其開銷與債務所控制，最重要的是要改變，即便是以很慢的進度。

在《富爸爸窮爸爸》這本書當中，清崎先生提出了六個步驟或是課程，帶領讀者獲得財務獨立，以及管理並控制金錢與財務來源的能力（**表12.4**）。

表12.4的步驟是脫離永無止境的追逐以及控制你的收入的有效指導方針，從選擇對你而言最具意義的課程開始，然後持續專注於運用該堂課來管理你每月的財務來源，接著再增加第二堂課建立你自己的理財能力。個人理解與實踐的課程或財務概念愈多，個人的財務狀況將變得更雄厚。

表12.4　財務獨立的六堂課

1. 富人不為錢工作：窮人與中產階級的人才為錢工作，有錢人有錢為他們工作。
2. 教授財務知識，讀懂數字的能力，富人買的是資產，窮人只有支出，中產階級買的是他們自以為是資產的負債。
3. 關注自己的事業，將你的收入投資於會為你掙得額外收入的資產上。
4. 稅收的歷史和公司的力量。
5. 富人創造金錢，他們瞭解數字、開發投資策略、瞭解市場也瞭解法律。
6. 不斷學習：不要為錢工作，而是不斷增加你的知識，具備並累積管理現金流量、事業版圖與流程，包括時間、你自己以及你的家人，還有管理人的能力。

第三節　評估資產與所得來源

一、公司計畫

　　許多公司為他們的員工提供退休計畫（帳戶401K），這其中包括了由公司提撥相對應的款項至員工的個人退休帳戶。401K帳戶（401 account）是一項由公司所資助的長期退休帳戶，同時包含員工與公司的提撥款項。**公司提撥**（company contribution）款項是一間公司提撥至員工的公司退休帳戶裡的金額，這些計畫是根據員工透過公司提撥至他或她私人的401K帳戶裡的款項金額來進行。舉例來說，每位員工自行提撥1美金至其退休帳戶，萬豪國際集團便為每位員工再提撥1美金，最多提撥至該位員工薪資的3%，接下來的3%員工每自行提撥1美金，萬豪國際便提撥50分給員工，這代表了員工薪水前3%的提撥報酬率為100%，而接下來的3%報酬率為50%，假使萬豪國際集團員工自行提撥6%的薪資至公司的401K帳戶，那麼公司的提撥金額將是員工自行提撥金額的75%。

　　凱悅飯店與度假中心的401K計畫與萬豪國際的非常相近。員工薪資前3%的部分，凱悅將100%提撥，而接下來2%的部分旅館將做50%的提撥，提撥上限為薪資的5%。四季旅館則無論員工是否有自行提撥，旅館皆提撥3%的員工薪資至其401K帳戶。

　　公司退休計畫應該是一位員工投資資產、增加本金以及創造權益與淨值的首要優先考量，原因是因為還有哪裡是個人能夠尋求為其退休基金貢獻大筆金額的對象？當利息與股利的報酬率介於1%至3%之間，公司的提撥範圍通常是員工自行提撥的25%至100%，**表12.5**概述了員工401K退休計畫的成長方式。

　　公司對於401K計畫的提撥是一項維持員工繼續工作，並且使其感到快樂的重要福利措施，透過這些提撥方式，公司與其員工共同負擔長期的

表12.5　公司401K帳戶得以成長的四種方式

1.來自於員工薪資的提撥。

2.來自於公司的提撥。

3.401K帳戶所有本金的收益（earnings），如利息、股利及增值等。

4.離開401K退休計畫的其他員工的任何未收或是尚未取得所有權的金額。

退休儲蓄計畫，對於員工以及薪資逐年增加的人而言，這是一項非常具有吸引力的津貼制度。

公司同時也會提供股票認購計畫，使其員工無需支付佣金便能購買公司股票，並且經常是以折扣價認購，這類計畫的提撥可以非常簡單，只要直接從薪資扣除即可免去佣金以及其他費用的收取，這是另外一種名義上為支出，而實際上是為個人建立財富方式。

大部分公司會提供的同樣也很重要的津貼是員工健保津貼。**津貼（benefits）**是指公司提供給員工的計畫，包括以較低本金投資的儲蓄計畫，以及較低金額投保的健康與保險計畫。公司通常會以低於個人保險價格的團體價格，為其員工支付全額或一部分的保險費，包含健康、牙齒與視力保險。透過支付一小部分或大部分的費用，公司為員工降低了他原先應付的保險金額，這實際上是增加了員工的實得薪水，公司同時也可能提供較低保費的人壽險、傷殘險及薪資補助，當員工面臨需要高額醫療照顧的緊急時刻或意外事故時予以協助，善加利用這些計畫是很重要的，因為它們使員工能夠以比他們自行購買還要更低的價格分享並取得這些福利。

在建立財富與逃離永無止境的追逐的過程當中，瞭解並參與這些儲蓄與津貼計畫會是一個關鍵的步驟，它們不只提供顯著的報酬率或是節省了成本，同時也為未來提供了一個方便且有條不紊的不斷儲蓄與投資的方式。大部分的大型公司都會提供這些計畫，因此有賴員工去認識這些計畫，並證明他們具備理財能力來參與這些計畫，以盡可能最低的成本來獲得這些保險項目的好處。

二、個人投資帳戶

　　除了公司的投資帳戶，對個人而言擁有自身的投資或儲蓄帳戶是很重要的，這是因為公司的退休計畫是由公司所控制，屬於長期計畫。這些計畫的優點是同時提供員工與公司的提撥款項，但是為了確保這些款項為退休所用，他們同樣也有所限制；也就是說，公司退休帳戶的使用是受限制的，其中包括提早從這些帳戶提領款項的罰鍰與費用。舉例來說，假設提撥金已於稅前提撥，那麼除非繳納大筆的罰款，否則必須待個人屆齡59歲半時才得以提領，這些公司的退休或投資帳戶提供了一項極有價值的長期投資組合要素。

　　個人的私人存款或投資帳戶由個人所控制，而結餘或本金能夠在適當時機為其所用或所保留。它提供了隨時可取用這些存款來儲蓄與投資的彈性，對於任何個人而言，這些個人帳戶的使用方式與控制都應該是投資策略裡一個重要的部分，個人具有控制權，能夠藉由提撥增加本金、藉由提款減少本金並且期望透過明智的投資決定來使本金增值，這些個人的投資帳戶提供了一項短期的投資組合要素，他們可以包含下列這幾種投資類型：

　　1.活期存款帳戶

　　2.定存

　　3.貨幣市場基金

　　4.個人股票與債券

　　5.共同基金

　　6.年金

　　7.期貨與外匯

三、退休規劃

另一個非常重要的理財知識是瞭解在個人職涯一開始而非結束的時候為退休做規劃的重要性。個人愈早開始為退休、IRAs或是401K等退休帳戶提撥款項，他們就能擁有愈多的本錢為他們做更長遠的利用，以建構他們的退休帳戶，時間是站在及早做職涯投資的人的這一邊，這是因為這些提撥金使本金及其所掙得的利息或股利穩定的增加。本金賺取利息、股利以及漲價的時間距離同樣很重要，個人與公司所提撥的款項超過二十五年的將比超過十五年的多，而超過十五年的又比超過五年的多。這是普通常識，而愈多的錢運作時間就愈長！

讓我們來談談股價的漲跌。**增值**（appreciation）代表一項投資或資產的價值隨著時間增加；**貶值**（depreciation）代表一項投資或資產的價值隨著時間減少；而資產漲價的速度與投資於某一特定資產所必須承擔的風險大小密切相關。一般來說，**風險**（risk）愈高（風險是指投資標的價值漲跌的可能性，以及漲跌的速度），可能的報酬率或價格漲幅就愈高。讓我們為本章先前所提到的風險與報酬率的表格內容，多加一些平均年度報酬率的例子至某些投資標的物。

報酬率1%至2%	由政府擔保的銀行存摺帳戶
報酬率2%至6%	某特定期間的定存（CDs）
報酬率4%至6%	長期的政府公債*
報酬率10%至13%	大型與小型企業的公司股票*
成本3%	通貨膨脹*

註：*由晨星研究（Morningstar Research）所分析的1926至2006年的綜合年度報酬率。

在認識了風險與報酬率之後，瞭解將投資多樣化是分散任何一項投資組合風險的好方法，而這是很重要的一件事。舉例來說，假使一個人將

他或她所有持有的10萬美金全部投資於單一支股票，他或她的投資漲幅就全賴該單支股票的表現——這是一種風險極大的投資策略。但是，倘若相同的一個人將三分之一的金額放在定存，這是低風險的投資，三分之一放在長期的政府公債，這是中等風險的投資，而三分之一放在大型與小型企業的公司股票，這是一個高風險的投資，他或她將擁有具備三個不同風險程度的三項不同投資組合的增值機會，而假使其中一項投資貶值，有可能可以透過另外兩項投資選擇的增值來彌補，這個事實一樣很重要。

退休金應該是任何一個個體所採用投資計畫的關鍵部分，現今的社會提供如此多的儲蓄與投資選擇協助個人達成退休目標，理財能力當中的一個重要部分便是理解個人可採用的退休選擇與計畫，並選擇其中符合個人退休計畫的最佳方式。小筆的投資金額經過長時間投資所產生的退休金將較大筆金額在短時間內投資所產生的退休金多更多，理財知識與訓練是投資計畫的開端，這樣的計畫能夠提供個人舒適且滿意的退休生活。

上述是有助於投資新手與老手的投資概念與策略的部分例子，請注意這些概念當中的相似處突顯了它們的重要性，所以請透過閱讀、理解、培養以及實踐你的投資計畫來開始建立你的理財能力（**表12.6**）。

本章提供了有助於個人學習理財基本常識與開始培養理財能力的資訊。開始管理個人的財務狀況可以有許多不同的方式，不過重要的是要分辨你在個人金錢管理上所扮演的角色、你想達到哪種經濟程度、哪些部分必須採取不同的方式，然後改變消費與儲蓄習慣讓自己朝正確的方向前進，只有這樣你才能掌控你的財務狀況、增加你的財務來源並且靈活地理財。

表12.6 退休計畫範例

擬定你自己的退休核對清單
美國全美教師保險及年金協會（TIAA—CREF）

   1.建立預算

   2.逐漸付清債務

   3.建立一筆緊急基金

   4.檢視你的保險需求

   5.開始為退休存錢

15分鐘的退休計畫
美國財經新聞（CNN Money：出自CNN以及財經雜誌*Money*的編輯群）

   1.忽略大筆金額

   2.開始計畫

   3.自動地全心投入

   4.不要對建立投資組合走火入魔

   5.盯緊少數幾筆基金

   6.每年更新你的計畫

你所需要的401K帳戶的最終指導
*Money*財經雜誌

   1.盡早且經常儲蓄

   2.分散投資

   3.有限度地購買公司股票

   4.一年只結帳一次

   5.不要動用401k帳戶裡的存款

接下來是培養理財能力並開始管理金錢的計畫範例：

表12.7　管理個人財務的六大步驟

1.培養理財能力
 (1)主動尋求學習投資的機會
 (2)瞭解你的個人財務報表
  ① 你的所得報表
  ② 你的資產負債表
  ③ 你的現金流量表
 (3)記住有多少現金可運用
 (4)記住薪資的90%為生活費，其他10%用來投資

2.發展特定的財務目標與策略
 (1)短期為一年或更短
 (2)長期從三年、五年至十年
 (3)建立特定的目標以及達成該目標的時間
 (4)投資資產，而非負債與支出

3.訓練你自己來達成你的財務目標
 (1)提早開始，時間會幫你一把
 (2)持續不斷，即使投資金額很小
 (3)控制你的信用卡及其利息

4.第一步是開發並增加你的本金
 (1)你的本金是你必須投資的金額
 (2)小額的投資並不能夠賺取明顯的報酬
 (3)不間斷地儲蓄將增加你的本金

5.第二步是投資能夠為你所用的資產
 (1)投資所得到的收益是你的第二份薪水
 (2)多樣化投資以分散風險並使其最小化
 (3)投資以達到你的目標，並持續不斷地進行你的投資策略

6.遠離永無止境地追逐

【We-Ko-Pa高爾夫球俱樂部】

　　We-Ko-Pa高爾夫球俱樂部位於亞利桑那鳳凰城外部的Fort McDowell Yavapai印地安保留區，它提供了一座根據最新Zagat市場調查結果，一座全亞利桑那州排名前三名的36洞高爾夫球場。參觀We-Ko-Pa的網站www.wekopa.com享受一趟豪華的高爾夫球場之旅。由於位處於原住民部落保留地，不曾出現馬路、房子或是噪音來破壞這片美麗的亞利桑那沙漠景觀，但是在1月到4月的旺季，想打一場球就必須準備支付超過200美元的代價。

資料來源：亞利桑那州Fort NcDowell的Yavapai
族所提供的照片。

　　跟你的家人或朋友在We-Ko-Pa高爾夫球場打一場球你會需要提供什麼樣的財務計畫？假使你並不熱衷於高爾夫球，請參考本書其他章節所特別介紹的旅館及度假中心，哪一項會是你願意花一個星期的時間與家人或朋友一起度過的場所？為了幫助你做決定，請思考下列問題：

1. 為了負擔類似的假期，你會需要培養並實行何種理財計畫以增加你的淨值？
2. 什麼是有助於你實踐理財計畫並達成目標的優勢？你必須培養何種新優勢？
3. 什麼是你達成理財目標所必須克服的弱點？你將如何克服它們？

結語

　　個人能夠運用許多為企業所用的相同理財概念來管理他們自身的私人財務，理財能力是指在管理並規劃財務時，理解並有效運用數字的能力，這是一種重要的能力，因為它使得個人能夠控制他或她的財務狀況，同時也使其能夠隨心所欲地負擔他們想做的事情。

　　管理個人財務的相關書籍很多，清崎（Robert Kiyosaki）所著的《富爸爸窮爸爸》（*Rich Dad, Poor Dad*）清楚描述了個人理財的基本原則。對個人而言，趁還年輕的時候花時間學習這些理財的基本原則是很重要的，如此一來才能夠擁有為其所用的金錢，而非為了錢而工作。

　　理財能力的關鍵便是瞭解投資資產的重要性，資產是將金錢放入你的口袋。投資資產包括建立一筆錢作為本金（透過儲蓄或投資），而這筆金額能夠賺取利息或股利，然後再將賺得的貢獻回本金使其逐漸增加。

　　負債與支出是將金錢掏出你的口袋，這通常是大部分的人對待薪資的方式，而這些人缺乏理財知識與個人訓練。在付清債款與支出之前請先投資部分所得於資產。

　　個人能夠同時投資公司的儲蓄帳戶以及他們本身的儲蓄或投資帳戶。公司投資帳戶例如401K以及退休帳戶的好處便是公司會撥入一筆款項至這些帳戶；但是，這些是屬於長期投資，有包含許多提早解款的限制與罰金的規定。個人投資帳戶提供了所有權、彈性使用及控制的好處，它們在本質上較接近短期投資，而帳戶裡的金額有需要時隨時可以提領無需繳納罰金。一位具有理財素養的個人將同時由這些不同類型的投資帳戶裡獲得投資的好處。

一、餐旅經理重點整理

1. 對旅館業經理人而言，瞭解管理金錢的方式是重要的，如此一來他們能夠由公司計畫與個人帳戶獲得好處，以協助其創造權益並建立個人淨值。

2. 資產將錢放進你的口袋；負債將錢掏出你的口袋。

3.權益是資產的金額，主要是個人所累積而未被債務所拖累的投資與不動產。

4.理財能力是關於運用金錢的知識，它使得個人能夠控制他的金錢，並且因為擁有足夠的經濟來源支付他們所從事的活動，所以能夠隨心所欲做他們想做的事。

5.時間和訓練是一個強大投資計畫的兩項組成要素。

6.退休金應該是個人投資計畫的一部分，起於職涯剛開始而非結束的時候。

二、關鍵字

增值（appreciation） 一項投資或一筆資產的價值隨著時間而增加。

資產（assets） 指將錢放進你的口袋。這裡係採用清崎（Kiyosaki）所下的定義。

津貼（benefits） 由公司提供給員工的計畫，包括可供投資的儲蓄計畫，以及以較低成本加入的健保計畫。

現金流量（cash ‡ow） 在銀行存摺裡維持足夠的現金或是增加現金，使個人能夠負擔生活全部開銷的能力。

公司提撥（company contribution） 公司貢獻至員工退休金帳戶的款項金額。

貶值（depreciation） 一項投資或一筆資產的價值隨著時間而減少。

股利（dividend） 投資於公司股票或共同基金的本金報酬。

收益（earnings） 資產所產生的紅利或利息金額。

權益（equity） 個人資產與負債之間的差異。

401K帳戶（401 account） 公司的長期退休金帳戶，同時包含了員工與公司的提撥款項。

理財能力（flnancial literacy） 瞭解（金錢）數字的能力。

利息（interest） 存款帳戶裡本金的報酬。

負債（liabilities） 將錢掏出你的口袋。這裡係採用清崎（Kiyosaki）所下的定義。

淨值（net worth） 個人從投資所獲得而無需負擔相對應債款的價值，相似於權益。

本金（principal） 一個帳戶裡賺取利息或紅利的金額，具有增值或漲價的可能同時也有貶值的可能性。

永無止境的追逐（rat race） 不具備理財能力、花的比賺的多、濫刷信用卡以及依賴一筆筆的薪資維生。

風險（risk） 一筆投資漲跌的可能性，以及漲跌的速度。

三、章末習題

1.描述永無止境的追逐，包括你如何陷入當中以及你如何從中脫困。

2.為何公司的401K計畫對員工如此重要？

3.為何公司的津貼計畫對員工如此重要？

4.為何在職涯一開始便規劃退休如此重要？

5.本金與利息的差別為何？

6.你最大的投資障礙為何？

7.選擇對你而言開始投資的三項重要計畫。

8.對你而言本章結尾最佳的投資範例為何？列出該範例所傳達的概念並說明原因。

四、活用練習

1.擬定一份五年、十年，以及二十五年的財務計畫，包含你在你的投資帳戶裡所希望擁有的金額，以及你為了達成這些目標所會採用的策略。

2.參考**表12.6**所呈現的三項退休計畫，至少列出你認為在擬定一份有力的退休計畫時，對你而言很重要的五個步驟，並說明你選擇這些退休步驟或概念的原因。

3.編列你目前的資產負債表，思考當前以及長期的資產或負債，什麼是你目前的「淨值」？

詞彙表

會計概念（accounting concepts）　在每一間公司的營運都會使用到的記帳方式及財務交易。（第一章）

會計部門（accounting department）　旅館內部在會計流程與旅館營運上，支援所有其他行政及營業部門的行政部門。（第三章）

會計期間（accounting periods）　以28天而非月曆上的月份天數為一期，來編列涵蓋所有旅館營運的管理報告與財務報表。（第三章）

應付帳款（accounts payable）　公司已收取但尚未付款的產品或服務，付款期限為一年。同時也是旅館或餐廳為已取得的產品與貨物開立發票並簽核付款支票的過程。（第三、五章）

應收帳款（accounts receivable）　公司提供產品與服務給顧客而顧客積欠公司的款項，營收已記錄但尚未收款。在旅客或公司團體退房之後，開立帳單並收帳的過程。（第三、五章）

分配（allocation）　某特定旅館為提供服務所支付的部分費用，而該筆費用與集團裡全部的餐廳或是全部旅館所衍生的費用相關。（第四章）

年度營業預算（annual operating budget）　部門經理所使用的主要預算，包含特定的營收目標、特定的費用金額，以及每個部門被預期在當年度能夠達到的利潤目標。（第二、九章）

　　旅館綜合預算（consolidated hotel budget）　整間旅館的預算總覽，包括營收、費用與利潤。（第九章）

　　部門預算（department budget）　個別部門的特定與詳細預算，為營收費用與利潤提供所有的財務特性。（第九章）

增值（appreciation）　一項投資或一筆資產的價值隨著時間而增加。（第十二章）

資產（asset）　公司所擁有的資源，使用於產品及服務的生產過程。（第五章）

　　流動（current）　在一年之內使用或消耗的資產。

　　長期（long term）　使用年限超過一年的資產。

資產（asset）　將錢放進你的口袋。這裡係採用清崎（Kiyosaki）所下的定義。（第十二章）

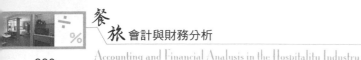

財務副總監（assistant controller） 在會計公司裡向財務總監報告的經理，他監督會計公司在營收處理或是應收帳款等方面的特定工作。（第三章）

證實（attest） 確認或核對營運及財務資訊的準確性。（第十一章）

資產負債表（balance sheet） 評估一間公司在某一特定時間點的價格或淨值的財務報表。（第一、五章）

底價（bench rate） 一間旅館欲達到並銷售予普羅大眾的房價。（第七章）

津貼（beneflts） 由公司提供給員工的計畫，包括可供投資的儲蓄計畫，以及以較低成本加入的健保計畫。（第十二章）

董事會（Board of Directors） 負責監督公司所有營業部分的團體，公司的執行長向董事會報告，而他本身也是董事會的成員之一。（第十一章）

預約速度（booking pace） 在某一特定抵達日收到訂房的當下速度，預約速度被拿來與歷史平均速度做比較，並藉以確定需求量在某一特定抵達日多於或少於歷史平均值。（第七章）

品牌（brand） 住宿業術語，用來識別為特定旅館業的市場區隔提供服務的不同類型旅館。（第十一章）

預算（budget） 一間企業一整年度的正式營運與財務規劃。（第九章）

資本支出預算（capital expenditure budget） 公司在更新或擴張時，用來鑑定替換長期資產需求的正式預算。（第九章）

資本額（capitalization） 一間公司透過購買長期資產，取得並使用現金以創立或擴展公司的方式。（第一、五章）

現金（cash） 在活期存款帳戶裡，可隨時被提領並使用於每日公司營運的資金。（第五章）

現金流量（cash flow） 在銀行存摺裡維持足夠的現金或是增加現金，使個人能夠負擔生活全部開銷的能力。（第十二章）

會計事務所（Certified Public Accounting, CPAs） 一間獨立的會計師樓，有責任檢查並核對公司財務情報的正確性與準確度，它在年報裡發佈審計意見，聲明公司符合或未符合既定的報告與會計指導方針。（第十一章）

差異（change） 兩個數字之間的不同。（第二章）

執行長（Chief Executive Offlcer, CEO） 這個職位對於公司的每日營運負有直接責任，並且需向董事會報告。（第十一章）

現金流量類型（classiflcations of cash ‡ow） 營運活動、財務活動與投資活動。（第五章）

原始單位（comp unit）　在一間公司裡已經營業超過兩年的商店、單位、旅館或餐廳。（第十一章）

公司提撥（company contribution）　公司貢獻至員工退休金帳戶的款項金額。（第十二章）

比較（comparison）　檢查並注意到相似處或相異處。（第二章）

競爭市場（competitive set）　一群四間或四間以上由各別旅館管理者所選取的旅館，一個競爭市場使得旅館經理能夠將其實際成果與主要競爭者的平均成果做比較。（第八章）

概念（concept）　餐飲業術語，用來識別不同類型的餐廳營運方式，提供獨特的用餐經驗並服務特定的市場區隔。（第十一章）

建設預算（construction budget）　用來鑑定建造一間旅館或餐廳所有花費的預算。（第九章）

共同會計室（corporate accounting office）　為集團所經營的個別旅館或餐廳提供會計支援與服務的中心組織。（第三章）

企業年報（Corporate Annual Report）　正式的公司文件，報導公司最近一個會計年度的營運及財務成果。（第十一章）

每日營收報告（daily revenue report）　夜間稽核所準備的報告，收集並報告前一天的實際營收資料。根據每間公司的不同而也可被稱為銷售額與住房率報告、日營收報告或淨營收報告。（第六章）

抵達日（Day of Arrival, DOA）　收益管理系統的焦點，未來某一特定抵達日的歷史訂房資料與走勢。（第七章）

所得扣除額（deductions from income）　與費用中心相同，在提供顧客產品與服務的時候，旅館裡行政部門支援營業部門的直接費用。（第四章）

需求（demand）　經由顧客為某一產品或服務支付某一特定價格的偏好與意願所反應。（第七章）

需求追蹤（demand tracking）　收益管理的一部分，利用電腦程式提供訂房預約模式的歷史資料，而該預約模式為旅館提供歷史平均值與市場趨勢，又稱為收益系統。（第七章）

部門總管（department heads）　對某一特定旅館部門負有直接責任的經理，部門總管向執行委員會委員報告，而部門經理與主任向他們報告。（第三、四章）

部門經理（department managers） 特定營業部門的輪班經理，負責每日顧客產品與服務的遞送以及該部門的財務績效表現。（第四章）

部門損益（Department P&L） 某特定部門的損益表，包含所有與部門營運相關的營收與費用的詳細資料。（第四章）

部門利潤（department profit） 在部門確認了所有的營收，以及支付所有與該部門某特定期間的營運相關費用之後，在營收中心／利潤中心所剩餘的金額數目。（第四章）

貶值（depreciation） 一項投資或一筆資產的價值隨著時間而減少。（第十二章）

財務總監（director of finance） 執行委員會委員，直接負責旅館裡所有的會計業務。（第三章）

直接報告（direct reporting） 某些經理或職務者直接向某一特定管理職級報告。（第三章）

股利（dividend） 投資於公司股票或共同基金的本金報酬。（第十二章）

區域（division） 製造業術語，用來識別公司所製造的不同類型產品，包含該公司所在的產業，以及他們所服務的市場。（第十一章）

收益（earnings） 資產所產生的紅利或利息金額。（第十二章）

權益（equity） 個人資產與負債之間的差異。（第十二章）

託管（escrow） 設立一個帳戶用來收集與保留現金以為日後所用，同準備金帳戶。（第九章）

執行委員會（executive committee） 直接向總經理報告的資深經理成員，負責旅館內特定幾個部門。財務總監向執行委員會報告。（第三章）

費用種類（expense categories） 收集與報導部門費用的四項主要種類：銷售額成本、薪資、福利以及直接營業費用。（第四章）

費用中心（expense centers） 支援旅館營業部門──銷售與行銷、工程、人力資源以及會計的行政部門。它不包含任何營收或銷售額成本，只包含薪資、福利以及直接營業費用。（第四章）

外部顧客（external customers） 住在旅館以及在餐館用餐的付費顧客，他們支付金錢以獲取這些產品及服務。（第三章）

401K帳戶（401 account） 公司的長期退休金帳戶，同時包含了員工與公司的提撥款項。（第十二章）

財務分析（flnancial analysis） 將一個事業體關於財政事務的管理分割為小部分以做單獨研究。（第一章）

理財能力（flnancial literacy） 瞭解數字（金錢）的能力。（第十二章）

財務管理週期（flnancial management cycle） 製造、編列、分析以及應用數字於公司經營的過程。（第二章）

會計年度（flscal year） 用來報導一間公司財務成果的財務年度，它可能會與日曆所列的結束日期12月31日同一天或不同天。（第十一章）

固定費用（flxed expenses） 旅館持續支付的直接費用，不隨著旅館營業額的不同而改變。銷售部門秘書以及會計部門的記帳員都是固定費用職位的例子。（第四、六、九章）

流動率（flow-through） 計算營收每增加或減少1%時，利潤上升或下降的幅度，也可稱為自留額比率。（第一、六、八章）

預報（forecast） 更新預算的一種報告。（第二、十章）

 週預報（weekly forecasts） 隔週的營收預報，包括營收與費用，強調薪資成本，並提供符合顧客需求的產品與服務所安排的每日與每個班制的細節。

 月預報（monthly forecast） 下一個月的營收預報，包括特定市場區隔、部門，或是用餐時段的平均價格與數量。

 季預報（quarterly forecast） 一份推斷較長時間營收的預報，是將一季內的每個月份的預報相加所完成。

 全服務型旅館（full-service hotels） 指一般擁有二百間以上客房的旅館，內含餐飲商店、宴席安排與會議室租用、禮品專賣店、代客洗熨衣、健身設備、門房與其他服務及設施。（第三章）

基本會計等式（fundamental accounting equation） 資產＝負債＋業主權益。（第五章）

總出納（general cashier） 為旅館收款、結帳並查核每天進入銀行同一存款帳戶的所有營業部門存款的職位。（第三章）

總經理（general manager） 旅館裡負責所有旅館營運項目的資深經理。所有的職務及活動都是總經理的責任。（第三章）

團客保留房（group room blocks） 一份已簽訂的合約，明確記載每晚的團體客房數目與種類，以及該項活動所需的團體客房總數，它同時也包含了房價、

貴賓室、簽名授權付費的旅客，以及其他關於團體的詳細資料。（第七章）

歷史平均值（historical average） 以最近四到五年的旅館資料為基礎的平均訂房資訊。（第七章）

平行標題（horizontal headings） 橫跨損益表頂端的標題，分別列示類別、時間以及財務資料的金額數目。（第四章）

建築物利潤或是營業淨利（house proflt or gross operating proflt） 由旅館管理團隊所控制的所有營收與費用的利潤金額，它用來評估管理團隊運作旅館獲利表現的能力。計算方式為部門總利潤扣除費用中心總成本。（第四章）

所得（income） 一個可以與利潤及收入相替換的名詞。（第一章）

所得會計（income accounting） 會計室的一個單位，負責記錄所得、處理存款、支付開銷並協助其他旅館經理。（第三章）

所得分錄（income journal） 會計室的一個單位，負責記錄特定所得的金額與帳戶。（第三章）

所得報表（income statement） 用來評估一個企業在經過某一段時間之後的營運成果及獲利率。參看損益表。（第一章）

增量（incremental） 賺取或增加某個數量；在財務分析上它是描述在預期之外的額外營收、費用或利潤。（第六章）

獨立核數師報告（Independent Audit Report） 企業年報的一個段落，包含一間獨立會計事務所呈現的審計意見。（第十一章）

利息（interest） 存款帳戶裡本金的報酬。（第十二章）

內部顧客（internal customers） 在執行工作任務時，獲得其他同事支援的公司員工。（第三章）

內部管理報告（internal management report） 包含某一段特定時間，某一特定產品、消費族群、部門或是整間旅館或餐廳的詳細營業資料的報告。（第六章）

存貨（inventory） 以原料及補給品的方式呈現的資產。這些原料與補給品為公司所購買，但尚未被使用於產品及服務的生產過程當中。（第五章）

其他扣除額（other deductions） 旅館固定費用的另一個說法，無論旅館規模大小，皆維持固定的費用，包含銀行貸款、租賃金、認證與執照、折舊以及保險費用。（第四章）

去年（last year） 前一年的正式財務績效。（第二章）

負債（liability）　公司所積欠的債款。（第五章）

　流動（current）　還款期限少於一年的債款。

　長期（long term）　還款期限多於一年的債款。

負債（liability）　將錢掏出你的口袋。這裡係採用清崎（Kiyosaki）所下的定義。
（第十二章）

收支帳戶（line accounts）　一個特定的作帳規則，收支帳戶的內容描述所有分類
營收或費用的集合與紀錄。（第四章）

部門經理（line manager）　初階的管理職位，他們與顧客面對面互動，並負責管
理旅館某一部門的員工輪班。（第三章）

流動性（liquidity）　足以支付一間企業每日營運開銷的現金或與現金同等價物的
金額。（第一章）

管理職責報告（Management Responsibility Report）　企業年報的一個段落，包
含資深管理者對於年報裡營運或財務資訊的準確性，及其是否正確描述公司
財務狀況的意見。（第十一章）

人時數或工時（man-hour or labor hour）　員工履行工作職責的人時數。一般而
言，全職員工的時數排定一天為8小時，一週為40小時。（第六章）

股票市值（market capitalization）　用來計算一間公司的價值，算法是將市場人
士與機構投資者所持有的已發行股票數，乘以公司的現行股價。（第一章）

市場區隔（market segments）　以顧客期望、偏好、消費模式與行為模式來作區
隔的顧客群體。（第一章）

市場占有率（market share）　是一間旅館所擁有的整體客房供需，或是客房營收
在某些較大的群組裡所占的百分比。（第八章）

月預報（monthly forecast）　參考預報。

建築物淨利、調整後營業淨利或是營業淨利（net house profit, adjusted gross
operating profit, or net operating profit）　是指在記錄所有旅館營收與支付
所有旅館直接費用之後剩餘的利潤金額。它等於建築物利潤扣除固定費用。
（第四章）

淨值（net worth）　個人從投資所獲得而無需負擔相對應債款的價值，相似於權
益。（第十二章）

新增單位成長（new unit growth）　來自於新開幕單位，如旅館、餐廳等等的成
長。（第十一章）

綜合財務報表附註（Notes to Consolidated Financial Statements） 年報的一個段落，呈現關於年報裡會計與財務資訊的詳細財務說明。（第十一章）

營業部門（operating departments） 記錄營收，並透過提供產品與服務給付費旅客或顧客以製造利潤的旅館部門。（第三章）

組織圖（organization chart） 描繪一個部門或企業單位的報告關係、職責以及營運活動的圖表。（第三章）

業主權益（owner equity） 股東或投資者投資公司的金額，包括實收資本額、普通股及保留盈餘。（第五章）

標準數量（par） 為使提供給顧客的產品與服務能不中斷而應保持的存貨最低水準。它包括訂單標準數量，明確地指示何時需訂購補給品以補足庫存。（第五章）

顛峰住宿夜晚（peak night） 團客保留房裡某個或某些入住客房數最多的夜晚。（第七章）

百分比（percentages） 整體或一部分的某一區塊或比例。（第二章）

　　差異（change） 計算兩個數字百分比的差異。

　　成本（cost） 計算美元成本或支出占總體相關收入的百分比。

　　綜合（mix） 計算美元或單位占總體的部分百分比。

　　利潤（proflt） 計算美元利潤占總體相關收入的百分比。

實際入住客房數（pickup） 團客保留房每晚預期或保留的客房數與實際售出客房數之間的差異。它同時也是指某一特定日的實際預約速度，以及與當天團體保留房相比的實際預定客房百分比。（第七章）

銷售時點系統（Point-Of-Sale, POS） 一種記錄顧客交易的設備，包括辨識付費方式以及列出交易種類。（第一章）

開店前預算（preopening budget） 設立一個帳戶在一間新公司準備開張營業時，作為其新事業的指引。（第九章）

本金（principal） 一個帳戶裡賺取利息或紅利的金額，具有增值或漲價的可能，同時也有貶值的可能性。（第十二章）

主要競爭者（primary competition） 是一群爭取相同顧客的相近旅館，造成公司營業額損失的旅館便是主要競爭者。（第八章）

利潤（proflt） 在支付所有應支付費用之後所剩餘的收入金額。（第一、二章）

損益表（Profit and Loss Statement, P&L） 用來評估一個企業在經過某特定期

間之後的營運成果及獲利率。（第一章）

稅後盈餘（profit after taxes） 在支付所有共同稅金之後剩餘的利潤金額。它被分配給旅館業者、管理部門以及有利息配給的股東。（第四章）

稅前盈餘（profit before taxes） 等同於建築物淨利，在旅館所有的營業費用已支付完畢後剩餘的利潤金額。（第四章）

利潤中心（proflt centers） 產生營收的營業部門，經由提供產品與服務給顧客來製造利潤（或損失），它包含了營收、費用與利潤，費用中心也可稱為營收中心。（第四章）

利潤率（proflt margin） 在支付所有費用之後所剩餘的作為利潤的營收百分比金額。計算方式為利潤金額除以營收金額所計算出的百分比，是生產力的重要衡量指標。（第八、十章）

形式上的預估（pro forma） 在實際運作開始之前所編列的第一年營運績效預估。（第二章）

資產（property） 指旅館或餐廳。（第一章）

資產、工廠與設備（Property, Plant, and Equipment, PP&E） 用來鑑定長期資產帳戶裡，長期投資的專門術語，該長期資產為企業所使用的時間超過一年。（第五、九章）

公共關係（public relations） 由公司所發佈的資訊及新聞稿。（第十一章）

（股票）公開上市公司（publicly traded companies） 是指提供機會予社會大眾透過購買公司股票的方式投資該公司的任何企業，而股票的買賣是在證券交易所公開進行。（第十一章）

季預報（quarterly forecast） 參考預報。

永無止境的追逐（rat race） 不具備理財能力、花的比賺的多、濫刷信用卡以及依賴一筆筆的薪資維生。（第十二章）

價格（rate） 顧客為了取得公司所製造的某項產品或服務所支付的美元金額。一般而言，平均客房單價以及平均顧客結帳金額被用來計算客房或是餐廳的總營收，房價同時也為薪資估算與排程提供所支付的時薪。（第一、八、九、十章）

房價表（rate structure） 旅館所提供的不同房價的列表。（第七章）

比率（ratios） 用來計算與不同營收層級相稱的費用層級的公式。（第八、十章）

一般價（regular rate） 所有販售旅館客房的不同訂房系統與管道所獲得的房價，包括旅行社、航空公司、租車公司與網路，通常第一個房價由中央訂房系統所報價（800開頭的電話號碼），又稱為定價。（第七章）

準備金（reserve） 設立一個帳戶收集現金為日後所用，同託管帳戶。（第九章）

自留額或流動性（retention or ‡ow-through） 增值的收入美元轉變為增值利潤美元的金額，以百分比的方式呈現。（第一、六、八章）

收入（revenue） 顧客支付用來購買一項產品或服務的貨幣金額。它可能是以現金、支票、信用卡、應收帳款或電子轉帳的方式呈現。（第一章）

營收中心（revenue centers） 支援旅館營業部門，如銷售與行銷、工程、人力資源以及會計的行政部門。它不包含任何營收或銷售額成本，只包含薪資、福利以及直接營業費用。（第四章）

營收管理（revenue management） 在對的時間以對的價格銷售對的產品給對的顧客的過程，藉此由公司的產品與服務達成收益最大化的目的。（第七章）

每間客房營收（Revenue per Available Room, RevPAR） 透過同時計算客房平均單價與住房率的方式，用來衡量一間旅館製造客房營收能力的重要指標。（第一、七、八章）

風險（risk） 一筆投資漲跌的可能性，以及漲跌的速度。（第十二章）

次要競爭者（secondary competition） 一群爭取相同顧客的旅館，但是提供不同的房價、服務與設施，所以不被視為直接或主要競爭者。（第八章）

證券交易委員會（Securities and Exchange Commission, SEC） 有責任制訂公開股票市場規則的政府機構，如紐約證券交易所、那斯達克交易所以及幾種其他的交易機構。（第十一章）

銷售策略（selling strategy） 一間旅館的資深管理團隊在開放與關閉折扣房價、抵達日期與入住天數以達客房總營收極大化所做出的行動與決定，它包括了取得優惠折扣的資格與限制的規定。（第七章）

離峰住宿夜晚（shoulder night） 每個晚上團體客房售出的顛峰時刻前（離峰前段）後（離峰後段）所售出的客房數。（第七章）

偏差客房數（slippage） 團客保留房每晚預期或保留的客房數與實際售出客房數之間的差異。（第七章）

資金報表的來源及使用（source and use of funds statement） 現金流量表的一

部分，顯示現金如何在資產負債表的不同帳目之間被產生（來源）與被支付（利用）。（第五章）

行政部門（staff departments） 提供營業部門協助與支援的一個旅館部門。它們擁有內部顧客。（第三章）

史密斯旅遊住宿市場研究報告（STAR Market Reports） 由史密斯旅遊研究所發行的月報，提供旅館本身及其競爭市場關於房價、入住率，以及每間空房營收的資料。（第八章）

現金流量表（statement of cash ‡ows） 評估一個企業的現金流動性與流動率。（第一、五章）

支援成本（support costs） 與費用中心相同，都是從部門總利潤扣除的成本。（第四章）

標題（title） 一份財務報表最頂端的部分，顯示公司名稱、報告類型以及所包含的時間區段。（第四章）

部門總利潤（total department proﬁts） 旅館個別部門利潤的總和，它提供了來自於旅館營業部門的利潤數目。（第四章）

走勢（trend） 一個整體的傾向或趨勢。（第二章）

變動因素（variables） 包含在一個帳戶裡的不同組成要素，可以是營收帳戶或是費用帳戶，兩個變動因素代表有兩個組成要素能夠被管理與被分析，變動分析顯示每個要素對於每個帳戶整體所產生的影響。（第八章）

變動費用（variable expense） 直接隨著業務層級與數量的改變而波動或變化的費用，管家、門房或服務生都屬於變動薪資職位。（第六、十章）

變動（variation） 在同一類型當中異於其他的部分。在財務分析裡，變動是一個預定數目與實際數目之間的差異，如實際成果與預算之間的差異。（第六章）

變動分析（variation analysis） 包含確認實際營運表現與既定標準之間的差異，這些標準可以是去年的實際表現、上個月的實際表現、該年度的預算，或是最當前的預測。（第八章）

垂直標題（vertical headings） 在損益表側邊或中央的部門名稱、種類以及帳目，確定表內所記錄的財務資訊的種類與金額。（第四章）

數量（volume） 針對顧客在某一特定時段已售出、已供應、已獲得或已購買的單位數目。一般而言，數量的變動因素為售出客房數或是入住客房數，以及

顧客數目，它們被用來計算客房或是餐廳的總營收，同時也提供薪資估算及排程所需的人時數。（第一、十章）

週預報（weekly forecast） 參考預報。

營運資金（working capital） 公司每日營運會使用到的金額。它包括了在製造一項產品或服務所使用到的現有資產與現有負債及現金。（第一、五章）

收益系統或是收益管理（yield systems or yield management） 電腦訂位追蹤系統，結合了當前與歷史的定位預約資料，它被運用在旅館客房總收益極大化的銷售策略的採行上面。（第七章）

餐飲旅館系列

餐旅會計與財務分析

作　　者 / Jonathan A. Hales
譯　　者 / 許怡萍、賴宏昇
出 版 者 / 揚智文化事業股份有限公司
發 行 人 / 葉忠賢
總 編 輯 / 閻富萍
特約執編 / 范湘渝
地　　址 / 22204 新北市深坑區北深路三段 258 號 8 樓
電　　話 / 02-8662-6826
傳　　真 / 02-2664-7633
網　　址 / http://www.ycrc.com.tw
　E-mail　/ service@ycrc.com.tw
　I S B N　/ 978-986-298-046-0
初版一刷 / 2012 年 7 月
初版三刷 / 2020 年 9 月
定　　價 / 新台幣 500 元

＊本書如有缺頁、破損、裝訂錯誤，請寄回更換＊

國家圖書館出版品預行編目資料

餐旅會計與財務分析／ Jonathan A. Hales 著；許怡萍，
　賴宏昇譯 . -- 初版 . -- 新北市：揚智文化 , 2012.07
　　面；　公分 . -- (餐飲旅館)
　譯自：Accounting and financial analysis in the
hospitality industry
　ISBN　978-986-298-046-0 (平裝)

　　1. 旅館業　2. 管理會計

495.59　　　　　　　　　　　　　　　101010024